“十四五”新工科应用型教材建设项目成果

21世纪 技能创新型人才培养系列教材
物联网系列

智能家居设备安装与调试

主　编◎宋宝山　代丽杰　苏永智
副主编◎吴　畏　孔　梅　乜云丽　湛剑佳　菅　娜　刘　廷
胡国辉　李　浩　宋文龙　刘艳霞　国林需　张小卫
王现富　闫娟娟　孙少辉
参　编◎蓝　魏　古唯峰　李庆海　徐群和　杨春雷　袁　伟
力　志　张　帅　许婧伟　王象刚　韩玉铭　魏　磊
徐秀山　王道云　董丽丽　马勇赞　张玲玉　卿晶晶
叶慧芳　彭　娟　郑　烁　吴　勇　许孔联　蒋慧平
谭　阳　肖学华　许震宇　王浠兆

中国人民大学出版社
·北京·

图书在版编目（CIP）数据

智能家居设备安装与调试 / 宋宝山，代丽杰，苏永智主编. -- 北京：中国人民大学出版社，2023.1
21 世纪技能创新型人才培养系列教材·物联网系列
ISBN 978-7-300-31199-9

Ⅰ. ①智… Ⅱ. ①宋… ②代… ③苏… Ⅲ. ①住宅－智能化建筑－建筑安装－教材②住宅－智能化建筑－调试方法－教材 Ⅳ. ① TU241

中国版本图书馆 CIP 数据核字（2022）第 203406 号

“十四五”新工科应用型教材建设项目成果
21 世纪技能创新型人才培养系列教材·物联网系列
智能家居设备安装与调试

主　编　宋宝山　代丽杰　苏永智
副主编　吴　畏　孔　梅　乜云丽　湛剑佳　菅　娜　刘　廷　胡国辉　李　浩
　　　　宋文龙　刘艳霞　国林需　张小卫　王现富　闫娟娟　孙少辉
参　编　蓝　魏　古唯峰　李庆海　徐群和　杨春雷　袁　伟　力　志　张　帅
　　　　许婧伟　王象刚　韩玉铭　魏　磊　徐秀山　王道云　董丽丽　马勇赞
　　　　张玲玉　卿晶晶　叶慧芳　彭　娟　郑　烁　吴　勇　许孔联　蒋慧平
　　　　谭　阳　肖学华　许震宇　王浠兆
Zhineng Jiaju Shebei Anzhuang yu Tiaoshi

出版发行	中国人民大学出版社		
社　　址	北京中关村大街 31 号	**邮政编码**	100080
电　　话	010－62511242（总编室）		010－62511770（质管部）
	010－82501766（邮购部）		010－62514148（门市部）
	010－62515195（发行公司）		010－62515275（盗版举报）
网　　址	http://www.crup.com.cn		
经　　销	新华书店		
印　　刷	中煤（北京）印务有限公司		
规　　格	185 mm×260 mm　16 开本	**版　　次**	2023 年 1 月第 1 版
印　　张	18.25	**印　　次**	2023 年 1 月第 1 次印刷
字　　数	433 000	**定　　价**	68.00 元

PREFACE 前言

全屋智能是引领未来智能家居发展的新趋势，“智能家居设备安装与调试”是一门集设备配置、安装、调试于一体的特色课程。本书是校企合作联合开发的具有专业特色的工作手册型活页式实训教材。活页式教材在形式上更加新颖活泼，能够随时根据行业发展情况更换或增减内容。

本书在课程建构与内容设计方面，充分体现“产教融合、工学结合”的理念，开展“岗课赛证”融通教材建设，结合订单培养、学徒制、1+X证书制度等，将岗位技能要求、职业技能竞赛、职业技能等级证书标准有关内容有机融入教材。通过项目实践让学生掌握全屋智能家居设备安装与调试的基础知识、基本技能，通过拓展学习增强学生的实践应用与创新能力，为后续的学习和工作奠定基础。

本书的主要特点如下：

第一，本书将“以工作过程为引领”作为编写理念，结合职业院校的特点，突出实践教学，注重职业性、技能性、针对性和服务性的结合。

第二，本书在内容设计和组织方面应用了“项目教学法”“任务驱动法”“情境教学法”，以典型的工作任务和现场情境为核心，以智能家居安装和调试业务的实际作业流程为主线，注重对学生实际操作技能的培养；以“拓展学习”为课外补充，将相关知识融会贯通，实现了理论与实践的结合。

第三，本书结构新颖，任务循序渐进。针对职业院校学生的特点，按照“以学生为中心、学习成果为导向、促进自主学习”的思路进行设计，把“企业岗位的典型工作任务及工作过程涉及的知识”作为主要内容。

本书将智能家居设备的安装及调试的过程分为7个项目，包括：智能家居认知、智能家居网络系统架构与网关调试、智能触控面板和智能开关、智能家居安防、智能窗户、智能背景音乐系统、全屋智能家居的设计安装与调试。每个项目都以任务流程为主线，采用了“先做后学，边做边学”的教学模式，引导学生自主完成各环节的任务清单，并且将学习内容、学习笔记、作业、练习题等组合为一体，既减轻了学生负担，也方便师生使用，提高了课堂教学效率。

本书可作为职业院校和应用型本科院校的教学用书，也可供智能家居爱好者自学。

由于时间仓促，加之编者水平有限，书中难免存在疏漏之处，恳请广大读者批评指正。

编者

CONTENTS

目录

>> 项目一

智能家居认知

任务一 智能家居职业感知

一、学习目标

知识目标

（1）了解智能家居的起源。
（2）了解智能家居的发展历程。
（3）了解智能家居的应用前景。

能力目标

（1）能为客户介绍产品所属的发展阶段。
（2）能说出智能家居发展的前景与方向。

素养目标

（1）培养主动观察的意识。
（2）培养独立思考的能力。
（3）培养积极沟通的意识。

二、学习内容

学习内容见表 1－1。

表 1-1 学习内容

任务主题一	智能家居的前世今生	建议学时	2 学时
任务内容	学习知识链接内容，了解智能家居的起源、发展历程、应用前景等		

三、学习过程

案例

当今，随着科技水平的不断提升，越来越多的智能家居产品走进了千家万户。不得不说，这些智能家居产品确确实实给我们的生活带来了极大的便利和舒适。然而，还有很多人对智能家居的认识还不够。

阿力先生，为自己买了一套两居室新房。崇尚科技、追求生活品质的他，想要将自己的新房打造一套安全、便利、智能、舒适的智能家居系统。他来到了海尔三翼鸟智能家居体验馆，售前工程师小慧接待了他。阿力先生家新房的户型图，如图 1-1 所示。根据以上情景，填写如表 1-2 所示的工作任务单。

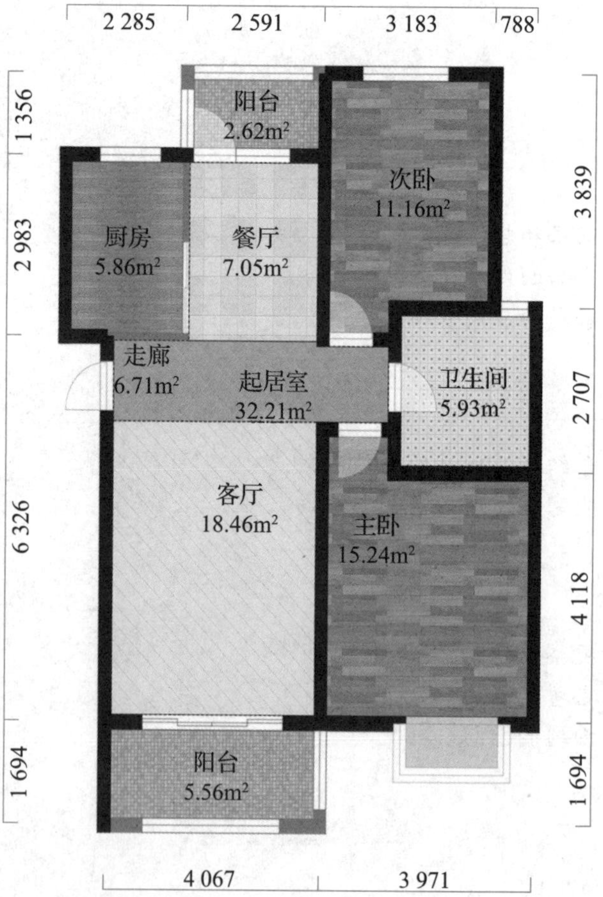

图 1-1 阿力先生家新房的户型图

表 1－2　工作任务单

工作任务	了解智能家居的前世今生	派工日期	年　月　日
工作人员		工作负责人	年　月　日
签收人		完工日期	
工作内容	阿力先生通过售前工程师小慧对智能家居的介绍，对智能家居充满了期待。现在请你以客户阿力的身份来谈谈对智能家居的感受吧		
项目负责人评价	负责人签字： 年　月　日		

（一）自主学习

1. 视频观看

扫码观看智能家居展示视频，了解智能家居的功能及特点。

参观展厅

2. 自主预习

预习知识链接，填写如表 1－3 所示智能家居的职业感知。

表 1－3　智能家居的职业感知

名称	职业感知
智能家居的起源	
智能家居的发展历程	
智能家居的应用前景	

（二）课堂活动

阿力先生通过售前工程师小慧对智能家居的介绍，对智能家居充满了期待。大家分别以阿力的身份谈谈对智能家居的感受。

（三）知识链接

1. 智能家居的起源

1984 年，美国出现的第一幢“智能大厦”，如图 1－2 所示。“都市办公大楼”（City Place Building），在美国康涅狄格州（Connecticut）哈特福特（Hartford）市，它由一幢 38 层的旧金融大厦改建而成。负责改造工作的美国联合科技公司（United Technologies Building System）将建筑设备信息化的概念应用到改造中，改造后的“都市办公大楼”是世界上公

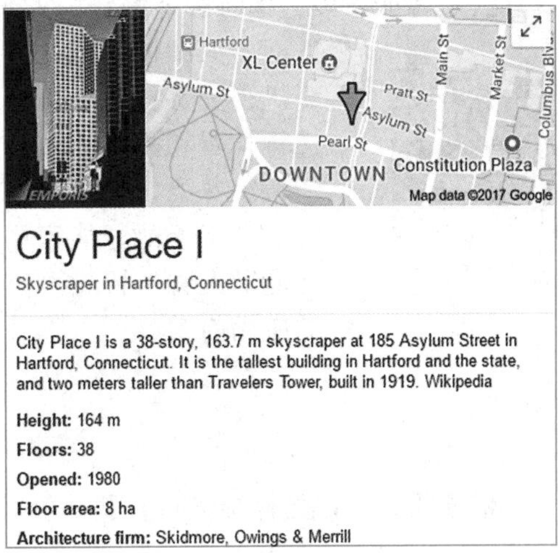

图 1－2　第一幢“智能大厦”

认的第一幢“智能大厦”，从此揭开了世界争相建造智能家居的序幕。

1997 年，比尔·盖茨在华盛顿湖的私人豪宅耗资高达近 1 亿美元。该建筑的所有家居如门窗、灯具、家用电器等都通过网络连接在一起，形成一个可以通过计算机进行控制和管理的家居网络系统。在这所智能豪宅里布满了各类传感器，可以远程或自动控制如浴池水的自动调温、树木需水的自动浇灌、房间温度的自动控制等。此地的智能家居还可以实现依人而变的环境自动定制。该定制使用巧妙的电子胸针结合房间密布的各类传感器共同实现，它们能够记录客人首次访问的各类喜好，如喜好的温度、灯光、音乐、画作、电视节目、电影爱好等。这样，当该客人再次光临该豪宅时，客人的活动环境就可以依他而变。

2. 智能家居的发展历程

（1）家居自动化阶段。

家居自动化阶段，是智能家居自动控制的基础阶段。严格意义上来说，此阶段不能算是智能家居，只能算是智能家居的雏形，它最显著的一个呈现形式是，家电、窗帘、车库门等用电设备的自动管理。

（2）单品阶段。

单品阶段，也是智能家居的初级阶段，主要是智能家居单品的出现，例如智能开关、智能插座、智能门锁、智能摄像机、智能灯泡、智能音箱、智能电视等。这一阶段最明显的特点是，市场上出现了不少智能家居产品，但这些产品都是单品，并且它们之间彼此孤立存在，不能互联、通信。

（3）物联网阶段。

得益于物联网的发展，智能家居进入物联网阶段，这才是真正意义上的智能家居。这一阶段主要是发展智能家居的广度，关键词是系统化 + 场景化。其中，系统化是以万物互联的思维，解决智能家居碎片化问题，化零为整，整合成一个系统，方便管理和控制；场景化是在系统化的基础上，以排列组合的方式，塑造家庭生活场景的智能化。

（4）人工智能阶段。

人工智能阶段，即将智能家居与人工智能结合。这一阶段主要是智能家居“智能”方面的深度挖掘，大数据和云计算能力得到充分发挥，深度学习、计算机视觉等技术也将得以运用，最终实现智能家成对人的思维、意识进行学习和模拟。

智能家居家电行业前景

3. 智能家居的应用前景

广义上的智能家居，包括更多人类居住的环境，比如智能酒店、智能老人看护智能教室、智能办公室等。因此，智能家居具有非常广的应用前景。

四、考核评价

依据任务一评分标准进行自我评价、小组评价及教师评价，见表 1－4。

表 1-4　任务一评分标准

评价内容	分值	自我评价	小组评价	教师评价
活动组织有序，组员参与度高	10			
对智能家居的感受充分	50			
逻辑清晰，分析合理	15			
叙述条理性强，表达清晰	15			
表演感染力强	10			
合计				

五、拓展学习

智能家电与智能家居的几个误区

误区 1. 智能家电 = 智能家居

如今智能家居行业势头正猛，很多商家为了促进消费，费尽心思让自己的产品与“智能”两字沾上边，很多消费者误以为智能家电就是智能家居，其实不然。就拿智能电视机来说吧，与传统电视机相比，它的节目种类更加丰富多样，而且能够扮演游戏机的角色，还可以安装和卸载各种应用软件，能够满足用户更加多样化的消费需求，但是从本质上来说，它只能算得上智能家居一个组成部分，或者说是智能终端，就像智能手机一样，我们并不能将之与智能家居画上等号。

误区 2. 智能家具 = 智能家居

其实，智能家具只是组合智能、电子智能、机械智能、物联智能与传统家具的巧妙融合。在使用智能家具时，用户可以充分发挥自己的主观创造性，比如根据自己的喜好和家庭的空间特征对家具进行自由组合搭配，而智能家居是一个整体概念，它是通过物联网等技术，将家中的照明、门锁、窗帘、家电、安防等各种设备集成的系统。

误区 3. 智能家居 = 豪宅奢侈

“智能家居价格太贵，低收入家庭承受不起”，提起智能家居，很多人都会有这种想法，其实不然，任何新事物的普及都会有一个阶段性的过程，就像汽车刚出现时，我们会觉得它离自己很遥远，可是现在却不会这样认为。

构建安全、高效、智能化的管理系统，给用户营造一个安心、温馨、舒心、便利的居住环境，提升用户居住的舒适度和安全性是智能家居的根本意义。

六、课后练习

1. 简述智能家居的发展历程。
2. 请你设想一下未来智能家居的发展情景。

活页笔记

任务二 智能家居的基本概念

一、学习目标

知识目标

（1）了解智能家居的概念。
（2）能分辨智能家居的特征。
（3）了解智能家居的组成及特点。

能力目标

（1）能为客户介绍智能家居的概念及组成。
（2）能根据客户诉求，组合智能家居系统的功能。
（3）能分析各智能家居系统的特征。

素养目标

（1）培养主动观察的意识。
（2）培养独立思考的能力。
（3）培养积极沟通的意识。

二、学习内容

学习内容见表 1-5。

表 1－5　学习内容

任务主题二	智能家居概念	建议学时	4 学时
任务内容	学习知识链接内容，了解智能家居的概念、组成及特征等		

三、学习过程

案例

阿力先生：小慧，听了你的介绍后，我对智能家居的前世今生有了大致的了解，感觉智能家居的发展前景一片光明。那请你把智能家居的概念、特征以及组成等给我再详细介绍一下吧。根据以上情景，填写如表 1－6 所示工作任务单。

表 1－6　工作任务单

工作任务	了解智能家居概念	派工日期	年　月　日
工作人员		工作负责人	年　月　日
签收人		完工日期	
工作内容	阿力先生对自己一天的智能生活构想了 12 个场景（具体见本项目后的岗位再现），对智能家居充满了期待。现在请你以小慧的身份来介绍下每个场景中用到的智能家居的功能吧		
项目负责人评价	负责人签字： 年　月　日		

（一）自主学习

预习知识链接，填写如表 1－7 所示智能家居的基本概念。

表 1－7　智能家居的基本概念

名称	内容
智能家居概念	
智能家居的特征	
智能家居的系统组成	
智能家居各系统的优点	

（二）课堂活动

阿力先生对自己一天的智能生活构想了 12 个非常具有智能家居特征的场景，针对每一个场景需要对智能家居的各个系统进行组合应用，结合各个系统的特点进行联动搭配。

（三）知识链接

1. 智能家居概念

智能家居是利用综合布线技术、网络通信技术、安全防范技术、自动控制技术、音视频技术等技术，将家居生活有关的产品集成的住宅管理系统。它可以借助物联网技术，协同硬件、软件及云端平台，实现远程控制设备、设备间互联互通、设备自我学习等功能，构建智能化家居生活场景。智能家居的目的是通过收集和分析用户行为数据，为每一个用户形成独有的用户画像，从而提供私人管家式的服务，使用户的家居生活更加舒适和便捷。

2. 智能家居的特征

智能家居示意图如图 1－3 所示，其通常具备 4 个特征，分别为联通性、自动化、云化及自主学习。

图 1－3　智能家居示意图

（1）联通性。

智能家居产品可以通过不同的通信协议实现互联互通和场景联动，例如当用户回家打开智能门锁时，智能空调可以从智能门锁处获取到用户已回家的信息，自动按照预设温度运行等。

（2）自动化。

用户一次性触发或者设定产品之后，智能产品能够按照已经设定的要求执行后续操作，实现自动检测、自主信息处理、自主分析判断、自动操纵控制，例如智能洗衣机可以自动识别衣物的材质和状态，并按照之前用户的设置自动选择适合的洗涤模式，达到最优的清洁效果。

（3）云化。

智能家居产品具备云端信息存储和数据分析能力，并可实现不同设备间的数据云同步及云共享，例如智能监控将视频自动上传到云端之后，若视频中显示用户正在开门回家，智能照明系统可以根据云端的视频获取用户即将回家的信息，并自动开启灯光。

（4）自主学习。

智能家居设备通过人工智能算法和大数据分析进行机器学习和升级，例如智能空调通过自主分析用户历史使用记录和室内温度数据，进而判断是否开启空调和调整温度。

3. 智能家居系统的组成

智能家居系统主要由智能灯光控制系统、智能电器控制系统、智能安防监控系统、智能娱乐（背景音乐、视频共享、家庭影院等）系统、可视对讲系统、远程医疗监护系统等组成，具体内容如图 1－4 所示。

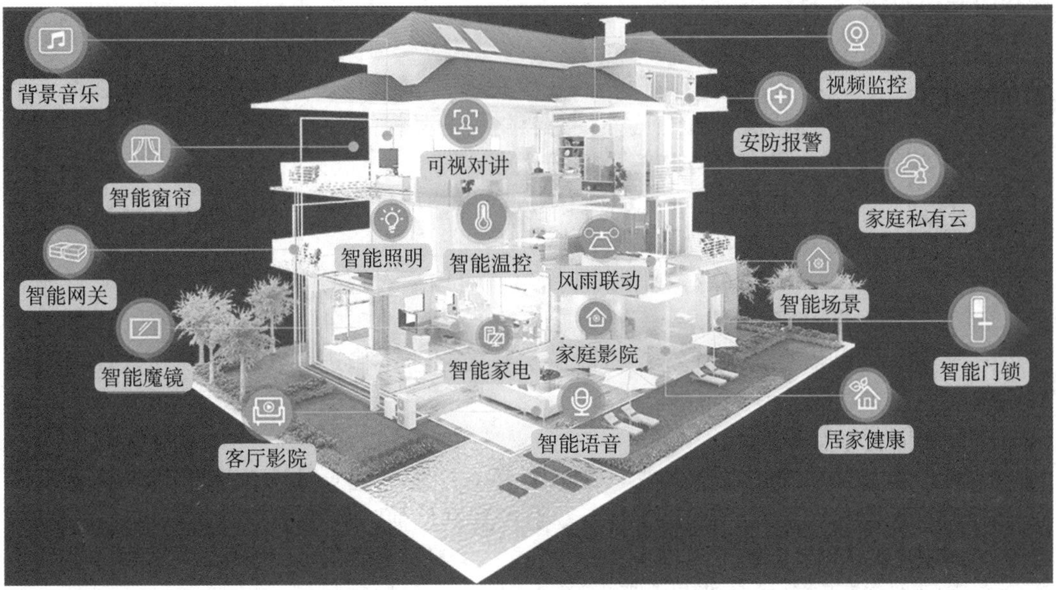

图 1－4　智能家居系统的组成

（1）智能灯光控制系统。

智能灯光控制系统用于实现对全宅灯光的智能管理，可以用遥控等多种智能控制方式实现对全宅灯光的遥控开关、调光和全开全关，以及“会客”“影院”等多种一键式灯光场景效果；并可用定时控制、电话远程控制、电脑本地及互联网远程控制等多种控制方式实现功能，从而实现智能照明的节能、环保、舒适和方便。

智能灯光控制
系统介绍

智能灯光控制系统的优点：

- 多种控制：可就地控制、多点控制、遥控控制、区域控制等。
- 安全：采用弱电控制强电方式，控制回路与负载回路分离。
- 简单：采用模块化结构设计，简单灵活，安装方便。
- 灵活：根据环境及用户需求的变化，只需做软件修改设置，就可以实现灯光布局的改变和功能扩充。

（2）智能电器控制系统。

智能电器控制系统采用弱电控制强电方式，既安全又智能，可以用遥控、定时等多种智能控制方式，实现对饮水机、插座、空调、地暖、投影机、新风系统等进行智能控制。避免饮水机在夜晚反复加热影响水质；在外出时断开插排电源，避免电器发热引发安全隐患；对空调、地暖进行定时或者远程控制，到家即可享受舒适的温度和新鲜的空气。

智能电器控制系统的优点：

- 多种控制：可就地控制、场景控制、遥控控制、电脑远程控制、手机控制等。
- 方便：采用红外或者协议信号控制方式，安全方便，无干扰。
- 健康：通过智能检测器，可以对家中的温度、湿度、亮度进行检测，并驱动电器设备自动工作。

- 安全：系统可以根据生活节奏自动开启或关闭电路，避免不必要的浪费和电器老化引起的火灾。

（3）智能安防监控系统。

智能安防系统介绍

智能安防监控系统主要由各种报警传感器（人体红外传感器、烟雾传感器、可燃气体传感器等）及其检测、处理模块组成。

智能安防监控系统的优点：

- 安全：可以对陌生人入侵、煤气泄漏、火灾等情况提前发现并通知主人。
- 简单：操作非常简单，可以通过遥控器或者门口控制器进行布防或者撤防。
- 实用：可以依靠安装在室外的摄像头有效阻止小偷进一步行动，并且还可以在事后取证给警方，提供有利证据。

（4）智能背景音乐系统。

智能背景音乐系统是在公共背景音乐的基本原理基础上结合家庭生活的特点发展而来的新型背景音乐系统。简单地说，就是在家庭任何一间房子里，比如花园、客厅、卧室、酒吧、厨房或卫生间，将 MP3、广播、手机、电脑等多种音源进行系统组合，让每个房间都能听到美妙的背景音乐。

智能背景音乐系统的优点：

- 独特：与传统音乐不同，专门针对家庭进行设计。
- 效果好：采用高保真双声道立体声喇叭，音质效果非常好。
- 简单：控制器人性化设计，操作简单，老人、孩子都会操作。
- 方便：主机隐蔽安装，只需通过每个房间的控制器或遥控器就可以控制。

（5）智能视频共享系统。

智能视频共享系统是将数字电视机顶盒、DVD 机、录像机、卫星接收机等视频设备集中安装于隐蔽的地方，让客厅、餐厅、卧室等多个房间的电视机共享家庭影音库，并可以通过遥控器选择自己喜欢的媒体源进行观看。采用这样的方式，既可以让电视机共享音视频设备，又不需要重复购买设备和布线，既节省了资金又节约了空间。

智能视频共享系统的优点：

- 简单：布线简单，一根线可以传输多种视频信号，操作方便。
- 实用：无论主机在哪里，一个遥控器就可以对所有视频主机进行控制。
- 安全：采用弱电布线，网线传输信号，升级方便。

（6）家庭影院系统。

家庭影院系统可配合智能灯光、电动窗帘、背景音乐等进行联动控制。

家庭影院系统的优点：

- 简单：操作非常简单，一键启动场景，如音乐模式、试听模式、卡拉 OK 模式等。
- 实用：拥有私人电影院，在家可以随时观看大片。

（7）可视对讲系统。

可视对讲系统介绍

如今，可视对讲系统已经比较成熟，产品案例随处可见，这其中有大型联网对讲系统，也有单独的对讲系统，比如别墅用的一拖一、一拖二、一拖三等，实现的功能可以是呼叫、可视、对讲等。

可视对讲系统的优点：

- 简单：布线简单，操作方便。
- 安全：采用弱电布线，网线传输信号，升级方便。

（8）远程医疗监护系统。

在智能家居系统中，远程医疗监护的应用引起人们的广泛关注，是未来智能家居发展的重要方向之一。可选用的基于 GPRS 的远程医疗监控系统，由中央控制器、GPRS 通信模块、GPRS 网络、Internet 公共网络、数据服务器、医院局域网等组成。

当系统工作时，患者随身携带的远程医疗智能终端首先对患者心电、血压、体温进行监测，当发现可疑病情时，通信模块就对采集到的人体现场参数进行加密、压缩处理，再以数据流形式，通过串行方式（RS-232）连接到 GPRS 通信模块上，与移动基站进行通信后，基站的服务 GPRS 支持节点（SGSN）再与网关 GPRS 支持节点（GGSN）进行通信，网关 GPRS 支持节点对分组资料进行相应的处理，把资料发送到互联网上，去寻找在互联网上的一个指定 IP 地址的监护中心，并接入后台数据库系统。这样，信息就开始在移动患者单元和远程移动监护医院工作站之间不断进行交流，所有的诊断数据和患者报告都会被传送到远程移动监护信息系统存档，以供将来研究、评估和资源规划之用。

远程医疗监护系统的优点：

- 实用：拥有私人医疗，随时随地监控家人健康。

四、考核评价

依据任务二评分标准进行自我评价、小组评价及教师评价，见表 1 - 8。

表 1 - 8　任务二评分标准

评价内容	分值	自我评价	小组评价	教师评价
活动组织有序，组员参与度高	10			
功能介绍正确	50			
逻辑清晰，分析合理	15			
叙述条理性强，表达清晰	15			
表演感染力强	10			
合计				

五、拓展学习

智能家居的国家标准

从 2017 年 7 月 31 日起，国家标准委相继发布了四则以智能家居为主题和一则与智能家居相关联的国家标准，分别为《 GB/T 34043—2017 物联网智能家居图形符号》、

《GB/T 35143—2017 物联网智能家居数据和设备编码》、《GB/T 35136—2017 智能家居自动控制设备通用技术要求》、《GB/T 35134—2017 物联网智能家居设备描述方法》和《GB/T 36464.2—2018 信息技术智能语音交互系统第 2 部分：智能家居》，除最后一则自 2019 年 1 月 1 日起正式实施外，其他四则自 2018 年 7 月 1 日起开始实施。

在此次发布的智能家居国标中，对智能家居相关术语给出了规范的定义，举例如下：

物联网智能家居（smart home for internet of things）：以住宅为平台，融合建筑、网络通信、智能家居设备、服务平台，集系统、服务、管理为一体的高效、舒适、安全、便利、环保的居住环境。

智能家居设备（smart home device）：具有网络通信功能，可自描述、发布并能与其他节点进行交互操作的家居设备。

智能家居系统（system of smart home）：由智能家居设备通过某种网络通信协议，相互联结成为可交互控制管理的智能家居网络。

《GB/T 34043—2017 物联网智能家居图形符号》：规定了物联网智能家居系统图形符号分类以及系统中智能家用电器类、安防监控类、环境监控类、公共服务类、网络设备类、影音娱乐类、通信协议类的图形符号。

《GB/T 35143—2017 物联网智能家居数据和设备编码》：规定了物联网智能家居系统中各种设备的基础数据和运行数据的编码序号，设备类型的划分和设备编码规则。

《GB/T 35136—2017 智能家居自动控制设备通用技术要求》：规定了家庭自动化系统中家用电子设备自主协同工作所涉及的术语和定义、缩略语、通信要求、设备要求、控制要求和控制安全要求。

《GB/T 35134—2017 物联网智能家居设备描述方法》：规定了物联网智能家居设备的描述方法、描述文件的格式要求、功能对象类型、描述文件元素的定义域和编码、描述文件的使用流程和功能对象数据结构。

《GB/T 36464.2—2018 信息技术智能语音交互系统第 2 部分：智能家居》：规定了智能家居语音交互系统的术语和定义、系统框架、要求和测试方法。

六、课后练习

1. 简述智能家居的概念。
2. 简述智能家居系统的组成。
3. 简述智能电器控制系统的优点。

活页笔记

岗位再现

本环节要求各小组编写剧本，小组成员饰演其中角色，运用所学的知识和技能，再现实际智能家居工程项目中各环节主要角色的工作场景，见表1－9。

表1－9　岗位情景任务表

场景	针对岗位	岗位场景再现要求
场景一	售前工程师	分别由一名同学饰演售前工程师小慧，一名同学扮演客户阿力先生，模拟客户到店咨询场景。 1. 客户角色需阐述自己对智能、舒适家居的诉求。 2. 售前工程师角色需了解客户的需求，根据客户诉求，为客户介绍产品所属的发展阶段，说出智能家居发展的前景与方向。 要求： 4～6人一组，分析讨论后，组内推荐两人，一人扮演客户阿力先生，一人扮演售前工程师小慧，进行角色表演，表演时长：2～3分钟
场景二	售前工程师	分别由一名同学饰演售前工程师小慧，一名同学扮演客户阿力先生，模拟客户到店咨询场景。 1. 客户对自己一天的智能生活构想了12个场景，对智能家居充满了期待。 2. 售前工程师针对客户的12个场景分别介绍每个场景中用到了智能家居的哪些功能。 要求： 4～6人一组，挑选其中一个场景分析讨论后，组内推荐两人，一人扮演客户阿力先生，一人扮演售前工程师小慧，进行角色表演，表演时长：3～5分钟。 场景如下： 智能家居的一天，原来生活可以更安全、更舒适…… 情景1： 清晨7:00，背景音乐响起，音量逐渐增大；主人醒来，按下床头“起床”场景键，主卧、客厅窗帘徐徐拉开，安防系统解除“睡眠”警戒模式进入“在家”状态，空调自动启动通风，微波炉开始准备早餐…… （小慧）功能介绍：…… 情景2： 清晨7:10，主人进入卫生间开始洗漱，背景音乐自动切换成电台新闻，让主人在洗漱时就能够了解每天的时事热点和天气情况…… （小慧）功能介绍：…… 情景3： 清晨7:20，昨天晚上放置到微波炉中的牛奶和面包已加热完毕，主人一家洗漱后即开始享用早餐…… （小慧）功能介绍：…… 情景4： 清晨7:40，一家人准备上班、上学，主人在离家前按下“离家”场景键，所有灯光、部分电器关闭，窗帘拉上，安防系统开始处于警戒状态…… （小慧）功能介绍：……

续表

场景	针对岗位	岗位场景再现要求
场景二	售前工程师	情景 5： 中午 12:00，午休了，主人想看看家中有没有异常状态，于是访问了家中的网关，通过网络监控来查看家中的状况。一切正常，放心了…… （小慧）功能介绍：…… 情景 6： 下午 18:00，主人快到家了，他在车上通过手机，将家中的空调打开，温度调整为 23℃，同时将饮水机打开，这样回到家中就可以在舒适的环境下泡一杯绿茶，舒缓绷紧了一天的神经…… （小慧）功能介绍：…… 情景 7： 傍晚 18:10，主人回到了家中，在“回家”的场景下，玄关灯光亮起，客厅窗帘徐徐拉开。换上拖鞋后，主人走向客厅，客厅的灯光缓缓亮起，玄关的灯光自动关闭…… （小慧）功能介绍：…… 情景 8： 晚上 19:00，一家人开始用晚餐，在“就餐”在场景下，餐厅灯光打开调整为主人喜爱的亮度状态，客厅的灯光部分关闭或变暗…… （小慧）功能介绍：…… 情景 9： 晚上 19:40，用过晚餐，家人准备看场电影放松一下，按下“家庭影院”场景键，客厅灯光暗了下来，电视机打开，联网到影视选择界面，窗帘拉上…… （小慧）功能介绍：…… 情景 10： 晚上 20:00，门铃响了，控制器自动切换成门外的探测镜头画面，看到来客是老朋友小张，主人高兴地用遥控器打开了大门，并按下“会客”场景键，客厅的灯光变亮了，电视关闭了，响起了舒缓的背景音乐…… （小慧）功能介绍：…… 情景 11： 晚上 22:00，送走了客人，主人躺在床上，准备休息了，按下“睡眠”场景键，除床头台灯外，所有房间的灯光都关闭，切断无须工作的电器电源，安防系统转入“睡眠”警戒模式…… （小慧）功能介绍：…… 情景 12： 凌晨 1:00，主人起床去卫生间，轻按床头“夜起”场景键，卧室的壁灯缓缓亮起并自动达到 30% 的亮度，同时，过道和卫生间的灯光都亮了起来，夜间起床不用担心摸黑…… （小慧）功能介绍：……

综合评价

按照综合评价表 1-10，完成对学习过程的综合评价。

表 1－10　综合评价表

<table>
<tr><td colspan="2">班级</td><td></td><td>学号</td><td colspan="3"></td></tr>
<tr><td colspan="2">姓名</td><td></td><td>综合评价等级</td><td colspan="3"></td></tr>
<tr><td colspan="2">指导教师</td><td></td><td>日期</td><td colspan="3"></td></tr>
<tr><td rowspan="2">评价项目</td><td rowspan="2">评价内容</td><td rowspan="2" colspan="2">评价标准</td><td colspan="3">评价方式</td></tr>
<tr><td>自我评价</td><td>小组评价</td><td>教师评价</td></tr>
<tr><td rowspan="3">职业素养（30 分）</td><td>安全意识责任意识（10 分）</td><td colspan="2">A 作风严谨、自觉遵章守纪、出色完成工作任务（10 分）
B 能够遵守规章制度、较好地完成工作任务（8 分）
C 遵守规章制度、没完成工作任务或完成工作任务、但忽视规章制度（6 分）
D 不遵守规章制度、没完成工作任务（0 分）</td><td></td><td></td><td></td></tr>
<tr><td>学习态度（10 分）</td><td colspan="2">A 积极参与教学活动、全勤（10 分）
B 缺勤达本任务总学时的 10%（8 分）
C 缺勤达本任务总学时的 20%（6 分）
D 缺勤达本任务总学时的 30% 及以上（4 分）</td><td></td><td></td><td></td></tr>
<tr><td>团队合作意识（10 分）</td><td colspan="2">A 与同学协作融洽、团队合作意识强（10 分）
B 与同学能沟通、协同工作能力较强（8 分）
C 与同学能沟通、协同工作能力一般（6 分）
D 与同学沟通困难、协同工作能力较差（4 分）</td><td></td><td></td><td></td></tr>
<tr><td rowspan="2">专业能力（70 分）</td><td>任务主题一（35 分）</td><td colspan="2">A 根据客户诉求，能娴熟地为客户介绍产品所属的发展阶段，说出智能家居发展的前景与方向（35 分）
B 根据客户诉求，能较好地为客户介绍产品所属的发展阶段，说出智能家居发展的前景与方向（30 分）
C 根据客户诉求，基本上能为客户介绍产品所属的发展阶段，说出智能家居发展的前景与方向（20 分）
D 根据客户诉求，为客户介绍产品所属的发展阶段和智能家居发展的前景与方向时存在较多错误或描述不清（5 分）</td><td></td><td></td><td></td></tr>
<tr><td>任务主题二（35 分）</td><td colspan="2">A 根据客户描述的场景，能娴熟地介绍每个场景中用到了智能家居的哪些功能（35 分）
B 根据客户描述的场景，能较好地介绍每个场景中用到了智能家居的哪些功能（30 分）
C 根据客户描述的场景，基本上能介绍每个场景中用到了智能家居的哪些功能（20 分）
D 根据客户描述的场景，为客户介绍每个场景中用到了智能家居的哪些功能时存在较多错误或描述不清（5 分）</td><td></td><td></td><td></td></tr>
<tr><td colspan="2">创新能力</td><td colspan="2">学习过程中提出具有创新性、可行性的建议</td><td colspan="3">加分奖励：</td></tr>
</table>

考证要点

一、单项选择题

1. 世界上公认的第一幢“智能大厦”是哪年建成的？(　　)

A. 1960 年　　B. 1984 年　　C. 1980 年　　D. 2000 年

2. 哪个不属于智能家居系统的组成部分？(　　)

A. 智能灯光控制系统　　B. 可视对讲系统

C. 智能交通系统　　D. 远程医疗监护系统

二、多项选择题

1. 智能家居的发展经历了哪几个阶段？(　　)

A. 家居自动化阶段　　B. 单品阶段

C. 物联网阶段　　D. 人工智能阶段

2. 智能家居产品通常具备哪些特征？(　　)

A. 联通性　　B. 自动化　　C. 云化　　D. 自主学习

>> 项目二

智能家居网络系统架构与网关调试

任务一 智能家居网络系统架构

一、学习目标

知识目标

（1）熟悉海尔智能家居的网络系统架构。
（2）学会网络系统搭建的方法。

能力目标

具备根据客户需求和预算，为客户搭建海尔智能家居网络系统架构的能力。

素养目标

培养分析问题和与客户沟通的能力。

二、学习内容

学习内容见表2-1。

表 2－1　学习内容

任务主题一	智能家居网络系统架构	建议学时	2 学时
任务内容	学习“知识链接”的内容，根据客户需求和预算，为客户介绍海尔智能家居网络系统架构及网络系统的搭建与配置		

三、学习过程

案例

阿力先生崇尚科技、追求新技术，最近他刚刚为自己买了一套两居室（见图 2－1），他想为自己的新房安装一套安全、便利、智能、舒适的智能家居系统。具体需求有：全屋安防、全屋照明、智慧厨房、全网覆盖等。海尔三翼鸟智能家居的售前工程师小慧为阿力先生详细介绍了智能家居的网络架构与网络系统搭建的实现方法，硬件工程师小智对智能家居的网络系统进行了具体的安装与调试。

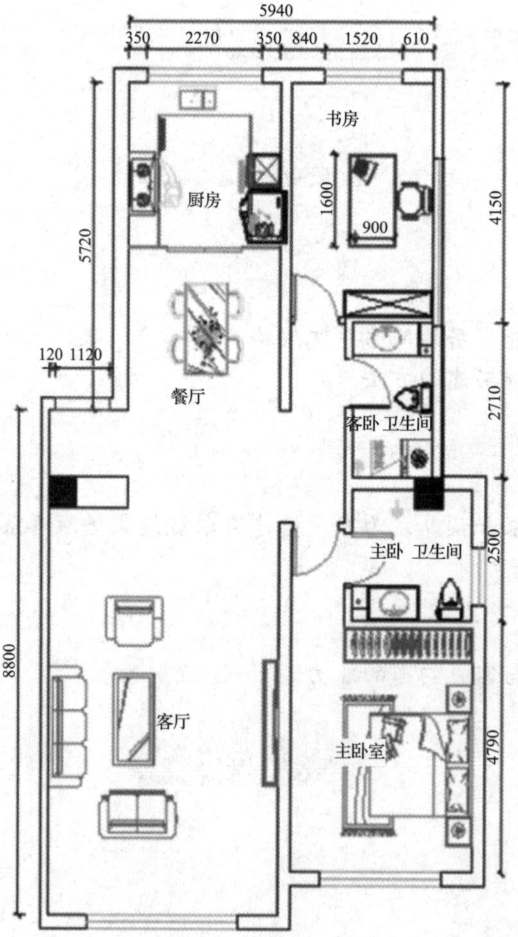

图 2－1　户型图

根据以上情景，填写如表 2－2 所示的工作任务单。

表 2－2　工作任务单

工作任务	智能家居网络系统架构与网络系统搭建	派工日期	年　月　日
工作人员		工作负责人	年　月　日
签收人		完工日期	
工作内容	根据客户需求（全屋安防、全屋照明、智慧厨房、全网覆盖），详细向客户介绍智能家居的网络架构与网络系统搭建的实现；硬件工程师小智对网络系统架构进行具体的安装与调试		
项目负责人评价	负责人签字： 年　月　日		

（一）自主学习

预习知识链接，填写表 2－3。

表 2－3　智能家居网络系统架构与网络系统搭建

名称	组成与方法
海尔智能家居网络系统架构	
网络系统的搭建	

（二）课堂活动

1. 案例分析

阿力先生通过售前工程师小慧对智能家居的介绍，对智能家居充满了期待。考虑到市场的定位、用户的需求与预算，本案例主要以中控面板为核心，实现小户型全屋安防、全屋照明、智慧厨房、全网覆盖的全屋智能控制功能。如果你现在是售前工程师小慧，请你为阿力先生详细介绍一下海尔智能家居的网络架构和网络系统的搭建。

2. 任务实现

各小组分别扮演客户和售前工程师、硬件工程师的角色，从用户需求和预算等方面进行考虑，实现小户型的全屋安防、全屋照明、智慧厨房、全网覆盖的全屋智能控制的网络系统搭建并填写表 2－4。

表 2－4　智能家居网络系统搭建实现

任务主题			
班级		组别	
组内成员			
智能家居网络系统搭建	网络连接		
	网络系统配置		

（三）知识链接

1. 海尔智能家居的网络架构

智能家居是物联网的一种具体应用形式，它正在向智能化、网络化、人性化、信息化、集成化方向发展。智能家居行业的发展一日千里，技术更新步伐也较快，有线技术因需要穿墙布线，且工期长，不能升级换代，已经不能满足消费者的个性化需求；无线技术则凭借免布线、移动性强、低成本等优势成为市场新宠。此外，自动组网、设备拓展能力强也是无线技术的优势之一，而功耗较低、健康节能更是符合低碳生活的绿色家居理念。另外，无线方式维护简单，可快速检测出问题所在，并及时修复。

在无线方式上，主要分为蓝牙、WiFi 和 ZigBee 等几种技术，前两者组网性能差、稳定性薄弱，而 ZigBee 正凭借成本低、组网快、低复杂度等特点迅速成为新时代的主流。

海尔智能家居的网络架构主要就运用了这两种技术：有线和无线（WiFi 和 ZigBee），如图 2－2 所示。

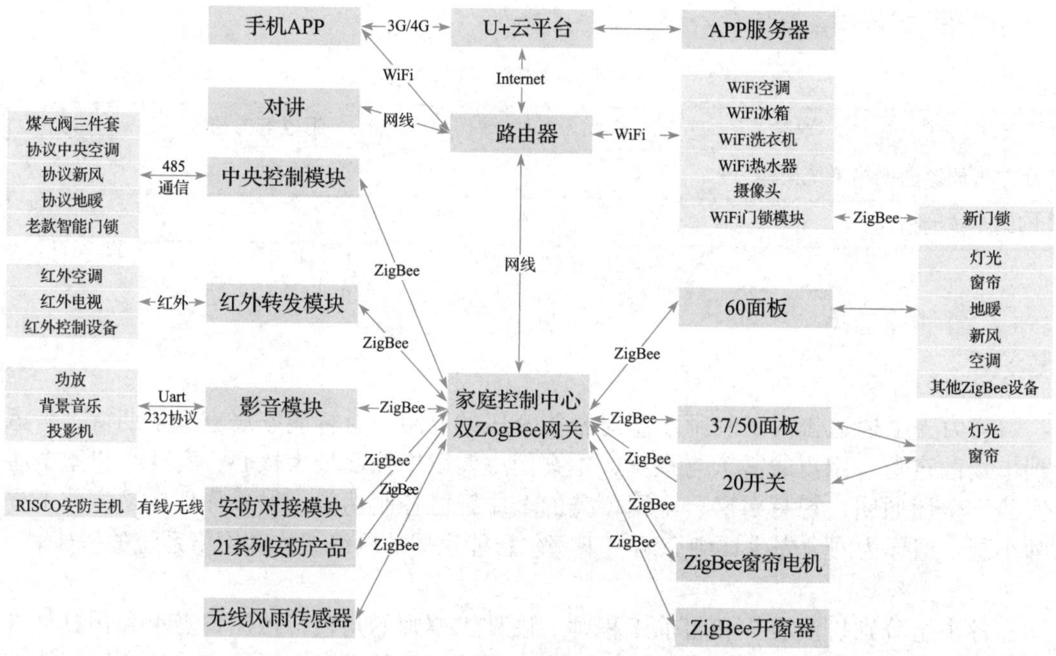

图 2－2　海尔智能家居的网络架构

2. 智能家居网络连接方法（见图 2－3）

具体连接方法：

（1）家庭网关通过双绞线连接路由器，路由器接入 Internet。

（2）具有 WiFi 功能的设备通过 WiFi 进行组网连接。

（3）智能面板、窗帘电机、开窗器、安防模块、风雨传感器、影音模块、21 系列安防产品通过 ZigBee 进行组网。其中，21 系列和 20 系列使用公版 ZigBee，其他设备使用私有 ZigBee。

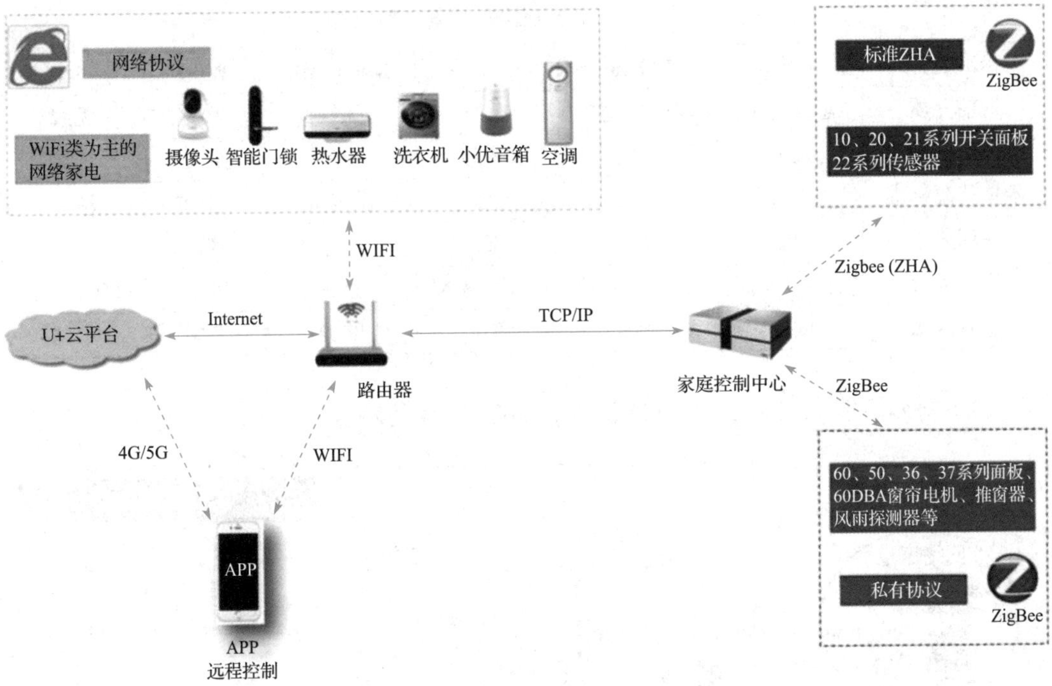

图 2－3　智能家居网络连接方法

3. ZigBee 技术

ZigBee（又称紫蜂）技术是一种基于 IEEE 802.15.4 的通信协议的短距离无线通信技术，其中 IEEE 802.15.4 处理低级 MAC 层和物理层协议，而 ZigBee 协议对网络层和 API 进行了标准化。ZigBee 技术旨在建立一种低速率、低功耗的个域网（Low Rate Wireless Personal Area Network，LRWPAN），主要特征是近距离、低功耗、低成本、低传输速率。ZigBee 支持星形、树形和网状网络的组网，形式多样，可以应用于智能家居、工业监控、传感器网络等领域。

（1）ZigBee 技术的特点。

1）可靠。ZigBee 技术采用了碰撞避免机制，同时为需要固定带宽的通信业务预留了专用时隙，避免了发送数据时的竞争和冲突。

2）成本低。首先，ZigBee 协议免专利费；其次，ZigBee 网络短距离、低功耗等都可以降低网络的成本。

3）时延短。网络时延是终端节点发出请求到其接收到回答信息所需要的时间。ZigBee 网络针对工业通信对时延敏感进行了优化，设备搜索时延典型值为 30ms，休眠激活时延典型值是 15ms，活动设备信道接入时延为 15ms。

4）网络容量大。一个 ZigBee 网络可以容纳最多 254 个设备和一个主设备。

5）安全。ZigBee 网络特别是网状网规模庞大，节点数目多，网络拓扑结构变化快，使其在安全性上面临更大挑战。ZigBee 联盟在网络安全方面提供了数据完整性检查和鉴权功能加密算法。

（2）智能家居各种组网标准比较，见表 2－5。

表 2-5 智能家居主要组网标准比较

标准名称	KNX	BACnet	ZigBee	Buletooth	WiFi	5G
通信介质	总线为主	总线为主	无线	无线	无线	无线
通信标准	定义	定义	定义	定义	定义	定义
数据资源标准	定义	定义	定义	没定义	没定义	没定义
使用成本	高	较高	低	低	低	高
应用场合	别墅、楼宇	别墅、楼宇	楼宇、家庭	家庭	家庭	楼宇、家庭
主导区域	欧洲	美国	美国	欧美	美国	中国

（3）海尔智能家居 ZigBee 网络架构，如图 2-4 所示。

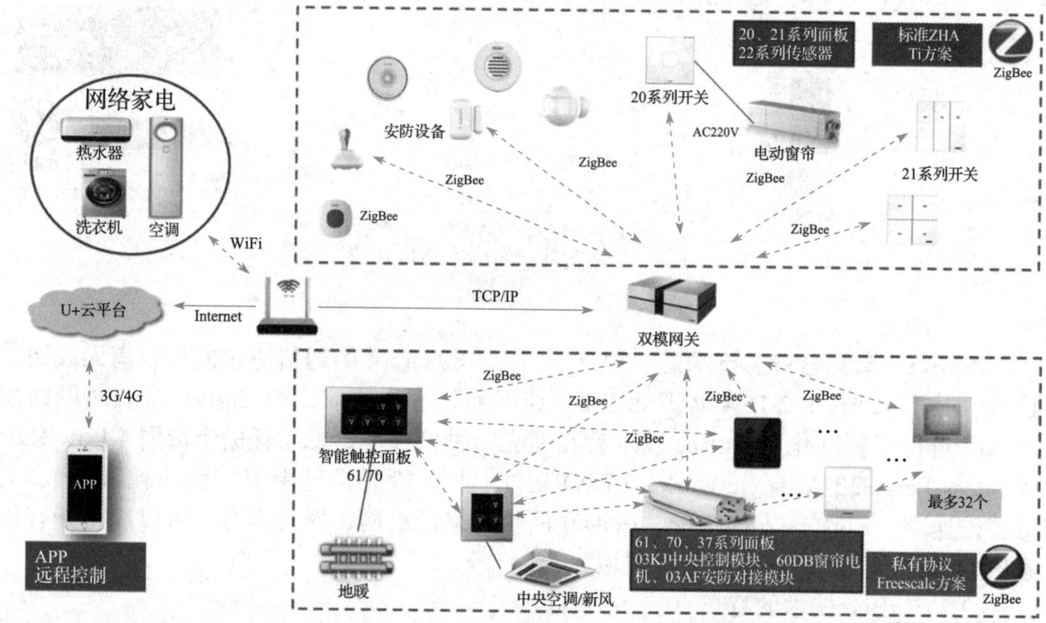

图 2-4 海尔智能家居 ZigBee 网络架构

4. 网络系统搭建

（1）网络连接方法。

借助无线路由器，可以实现 Internet 与海尔智能家居私有云平台之间的相互通信，连接方法如图 2-5 所示。

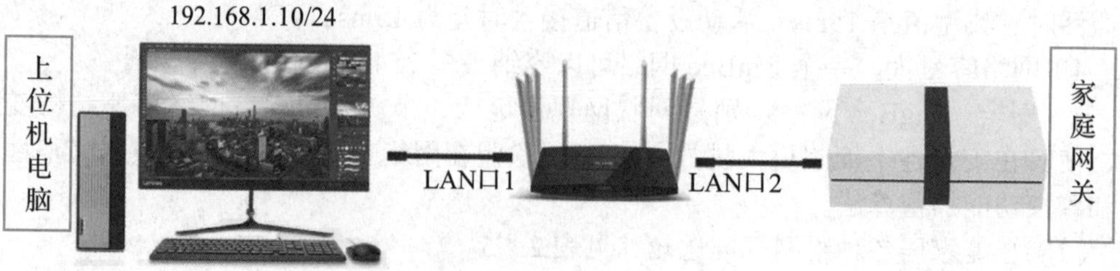

图 2-5 网络系统连接方法

（2）网络系统配置。

具体步骤如下：

步骤 1：电脑桌面右击“网络”选择“属性”→单击“以太网”→在出现的菜单中单击“属性”→在“网络”选项卡中双击“Internet 协议版本 4（TCP/IPv4）”，设置上位机电脑的 IP 为“192.168.1.10”，如图 2－6 所示。

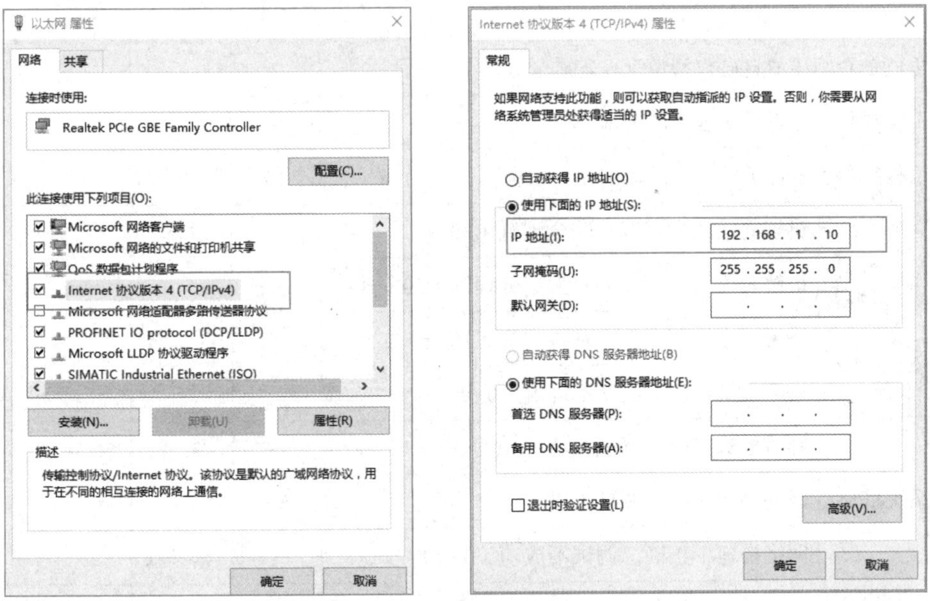

图 2－6　上位机电脑的 IP 设置

步骤 2：打开电脑中已有的任意一款浏览器，在地址栏中输入 192.168.1.1，输入登录账号 admin 并键入登录密码后，顺利进入无线路由器的内置 Web 页，开启路由器的 DHCP 服务功能，并设置 WiFi 名称和密码，如图 2－7 所示。

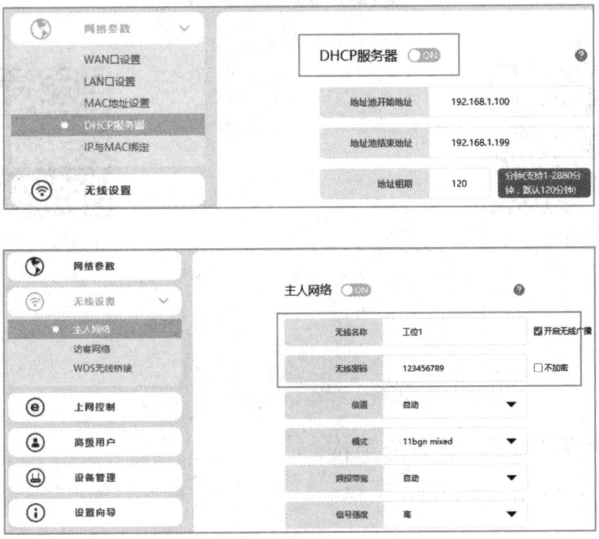

图 2－7　路由器的设置

四、考核评价

依据任务一评分标准进行自我评价、小组评价及教师评价，见表 2－6。

表 2－6　任务一评分标准

评价内容		分值	自我评价	小组评价	教师评价
客户角色是否阐述清自己户型情况、需求、预算		10			
售前工程师角色是否了解客户的需求		10			
硬件工程师角色是否了解客户的需求		10			
智能家居网络架构	讲解简洁清晰，客户完全理解（30 分）	30			
	讲解较简洁清晰，客户大部分理解（20 分）				
	讲解基本清楚，客户基本理解（10 分）				
	讲解混乱，客户完全不理解（0 分）				
网络系统搭建	网络搭建正确，调试成功（30 分）	30			
	网络搭建正确，调试不成功（15 分）				
	网络搭建不正确，调试不成功（0 分）				
剧本编写是否顺畅，能否顺利饰演各个角色		10			
合计					

五、拓展学习

物联网的网络架构

系统调试流程

六、课后练习

1. 简述海尔智能家居的网络系统架构。
2. 简述 ZigBee 无线通信技术的特点。

活页笔记

任务二 家庭网关的配置与调试

一、学习目标

知识目标

（1）认识家庭网关的作用、分类和经典产品。
（2）会进行家庭网关的配置、升级和海尔智家 App 的相关操作。
（3）会上位机软件的使用方法。

能力目标

具备家庭网关的配置、升级和 App 相关操作和上位机软件使用的能力。

素养目标

培养自主学习、探究问题、善于操作的能力。

二、学习内容

学习内容见表 2－7。

表 2-7　学习内容

任务主题二	家庭网关的配置与调试	建议学时	2 学时
任务内容	学习知识链接的内容，进行家庭网关的配置与升级、海尔智家 App 操作，以及上位机操作		

三、学习过程

案例

海尔三翼鸟智能家居的售前工程师小慧为阿力先生详细介绍了智能家居的网络架构与网络系统搭建的实现，阿力先生对房屋的智能效果充满了期待。现在，调试工程师小智将根据阿力先生家的户型（见图 2-8）和需求对家庭网关进行具体的调试，以实现安全、便利、智能、舒适的智能家居系统。

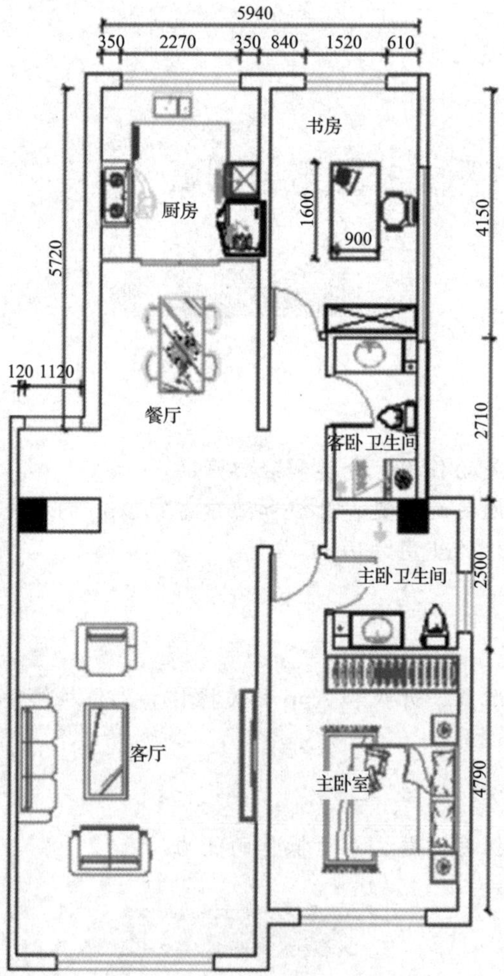

图 2-8　户型图

根据以上情景，填写如表 2－8 所示的工作任务单。

表 2－8　工作任务单

工作任务	家庭网关的配置与调试	派工日期	年　月　日
工作人员	工作负责人		
签收人		完工日期	年　月　日
工作内容	调试工程师小智根据客户户型和需求（全屋安防、全屋照明、智慧厨房、全网覆盖），为客户进行家庭网关的配置与调试，并绑定海尔智家 App 完成相应的操作		
项目负责人评价	负责人签字： 年　月　日		

（一）自主学习

预习知识链接，填写表 2－9。

表 2－9　智能家居家庭网关配置与调试

名称	具体步骤
家庭网关的配网	
家庭网关的升级	
海尔智家 App 绑定	

（二）课堂活动

1. 案例分析

阿力先生通过售前工程师小慧对智能家居网络架构的介绍，对智能家居充满了期待。考虑到市场的定位、用户的需求与预算，本案例主要以中控面板为核心，实现小户型全屋安防、全屋照明、智慧厨房、全网覆盖的全屋智能控制功能。如果你现在是调试工程师小智，请你根据阿力先生家的户型和需求对家庭网关进行具体的配置与调试。

2. 任务实现

各小组分别扮演客户和实施工程师的角色，从客户家庭户型和需求进行考虑，实现小户型的全屋安防、全屋照明、智慧厨房、全网覆盖的家庭网关的配置与调试和海尔智家 App 的绑定。任务实现方法见表 2－10。

表 2-10　家庭网关的配置与调试

任务主题			
班级		组别	
组内成员			
家庭网关配网	网关连接		
	网关启动配网		
家庭网关升级	准备工作		
	操作步骤		
海尔智家 App 绑定	准备工作		
	绑定设备		

（三）知识链接

1. 家庭网关的功能

家庭网关是家庭智能化系统的中心设备，是家庭内部多种智能设备之间实现联网，从家庭内部到外部网络实现互联的一座桥梁。其主要作用有：

（1）家庭内部网络不同通信协议之间的转换。

（2）家庭内部网络同外部通信网络之间的数据交换。

（3）家庭内部信息终端和智能设备的管理和控制。

（4）家庭内部通信网络终端设备的接入节点。

2. 家庭网关的分类

家庭网关按功能大致分三类：

（1）协议网关。

协议网关通常在使用不同协议的网络区域间做协议转换。这一转换过程可以发生在 OSI 参考模型的第 2 层、第 3 层或 2、3 层之间。比如 ZigBee 和 Modbus 协议的转换，或者基于 WiFi、蓝牙通信的私有协议转换等。

（2）应用网关。

应用网关是将一个网络与另一个网络进行相互联通，提供特定应用的网络间设备。应用网关必须能实现相应的应用协议。在智能家居系统中，应用网关承载设备自动控制的业务逻辑。

（3）安全网关。

安全网关是确保智能家居系统信息安全，避免智能家居设备遭受网络攻击的网关设备。最常用的安全网关就是包过滤器，实际上就是对数据包的原地址、目的地址和端口号、网络协议进行授权。

家庭网关的产品有时包含以上多个功能，不仅能够进行协议转换、设备控制，而且具有初步的包过滤功能。

3. 典型的家庭网关产品

海尔家庭网关是通过 ZigBee 无线连接智能设备，可由移动端 App 通过家庭路由连接网关，从而实现家庭设备的互联互通。在保证稳定性的同时，它能够及时反馈当前状态，不但可以控制灯光、窗帘、空调等设备，还能通过 App 设置智能场景，实现家庭场景模式的控制，为住户提供更加便利、安全、舒适、健康、艺术的生活体验。海尔家庭网关产品如图 2－9 所示。

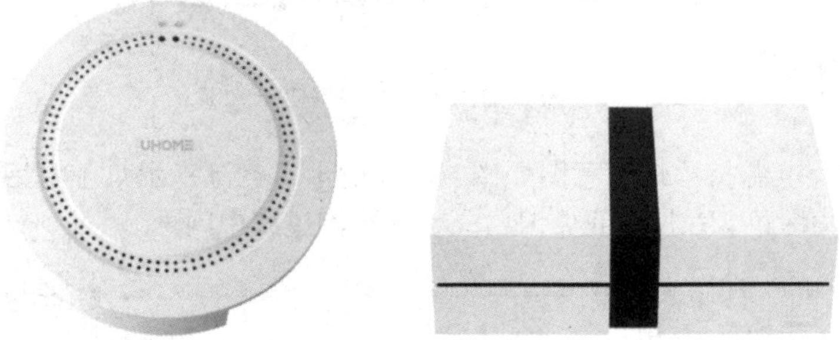

家庭智能中继
HW－WZ6JA－U

家庭控制中心
HW－WG2JA－U

图 2－9　海尔家庭网关产品

4. 海尔家庭网关产品参数

（1）家庭智能中继（HW－WZ6JA－U）如图 2－10 所示。

图 2－10　家庭智能中继

产品尺寸：直径 140mm，厚度 30mm。

电压：DC 12V ± 1。

电流：500mA。

适配器：输入 AC 90 ～ 264V，输出 12V/1A。

WiFi：2.4GB 802.11b/g/n。

ZigBee：2.4GB 嵌入式无线串口通信。

安装方式：桌面放置、壁挂、吊灯。

（2）家庭控制中心（HW－WG2JA－U）如图 2－11 所示。

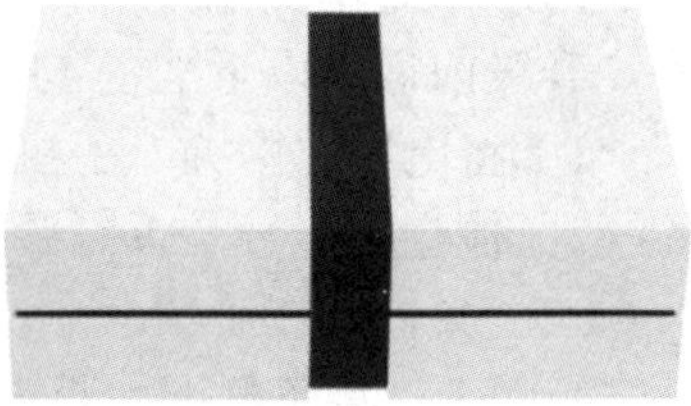

图 2－11　家庭控制中心

产品尺寸：长 252mm，宽 175mm，高 77mm。

电压：DC 12V ± 1。

电流：500mA。

适配器：输入 AC 90 ～ 264V，输出 12V/1A。

WiFi：2.4GB 802.11b/g/n。

ZigBee：2.4GB 嵌入式无线串口通信。

安装方式：桌面放置。

5. 家庭网关的配网

（1）启动和配网。

海尔家庭网关接口示意图如图 2－12 所示，电源接口插入 DC 口，接 12V 电源适配器；网口接入以太网；485 接口和 12V 电源输出接口可用于总线通信及供电。

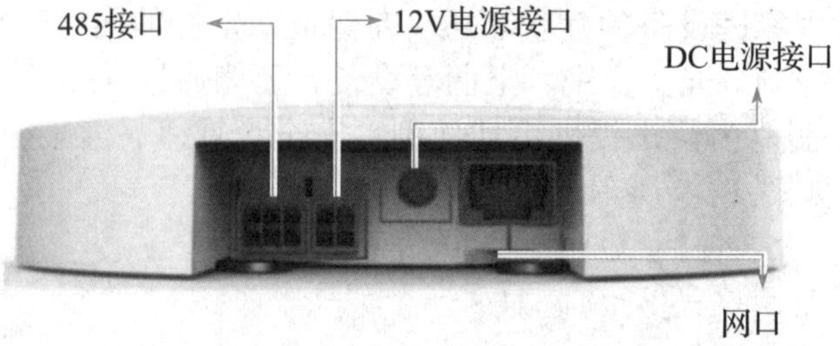

图 2－12　海尔家庭网关接口示意图

网关按键及电源指示灯示意图如图 2－13 所示，电源指示灯上电后红色常亮，网络指示灯显示为绿色，在网络正常时常亮，在配网过程中闪烁。

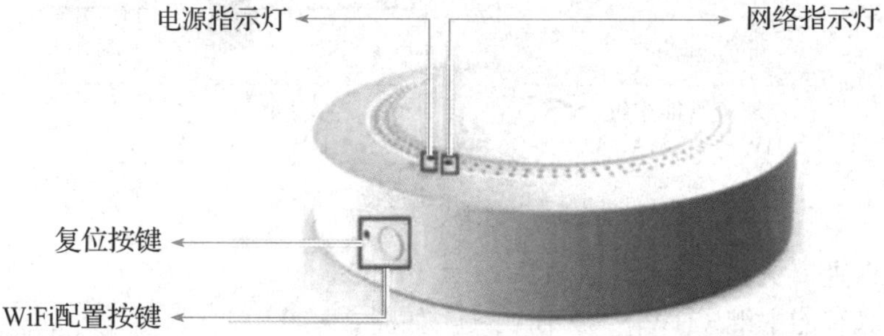

图 2－13　海尔家庭网关按键及电源指示灯示意图

（2）具体操作步骤。

步骤 1：接通电源。电源接口插入 12V 电源适配器，电源指示灯红色常亮。

步骤 2：接入网络。网络接口插入网线，网络指示灯绿色亮起。

步骤 3：启动配网。长按组网配置按键 3 ～ 5s，进入配网模式，网络指示灯闪烁。

6. 家庭网关的升级

（1）准备工作。

海尔家庭网关固件升级可以使硬件获得最新的软件，在运行中获得最佳的运行状态。升级前需做以下准备工作：

1）将电脑、网关、手机连于同一路由器下。注意：此路由器要求可以上外网。

2）检查版本号是否需要升级。

（2）具体操作步骤。

步骤 1：设备联网。将电脑和网关用网线接到路由器上，路由器需要开启“DHCP 功能”；设备上电以后会自动获取 IP 地址，红色指示灯为电源灯，绿色指示灯常亮表明已经获取到 IP 地址，此时可通过上位机软件搜索到该网关。具体连接方式和网络配置见任务一中的图 2－5 ～图 2－7。

步骤 2：上位机操作升级。

1）电脑安装上位机软件。打开安装完毕的“SmartConfig 软件”，如图 2－14 所示。

2）进入登录界面，单击“本地编辑”（目前还不支持在线编辑），如图 2－15 所示。

3）进入编辑界面，单击“文件”→“新建项目”（软件默认必须先“创建项目”才可进行发布界面，否则会提示“警告，请先创建项目”），如图 2－16 所示。

图 2－14　上位机软件

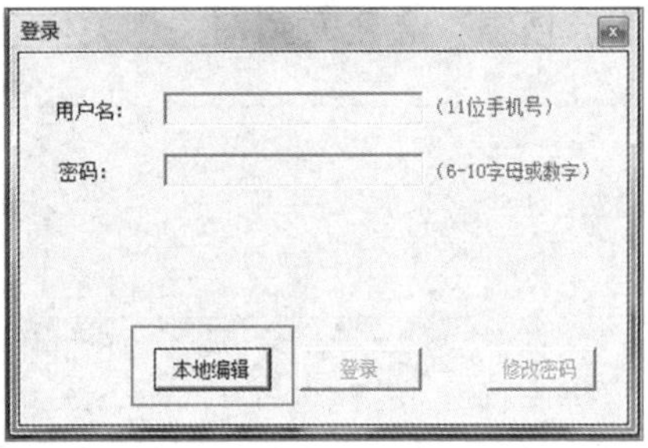

图 2－15　登录界面

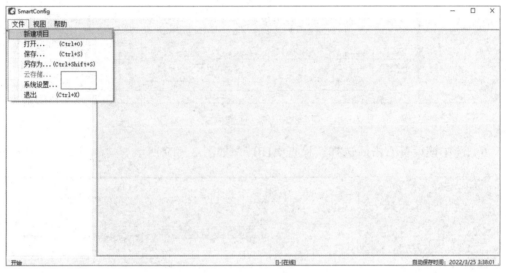

图 2－16　新建项目

4）然后单击“视图”→“发布”，进入发布界面，如图 2－17 所示。

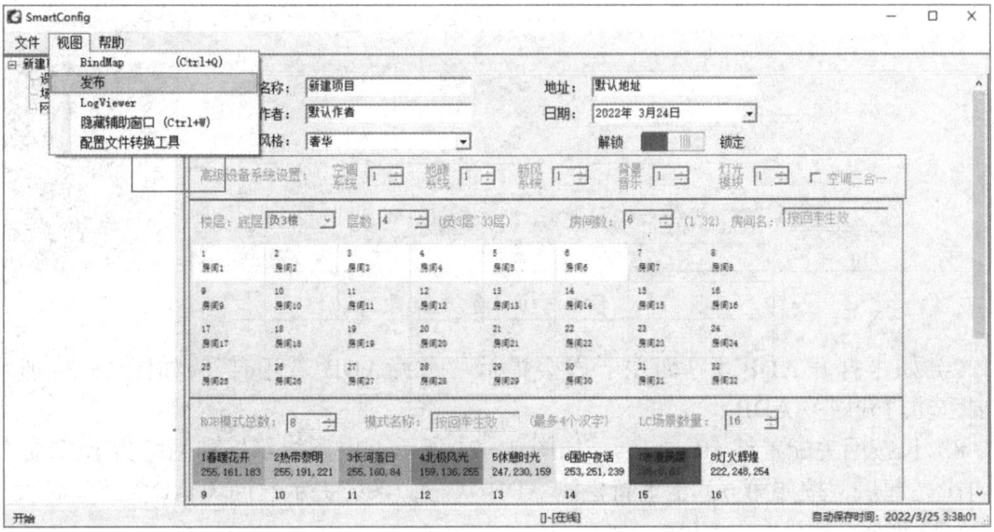

图 2－17　发布界面

5）单击“搜索”会搜索到网关相关信息，如图 2 - 18 所示。

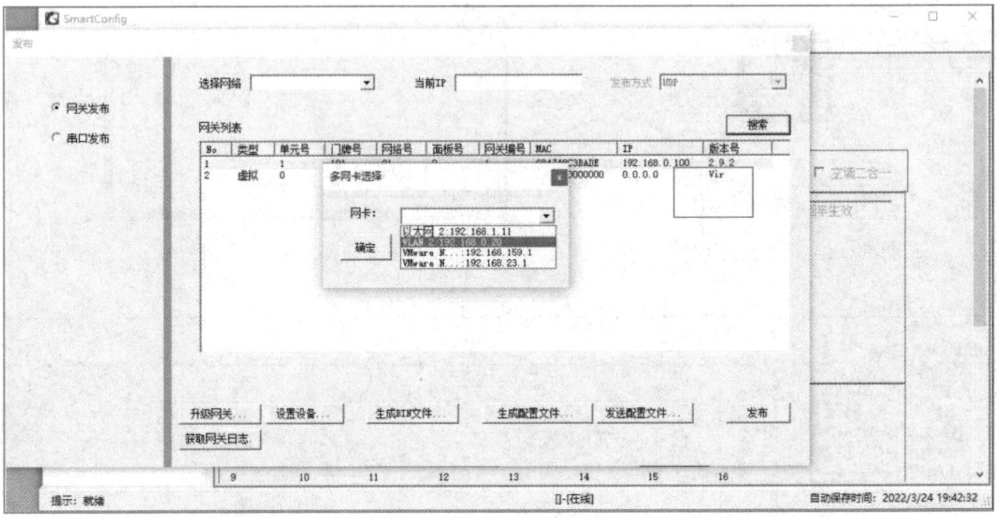

图 2 - 18　搜索网关

6）选中该设备右击后选择“检查 ADB”，如图 2 - 19 所示。

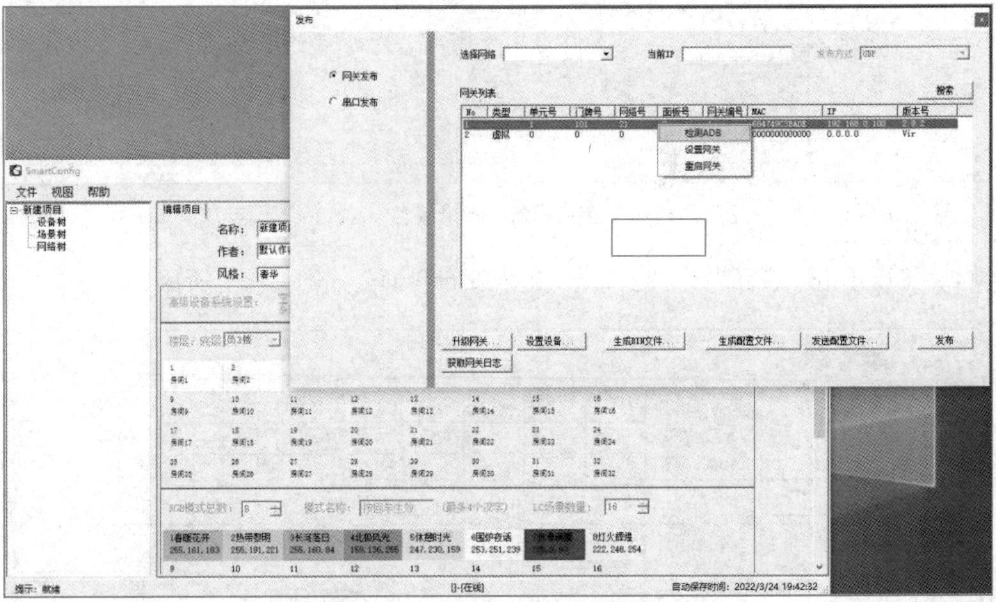

图 2 - 19　检查 ADB

7）如未打开 ADB，界面左下方会提示“网关 ADB 未开启”，如图 2 - 20 所示，需要手动打开网关 ADB。

8）长按网关配置键 10 ～ 15s，如图 2 - 21 所示，电源指示灯和网络指示灯同时熄灭再次亮起后，按照第 6）步重新检测 ADB 状态，系统提示“网关 ADB 已开启”，如图 2 - 22 所示。

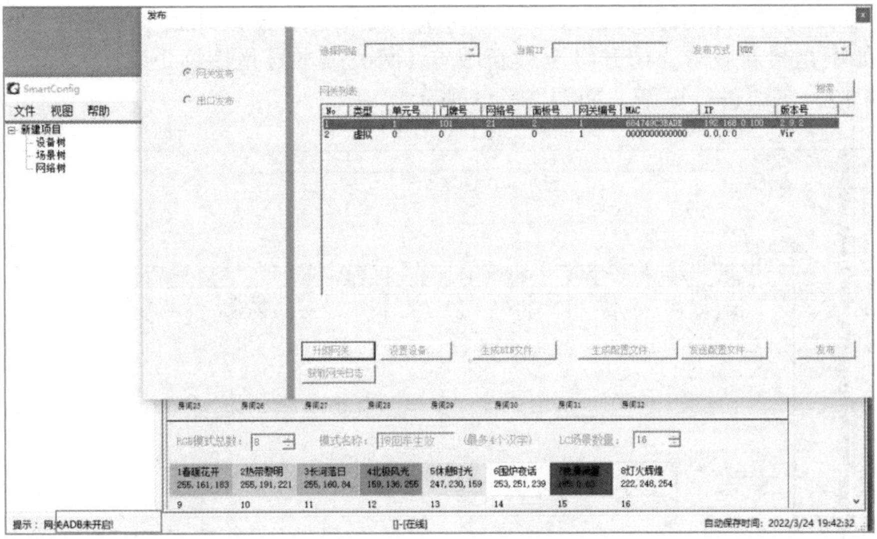

图 2－20　打开 ADB

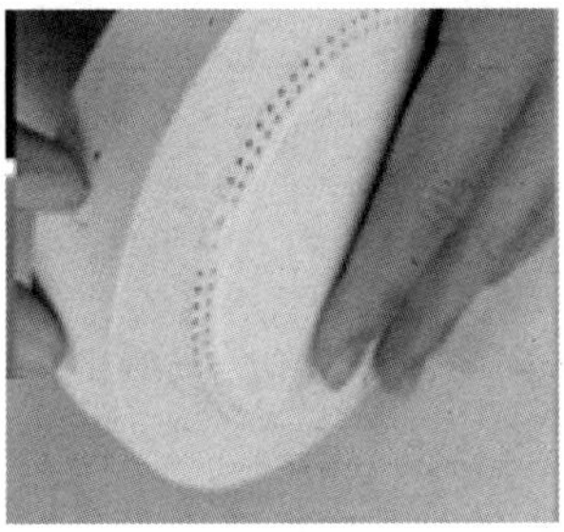

图 2－21　长按网关配置键

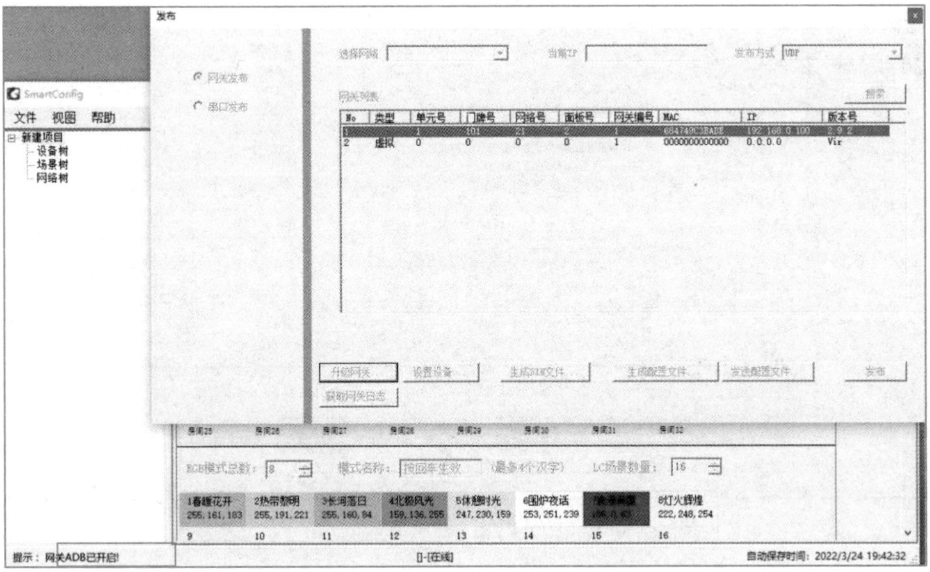

图 2－22　网关 ADB 已开启

9）在发布界面，网关设备最后一列为版本号信息，检查此版本号是否为网关最新版本，如不是最新版本，请升级至最新版本（网关版本号是持续更新的）。示例中版本号为 2.4.12，需要进行更新，如图 2-23 所示。

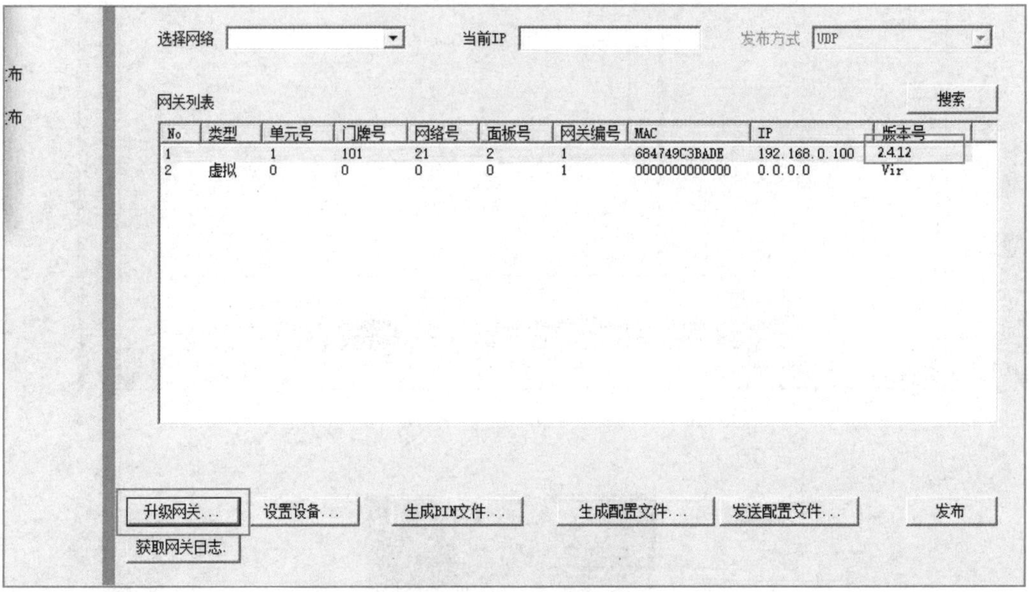

图 2-23　旧版本

单击“升级网关”，选择最新版本升级包，如图 2-24 所示。

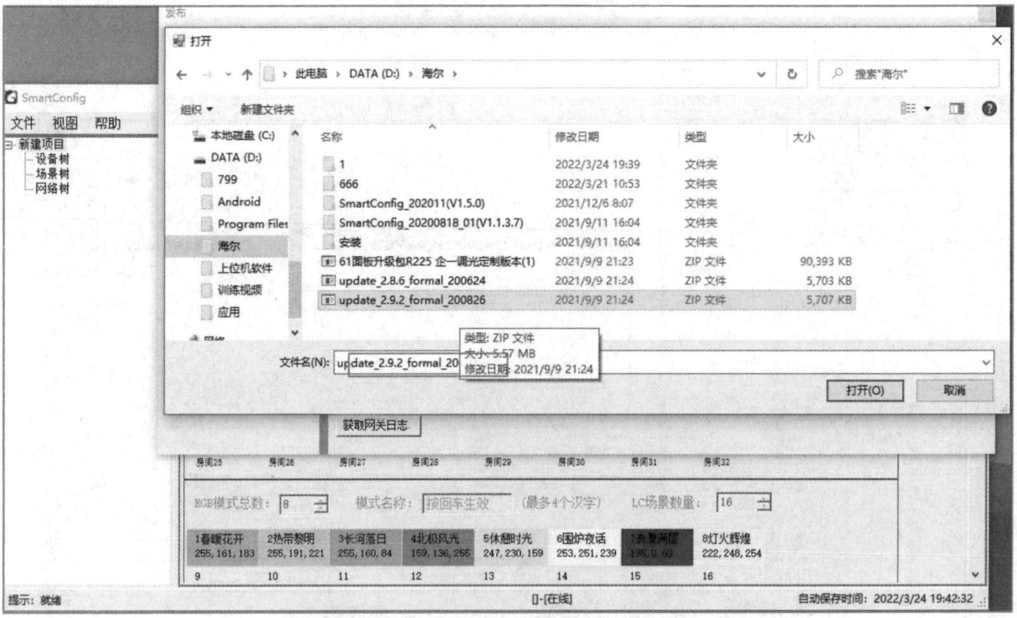

图 2-24　网关升级

上位机提示“网关升级－正在执行”，进度条显示升级进度，如图 2-25 所示。

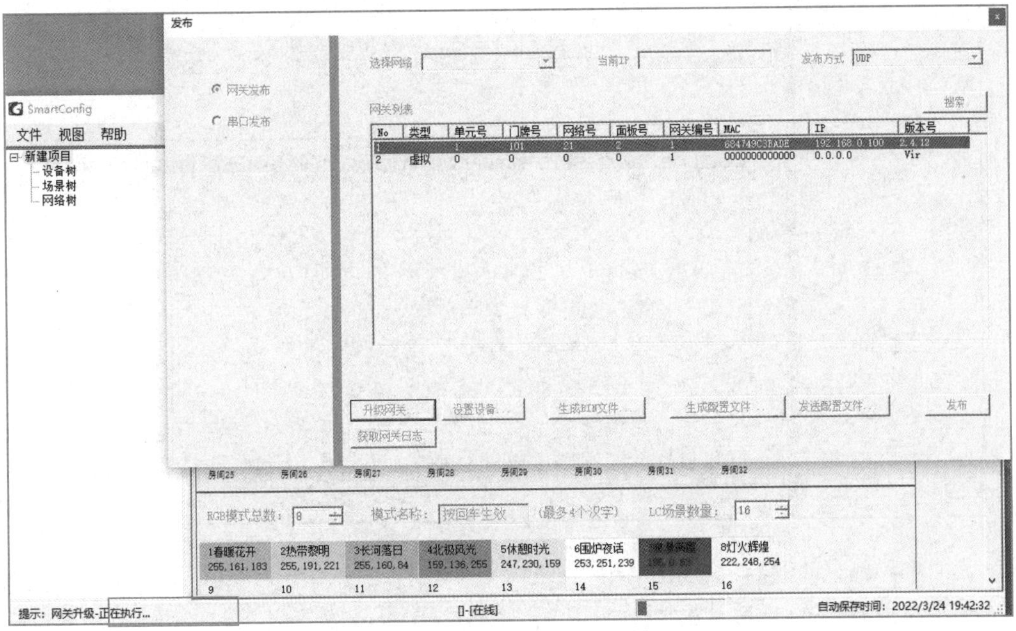

图 2-25　网关正在升级

升级结束后，上位机提示“网关更新成功”，如图 2-26 所示。

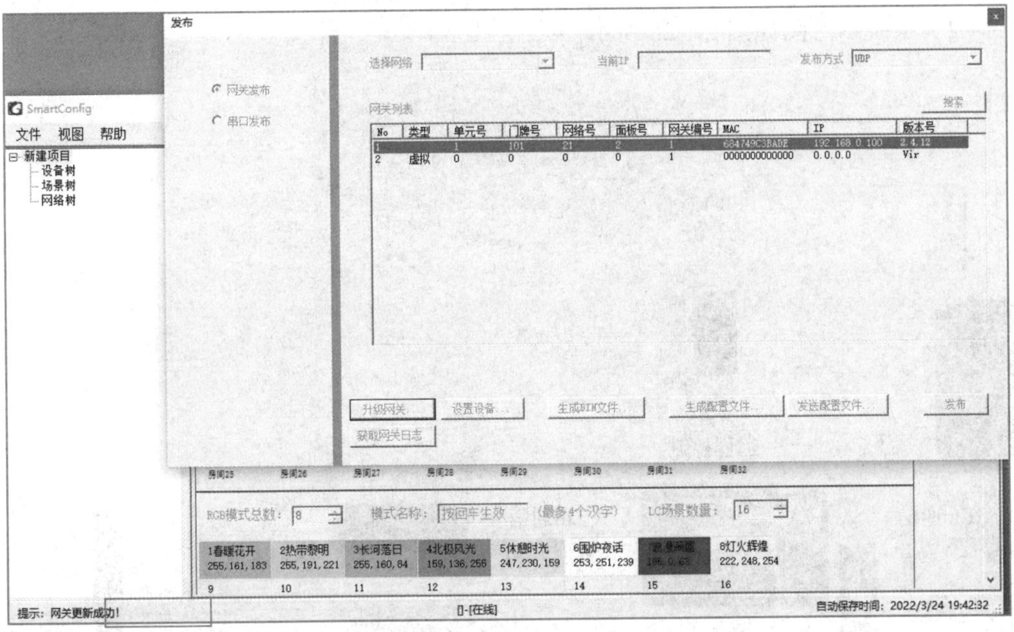

图 2-26　网关更新成功

重启网关设备，再次搜索，检查版本号是否更新，如图 2-27 所示。
升级完成以后，上位机软件提示升级成功，重启网关设备。

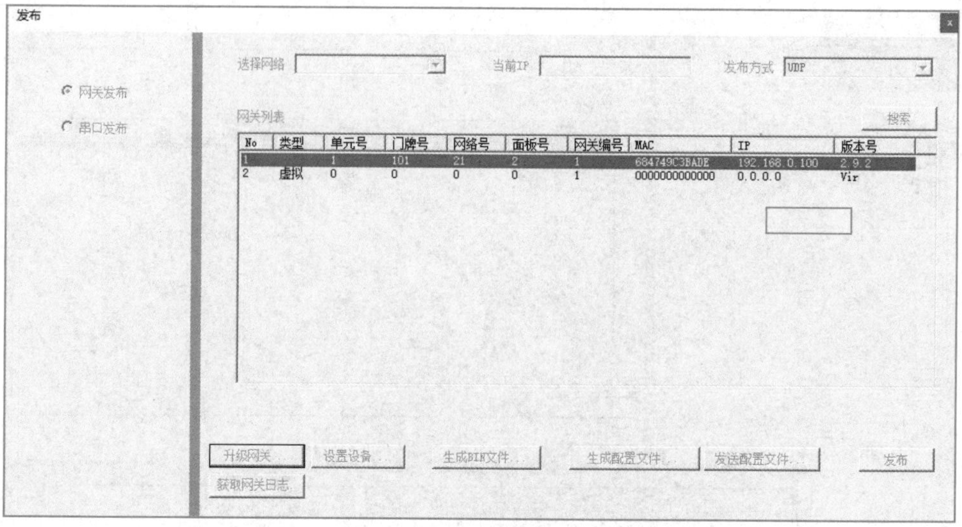

图 2－27　新版本

7. 上位机软件的使用与配置

（1）上位机软件技术要求。

电脑配置：CPU 主频 1.4Hz 以上、内存 2GB 以上。

操作系统：Windows XP、Windows Vista、Windows 7、Windows 10FrameWork：4.5 及以上。

（2）系统示意图如图 2－28 所示。

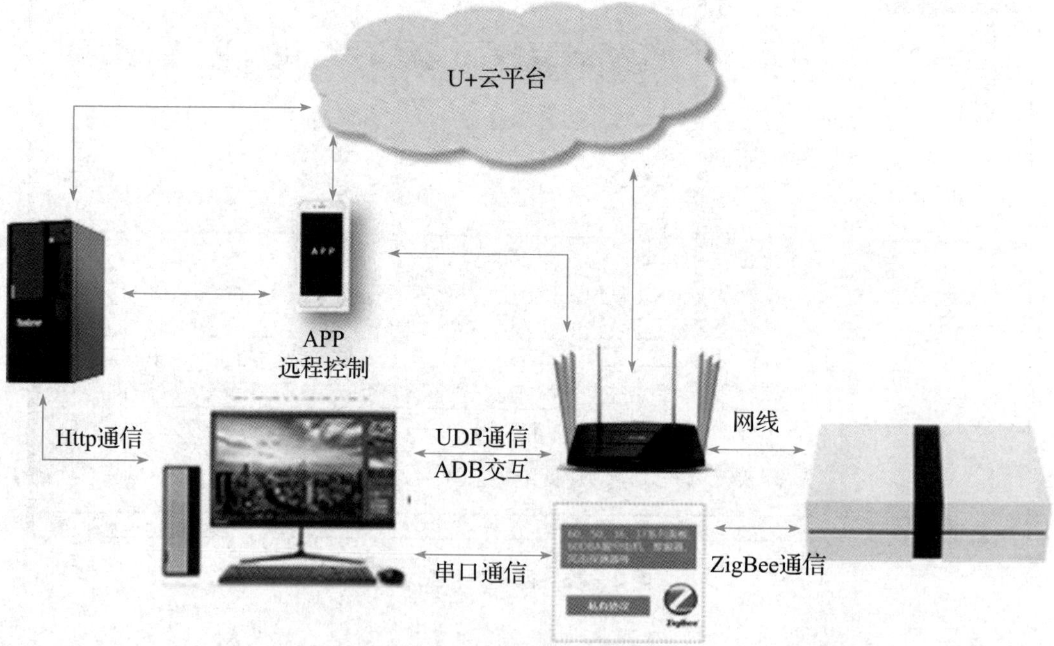

图 2－28　系统示意图

（3）功能介绍。

上位机用于设计一个系统中网络拓扑、面板按键设置、面板负载关联、自研及三方设备的绑定，以及场景定义等配置，可将编辑完成的工程内容通过 UDP 协议发布给局域网内的网关设备或通过串口协议发布给 60/61/67 等系列面板，然后转发给整个 ZigBee 网络，还可通过 ADB 工具对局域网内的网关进行升级、重启、设置以及发布工程配置文件等操作。

（4）上位机主界面如图 2－29 所示。

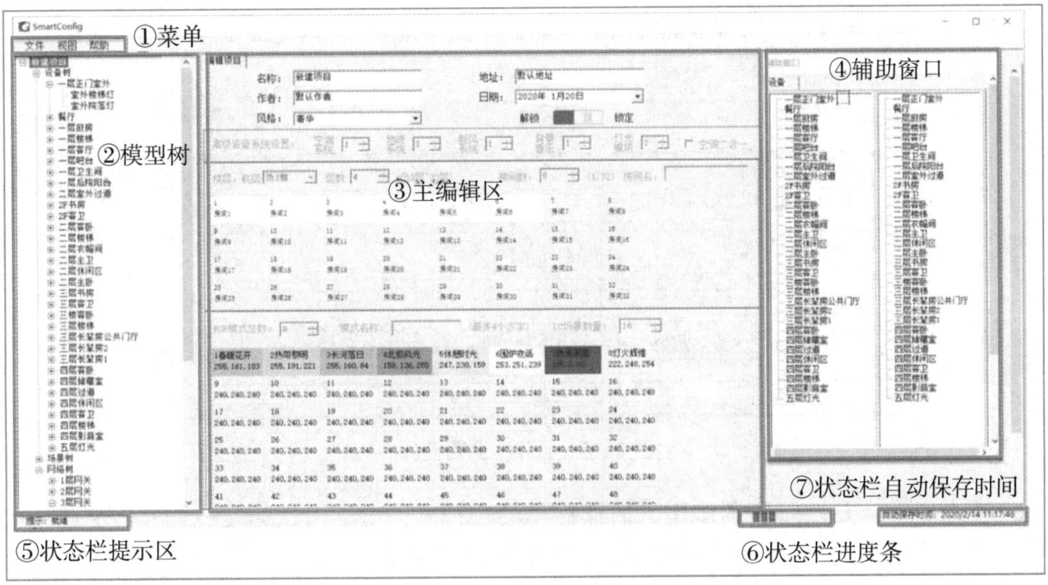

图 2－29　上位机主界面

说明：①“菜单栏”：包含了所支持的各种功能菜单。②“模型树”：工程中所有模型的列表集合，其节点包括 7 种分类——项目节点、树节点、设备分组节点、设备模型节点、场景模型节点、网络模型节点、面板模型节点。③“主编辑区”：编辑工作的主要界面，根据左侧选中的不同节点，呈现不同的编辑 UI 界面。④“辅助窗口”：编辑工作的辅助界面，在编辑过程中，会动态呈现编辑选项，以提高编辑效率。⑤“状态栏提示区”：软件主要的提示方式，包括多个等级——提示、警告、错误、异常。除提示类信息是黑色字体外，其他均为红色字体呈现。⑥“状态栏进度条”：软件中长时间后台运算过程的进度提示，采取单程非循环方式。⑦“状态栏自动保存时间”：提示自动保存功能的上一次执行时间。

（5）上位机软件系统设置。

系统设置可对上位机软件进行全局配置。单击菜单“文件”中的“系统设置”，可弹出“系统设置”窗口，如图 2－30 所示。

1）系统设置（见图 2－31）。

使用状态栏提醒消息：勾选后，除异常类消息仍然采用弹框方式以外，其余提示消息将在“⑤状态栏提示区”中显示；取消勾选后，提示消息将采用弹窗方式。默认为勾选。

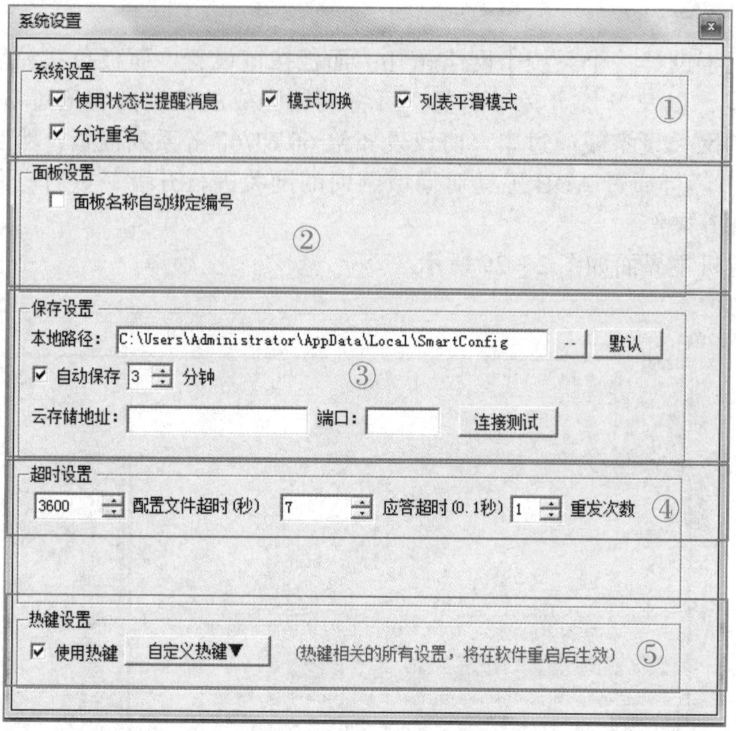

图 2-30　系统设置窗口

模式切换：开发阶段调试用，后续版本会去掉。

列表平滑模式：指定软件中列表控件的编辑方式，勾选后，在辅助窗口中编辑；取消勾选后，在列表控件中直接编辑。默认为勾选。

允许重名：指定软件中所有模型对象是否允许重名。默认不勾选。

2）面板设置（见图 2-31）。

面板名称自动绑定编号：指定编辑面板编号时，是否同步到名称，以及是否按照面板序号排序。

3）保存设置（见图 2-32）。

本软件支持两种存储方式：本地存储和云存储（正在开发，上位机 V1.0 版本不支持）。

本地路径：设置本地存储的路径，单击“--”按钮可自定义路径；单击“默认”按钮可设置为默认路径“C：\Users\Leo\AppData\Local\SmartConfig”。

图 2-31　面板设置

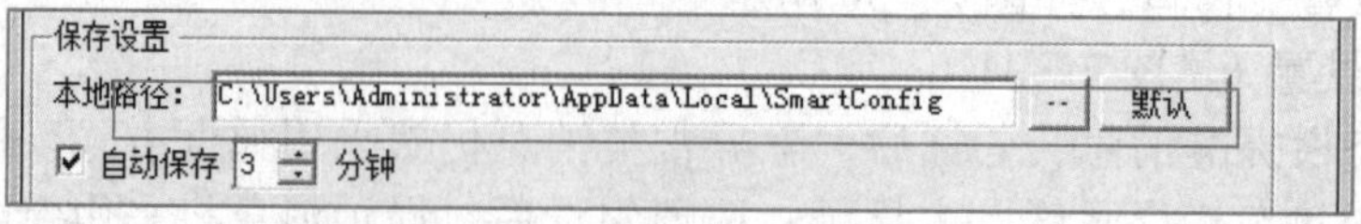

图 2-32　保存设置

提示：鼠标双击“⑦状态栏自动保存时间”可打开本地存储文件夹。

自动保存：勾选后，开启自动保存功能，时间间隔为数字控件设置的值；取消勾选后，关闭自动保存功能。自动保存功能保存为本地路径中的~tempSaved.tmp文件。

云存储地址：上位机 V1.0 版本不支持。

4）超时设置。其设置软件中监视长时间执行线程的超时参数，防止等待时间过长。

5）热点设置。本软件支持热键操作，以提高操作效率。勾选 / 取消勾选“使用热键”，可以启用 / 禁用热键功能。热键组合支持自定义设置。

（6）编辑项目。

打开上位机软件后，要实现对智能面板系统的配置，需要创建一个项目（或打开一个项目文件，进行再编辑）。一般地，可按照以下方式和流程编辑项目。

1）新建项目：单击菜单“文件”中的“新建项目”菜单，即可创建一个新项目。

2）编辑项目：单击“①模型树”中的项目节点，“②主编辑区”会呈现“编辑项目”分页，如图 2－33 所示。

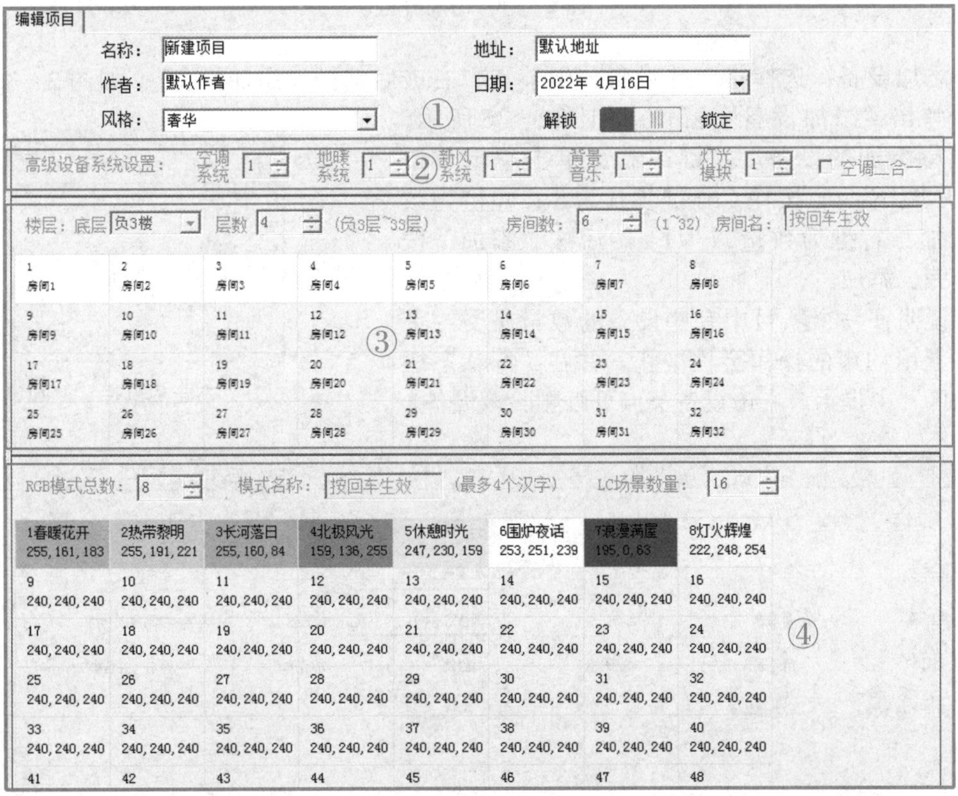

图 2－33　编辑项目

说明：

①基本属性区：可编辑项目的名称、地址、作者和时间。其中，“解锁”之后可编辑“高级设备系统设置区”。②高级设备系统设置区：用来设置高级设备的系统数量。

另外，“空调二合一”不再使用，在上位机 V1.0 及以后，根据空调型号自动适配来实现。③空间信息编辑区：设置项目中的所有楼层数、房间数，以及房间名称。④外接灯光模块编辑区：可以设置 RGB 模式总数，以及 RGB 模式名称，还可以设置外接灯光模块场景的数量。双击某个 RGB 模式，即可弹出“颜色”窗口，进行颜色编辑。每个 RGB 模式下面的数值 {R，G，B} 为颜色的 RGB 三基色值。

3）创建设备（设备树）。

添加分组：可以按照房间、类型分组，大户型建议按照房间分组，然后进行分组命名。如图 2－34 所示。

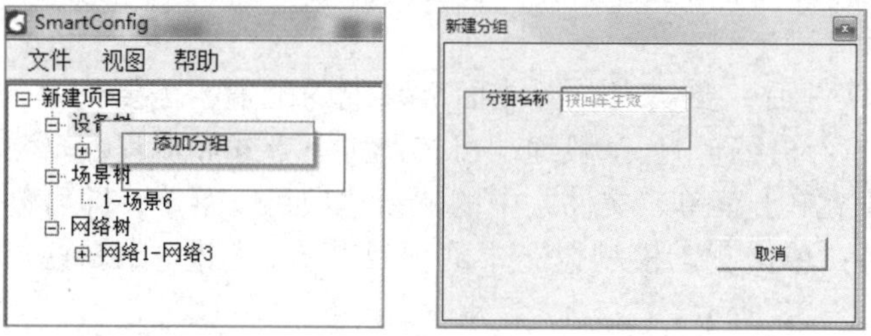

图 2－34 添加分组

添加设备：选择指定的设备分组节点，右击后选择“添加设备”，如图 2－35 所示，弹出“添加设备”窗口，如图 2－36 所示，选择待添加的设备。左键或右键单击编辑数量（默认步长为 1，按住 Ctrl 键步长为 5；左键为数量增加，右键为数量减少），然后按“添加”按钮，完成添加。

说明：一个项目中有些设备的数量是受约束的，超出约束的操作会被中止，并在“⑤状态栏提示区”中提示。右击设备节点可以删除该设备。

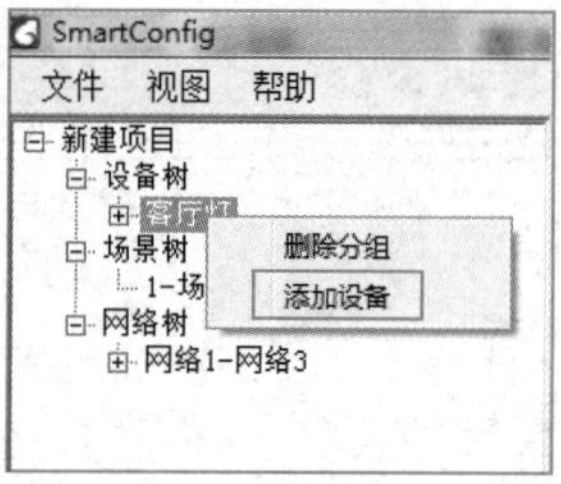

图 2－35 右击后选择“添加设备”

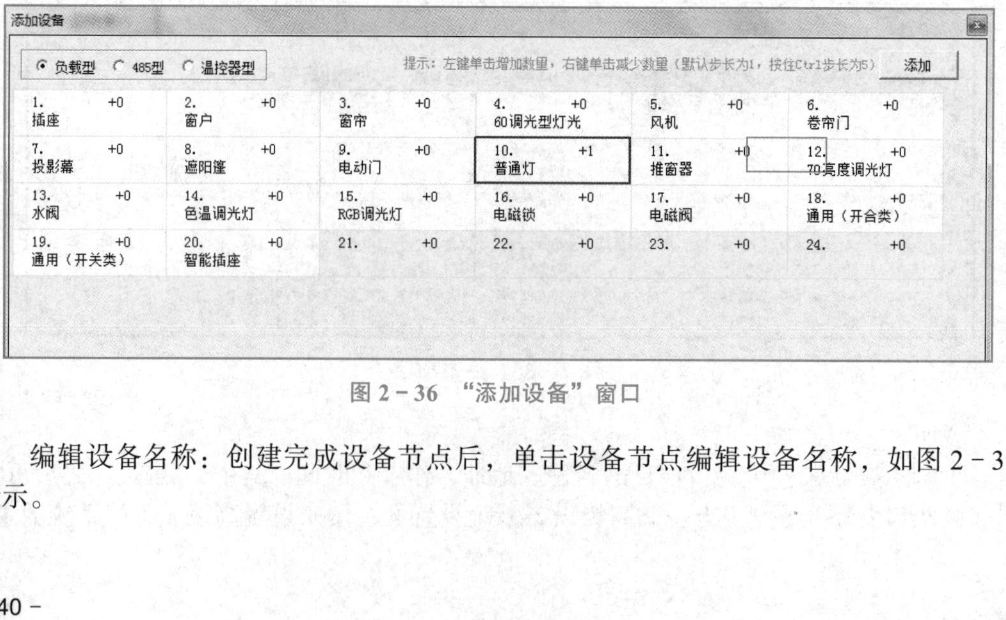

图 2－36 “添加设备”窗口

编辑设备名称：创建完成设备节点后，单击设备节点编辑设备名称，如图 2－37 所示。

图 2－37　编辑设备名称

4）创建网络（网络树）。

新建网络：在“①模型树”中，选择“网络树”节点，右击后选择“添加网络”，如图 2－38 所示，创建网络。单击网络节点，“③主编辑区”呈现“编辑网络”分页，可以编辑“网络名称”和“网络编号”。

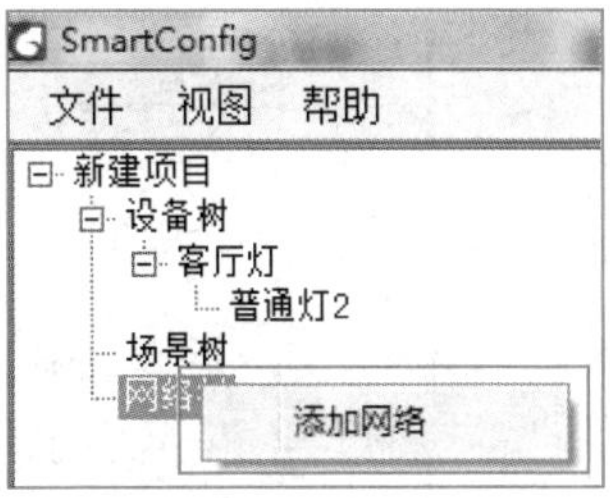

图 2－38　新建网络

说明：右击网络节点可以删除该网络。

编辑网络信息：网络名称用于区分多个网络，网络号是用来区分它们的序号，可修改。如图 2－39 所示。

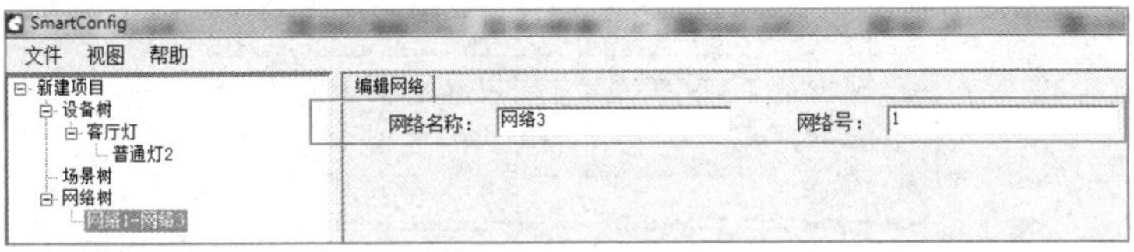

图 2－39　编辑网络信息

创建面板：在“网络树”中，选择某个网络节点，右击后选择“添加面板”，如图 2－40 所示，弹出“添加面板”窗口。选择待添加面板，左键或右键单击编辑数量（默认步长为 1，按住 Ctrl 键步长为 5；左键为数量增加，右键为数量减少），然后按“添加”按钮，完成添加，如图 2－41 所示。

注意：有些类型面板，受约束限制。右击面板节点可以删除该面板。

图 2－40　右击后选择“添加面板”

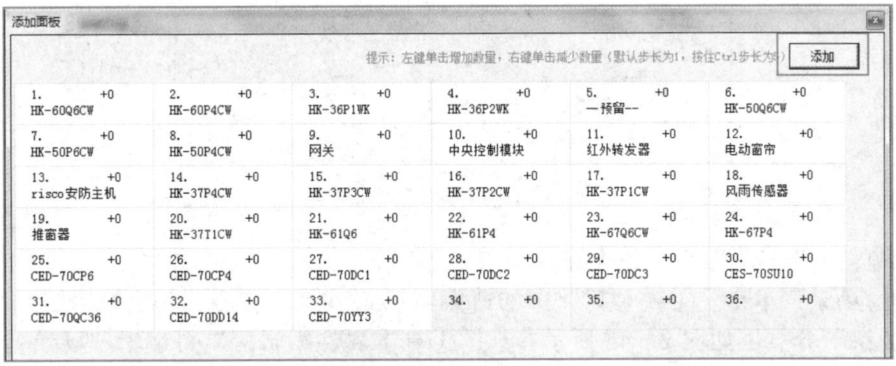

图 2－41　创建面板

编辑面板：单击“①模型树”中的待绑定面板模型节点，右侧“③主编辑区”呈现出“编辑面板”分页，在基本属性区域可以编辑“面板昵称”“界面风格”“面板序号”“空间信息”等属性，如图 2-42 所示。

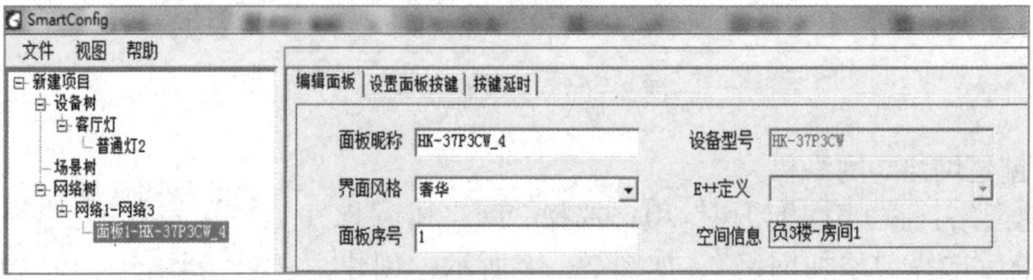

图 2-42 编辑面板

绑定负载：指设备模型与面板的负载属性建立关联的过程。单击“负载设置”中的“L1”打开“④辅助窗口”，如图 2-43 所示，双击“④辅助窗口”中的设备名即可绑定负载。

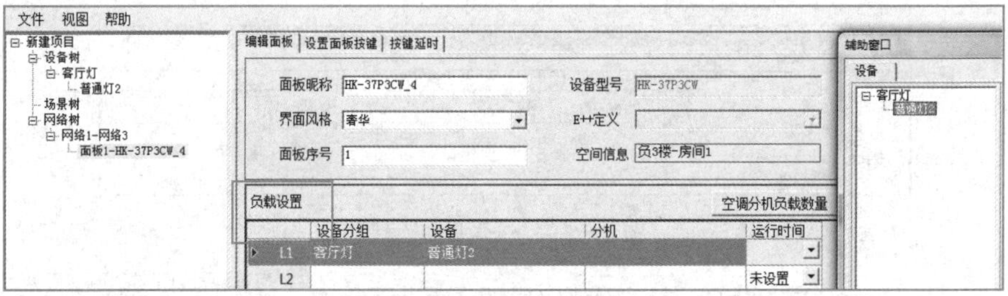

图 2-43 绑定负载

说明：设备模型完成负载绑定后，才可进行后续关系绑定，才能正确地配置智能面板系统。双击“L1”可以解绑该负载。

5）创建场景（场景树）。

添加场景：在“①模型树”中，右击“场景树”后选择“添加场景”，弹出“添加场景”窗口，设置数量，单击“确认”即可添加场景，如图 2-44 所示。

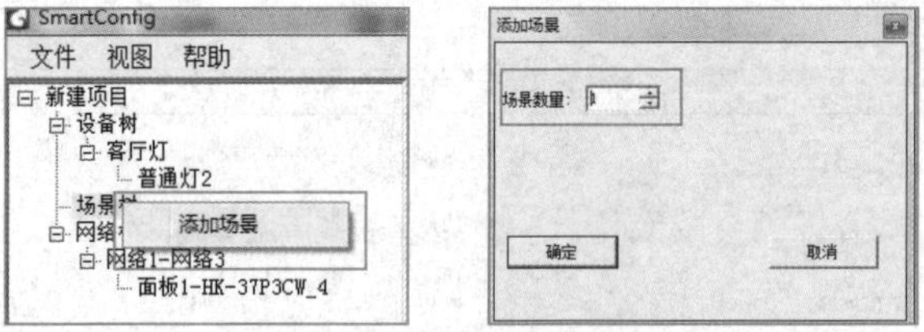

图 2-44 添加场景

说明：右击场景节点可以删除该场景。

编辑场景：单击“①模型树”中的待编辑场景节点，右侧“③主编辑区”呈现出“编辑场景”分页，如图 2-45 所示。在“①基本属性编辑区”可编辑“场景名”“类型”“空间信息”以及编辑外接灯光场景的绑定。基本属性编辑区下面是“②设备绑定区”，包括：负载设备（即普通设备）和其他几种高级设备。

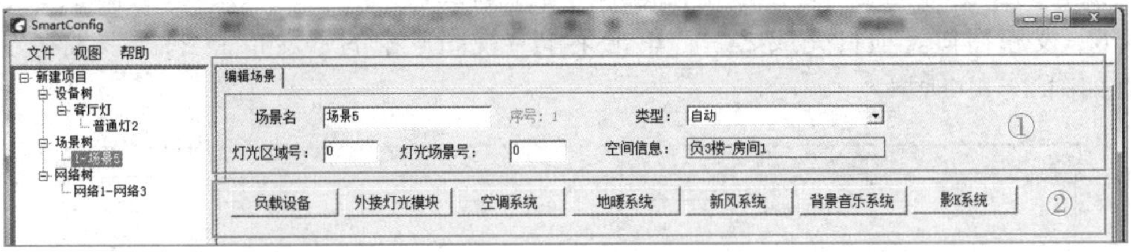

图 2－45　编辑场景

负载设备绑定：单击“负载设备”按键，设备绑定区呈现出负载绑定控件，选中某个设备分组后，呈现出该分组中的所有负载设备绑定情况，如图 2－46 所示。

图 2－46　负载设备

双击图 2－46 中的①打开“④辅助窗口”，单击“绑定”即可绑定设备，如图 2－47 所示。

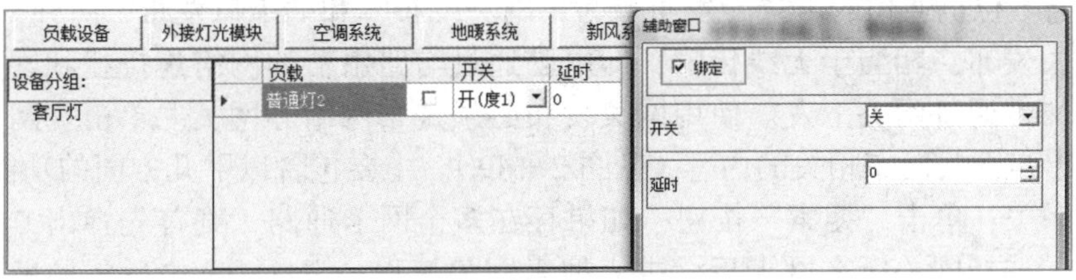

图 2－47　负载设备绑定

绑定按键：在完成负载绑定和场景绑定后，可进行按键绑定。绑定过程如图 2－48 所示。

第一步，单击面板节点，打开面板属性页面。

第二步，选择面板属性分页中的“设置面板按键”分页。

第三步，单击某个按键，“辅助面板”呈现出设备列表和场景列表（因按键支持的绑定内容而异）。

第四步，双击列表中的节点，即可完成绑定。

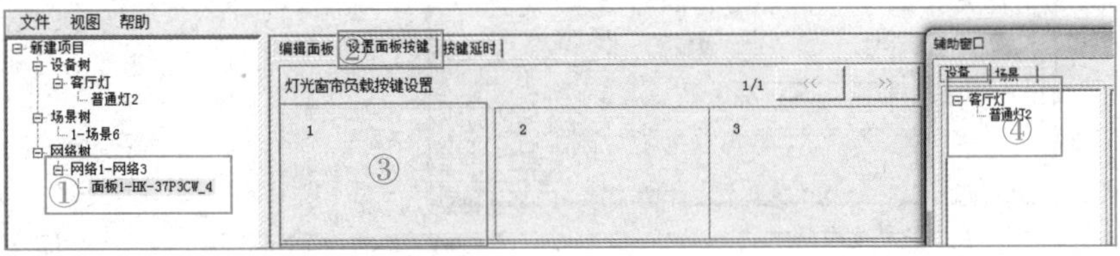

图 2－48　绑定按键

说明：按键绑定必须从按键 1 开始按顺序操作，如果中间有留空，在下发配置时，留空以后的按键将不被下发。双击按键即可完成解绑。

6）发布窗口。项目完成之后，单击菜单“视图”中的“发布”，打开“发布”窗口，如图 2－49 所示。

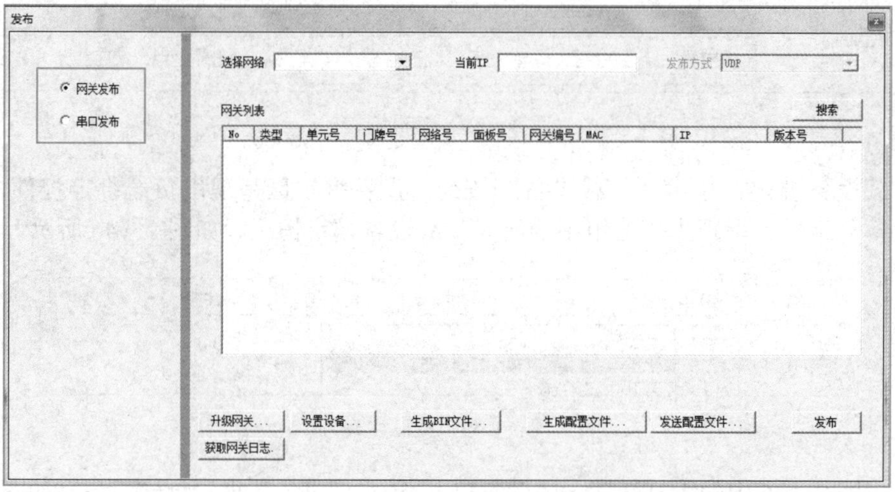

图 2－49 “发布”窗口

根据与上位机通信的方式，发布分为“网关发布”和“串口发布”两种。

● 网关发布：相当于无线传输，即电脑通过与路由器的网络连接找到网关，将项目的配置文件通过网关下发。使用网关发布必须选中网络和网关。单击“网关发布”，右侧呈现出与网关发布相关的内容（见图 2－49）。主要包含以下几方面的功能：

搜索网关：单击“搜索”按钮，如果存在多个网卡通路，则首先弹出“多网卡选择”窗口，选择网关所在网卡后，进入搜索网关流程，大约 10s 之后，局域网内搜索到的网关可呈现在“网关列表”中（见“家庭网关的升级”中图 2－18）。

检测 ADB：选中“网关列表”中某个网关，右击后选择“检测 ADB”，即可开启 ADB 检测流程（见“家庭网关的升级”中图 2－19～图 2－22）。

设置网关地址：选中“网关列表”中某个网关，右击后选择“设置网关”，弹出“参数设置”窗口，输入参数，单击“设置”即可，如图 2－50 所示。

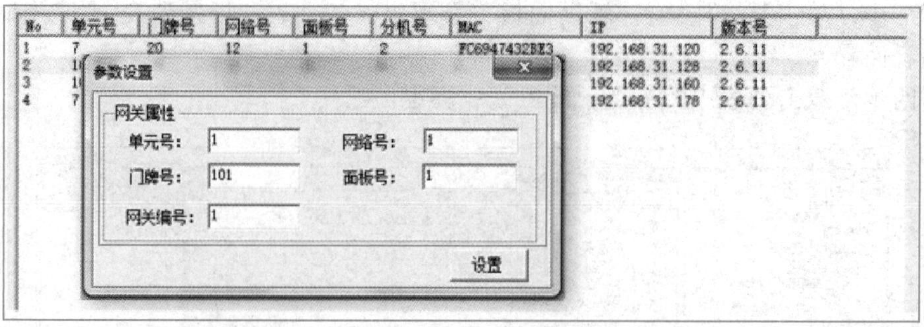

图 2－50 设置网关

说明：单元号、门牌号作为设备的物理地址，用于区分相邻的两个或多个项目，可以虚构，单元号范围 1 ～ 98，门牌号范围 1 ～ 255，数字越简单越好。网络号、面板号是设备的网络拓扑地址，区分同一个项目中处在不同网络下，或是同一网络不同节点位置的面板。

单元号、门牌号、网络号、面板号四者组成了设备的 ZigBee 地址，设备的 ZigBee 地址相互独立，无法共用。

网关编号仅用于多楼层（即多网络）中区分主从机，主机的编号须为 1，分机编号不能同设为 1。

重启网关：选中“网关列表”中某个网关，右击后选择“重启网关”，即可开启重启网关流程。

升级网关：选中“网关列表”中某个网关，单击“升级网关”按钮，弹出“打开”窗口，选择 ZIP 格式的升级包文件，即可将升级包发送给网关。然后可以执行“重启网关”操作，网关重启后，自动进入升级流程。

（通过网关）设置设备：选中“网关列表”中某个网关，单击“设置设备”按钮，弹出“设置设备”窗口，输入参数，单击“发送”按钮即可。

生成配置文件：首先，选中“网络和网关”，保证网关的网络号与网络的“网络编号”相同，然后单击“生成配置文件”按钮。

说明：生成的配置文件保存在本地存储路径中的 Config 文件夹下，名称格式为“GWCfg_ 年月日 _ 时分秒 .txt”。

发送配置文件：在执行完“生成配置文件”操作之后，单击“发送配置文件”按钮弹出“打开”窗口，选择指定的配置文件，单击“打开”按钮，如图 2－51 所示。

说明：上位机软件在发送配置文件的过程中，会将文件名自动改为网关识别的“HK60_net.txt”。

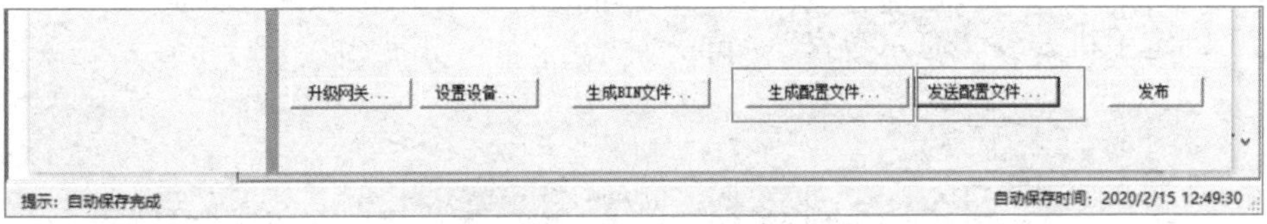

图 2－51　发送、生成配置文件

（通过网关）发布：首先选择网络，然后选择网关，并且保证网关的网络号与网络的“网络编号”相同。具备前提条件后，单击“发布”按钮，执行发布流程，如图 2－52 所示。

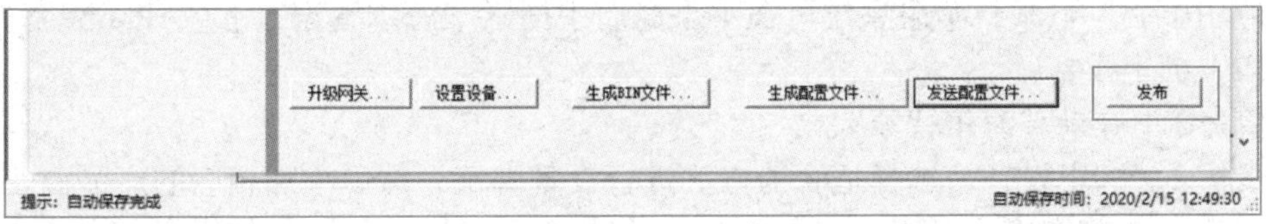

图 2－52　发布

- 串口发布：相当于有线传输，是将电脑与智能面板直接相连，通过该面板将配置文件广播给网络面板。使用串口发布需要依次选中网络。单击“串口发布”右侧呈现出与网关发布相关的内容，如图 2－53 所示。

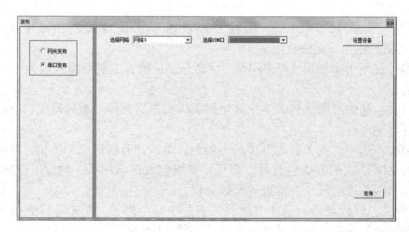

图 2－53　串口发布

（通过串口）设置设备：选择网络，然后选择连接到面板 UART 口的 COM 口，单击“设置设备”，弹出“参数设置”窗口，单击“发送”按钮即可。

（通过串口）发布：选择网络，然后选择连接到面板 UART 口的 COM 口，单击“发布”按钮即可。

8. 海尔智家 App 绑定

绑定手机 App 和网关，以便于在手机 App 上对智能家居设备进行配置和控制。

（1）准备工作：

1）保证手机和网关在同一级路由下，且能上外网。网络连接如图 2－54 所示。

2）绑定手机安装“海尔智家”App。

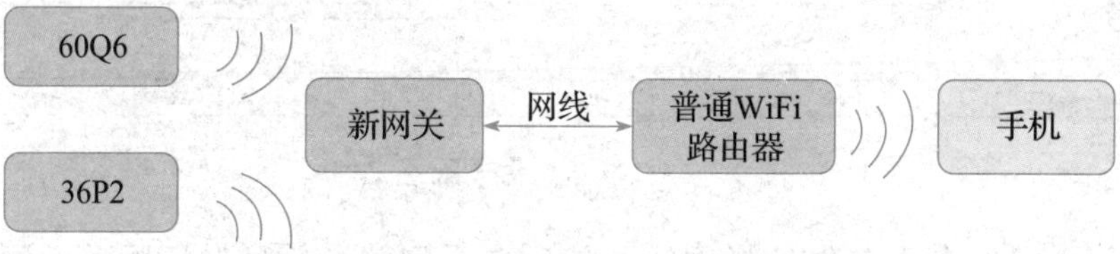

图 2－54　海尔智家与设备网络连接

安卓、苹果系统都可扫描二维码下载海尔智家 App；安卓系统还可通过海尔官网的“应用中心”下载；苹果系统可在苹果商店中搜索“海尔智家”下载 iPhone 版本。

（2）绑定设备：

步骤 1： 登录“海尔智家”。

步骤 2： 绑定设备。选择适合的方法进行设备绑定，然后添加相应的产品。

方法一：单击右上角的“＋”添加智能设备或“扫一扫”扫描设备，如图 2－55 所示。

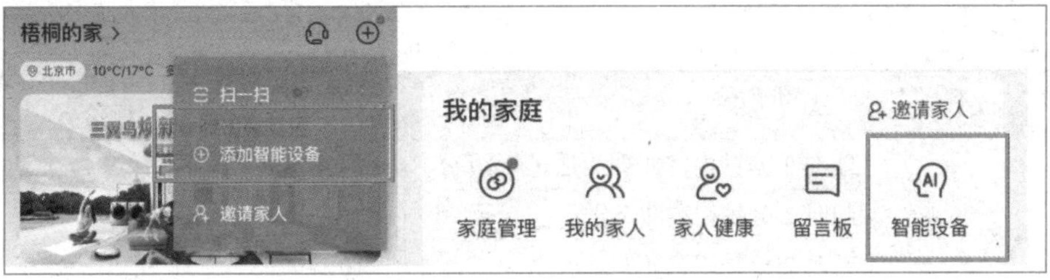

图 2-55　绑定设备

方法二：单击“我的”中的“我的家庭”→“智能设备”。
方法三：单击“智家”中的“添加设备”，如图 2-56 所示。
注意：要确保家庭网关和手机的网络在同一路由器下。

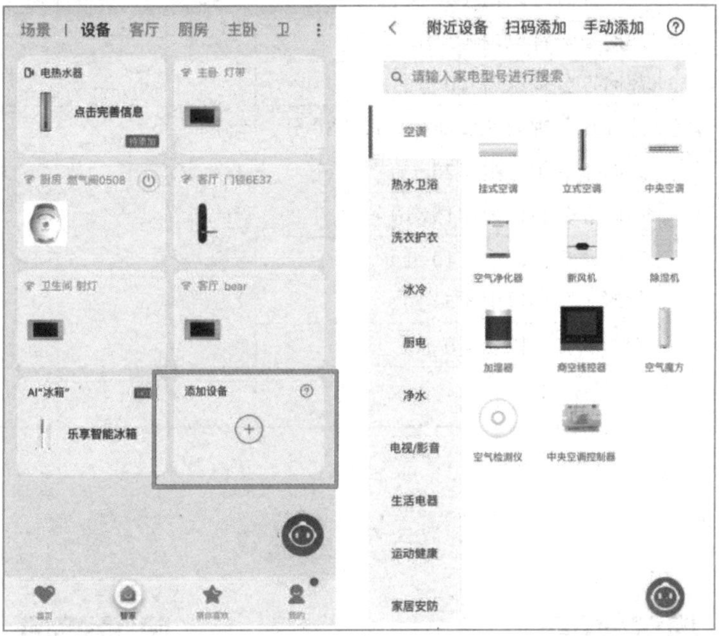

图 2-56　绑定设备

四、考核评价

依据任务二评分标准进行自我评价、小组评价及教师评价，见表 2-11。

表 2-11　任务二评分标准

评价内容	分值	自我评价	小组评价	教师评价
客户角色是否阐述清自己户型情况、需求、预算	10			
实施工程师角色是否了解客户的需求	10			

续表

评价内容		分值	自我评价	小组评价	教师评价
启动和配网	能在 3 分钟内完成即为通过（10 分）	10			
	超时 1 分钟以内（5 分）				
	超时 2 分钟以内（3 分）				
	超时 2 分钟以后（0 分）				
网关软、硬件升级	能在 5 分钟内完成即为通过（40 分）	40			
	超时 1 分钟以内（30 分）				
	超时 3 分钟以内（20 分）				
	超时 4 分钟以内（10 分）				
	超时 5 分钟以内（5 分）				
	超时 5 分钟以后（0 分）				
App 绑定	能在 5 分钟内完成即为通过（30 分）	30			
	超时 1 分钟以内（25 分）				
	超时 3 分钟以内（15 分）				
	超时 4 分钟以内（10 分）				
	超时 5 分钟以内（5 分）				
	超时 5 分钟以后（0 分）				
合计					

五、拓展学习

多网关配置

ZigBee 终端产品配置文件编写

六、课后练习

1. 简述家庭网关的升级过程。
2. 简述海尔智家 App 绑定设备的不同方法。

活页笔记

岗位再现

本环节要求各小组编写剧本，小组成员饰演其中角色，运用所学的知识和技能，再现实际智能家居工程实施中各环节主要角色的工作场景，见表 2－12。

表 2－12　岗位场景再现

场景	针对岗位	岗位场景再现要求
场景一	售前工程师	分别由一名同学饰演售前工程师小慧，一到两名同学饰演客户，模拟客户到店选型场景。 1. 客户角色需阐述自己户型情况及需求。 2. 售前工程师角色需把握客户的需求，根据客户诉求、产品功能和定位为客户介绍海尔智能家居的网络系统架构及网络系统搭建方法，并建议客户合理选择设备
场景二	硬件工程师、硬件安装人员	分别由一名同学饰演硬件工程师小智，一到两名同学饰演安装人员，模拟硬件安装过程场景。 1. 安装人员需按照网络系统搭建方法进行相应设备安装。 2. 硬件工程师角色需向安装人员讲解海尔智能家居网络架构，以及连接注意事项
场景三	调试工程师、售后工程师	分别由一名同学饰演调试工程师小智，一到两名同学饰演客户，模拟调试完成后向客户讲解系统使用方法和实现功能。 1. 调试工程师需向客户讲解网络的配置、家庭网关的配置与升级，并进行现场调试，同时讲解上位机软件的使用。 2. 客户需根据调试工程师讲解内容进行相应的操作，针对讲解不足的方面提出进一步询问

综合评价

按照综合评价表 2－13，完成对学习过程的综合评价。

表 2－13　综合评价表

<table>
<tr><td colspan="2">班级</td><td></td><td>学号</td><td colspan="3"></td></tr>
<tr><td colspan="2">姓名</td><td></td><td>综合评价等级</td><td colspan="3"></td></tr>
<tr><td colspan="2">指导教师</td><td></td><td>日期</td><td colspan="3"></td></tr>
<tr><td rowspan="2">评价项目</td><td rowspan="2">评价内容</td><td colspan="2" rowspan="2">评价标准</td><td colspan="3">评价方式</td></tr>
<tr><td>自我评价</td><td>小组评价</td><td>教师评价</td></tr>
<tr><td rowspan="3">职业素养（30 分）</td><td>安全意识责任意识（10 分）</td><td colspan="2">A 作风严谨、自觉遵章守纪、出色完成工作任务（10 分）
B 能够遵守规章制度、较好地完成工作任务（8 分）
C 遵守规章制度、没完成工作任务或完成工作任务但忽视规章制度（6 分）
D 不遵守规章制度、没完成工作任务（0 分）</td><td></td><td></td><td></td></tr>
<tr><td>学习态度（10 分）</td><td colspan="2">A 积极参与教学活动、全勤（10 分）
B 缺勤达本任务总学时的 10%（8 分）
C 缺勤达本任务总学时的 20%（6 分）
D 缺勤达本任务总学时的 30% 及以上（4 分）</td><td></td><td></td><td></td></tr>
<tr><td>团队合作意识（10 分）</td><td colspan="2">A 与同学协作融洽、团队合作意识强（10 分）
B 与同学能沟通、协同工作能力较强（8 分）
C 与同学能沟通、协同工作能力一般（6 分）
D 与同学沟通困难、协同工作能力较差（4 分）</td><td></td><td></td><td></td></tr>
<tr><td rowspan="2">专业能力（70 分）</td><td>任务主题一（20 分）</td><td colspan="2">A 能详细地根据客户诉求为客户介绍海尔智能家居网络架构的特点与优势，并为客户正确进行网络系统搭建与配置（20 分）
B 能较好地根据客户诉求为客户介绍海尔智能家居网络架构的特点与优势，并为客户正确进行网络系统搭建与配置（15 分）
C 能基本根据客户诉求为客户介绍海尔智能家居网络架构的特点与优势，并为客户进行网络系统搭建与配置（10 分）
D 根据客户诉求不能完整地为客户介绍海尔智能家居网络架构的特点与优势，且不能正确为客户进行网络系统搭建与配置（5 分）</td><td></td><td></td><td></td></tr>
<tr><td>任务主题二（20 分）</td><td colspan="2">A 能够熟练且正确地进行家庭网关的配置与调试，能够熟练地使用上位机软件和进行海尔智家 App 的绑定（20 分）
B 能够正确地进行家庭网关的配置与调试，能够熟练地使用上位机软件和进行海尔智家 App 的绑定（15 分）
C 能够正确地进行家庭网关的配置与调试，会使用上位机软件和进行海尔智家 App 的绑定（10 分）
D 无法正确地进行家庭网关的配置与调试，会使用上位机软件和进行海尔智家 App 的绑定（5 分）</td><td></td><td></td><td></td></tr>
<tr><td colspan="2">创新能力</td><td colspan="2">学习过程中提出具有创新性、可行性的建议</td><td colspan="3">加分奖励：</td></tr>
</table>

考证要点

一、选择题

1. 以下不属于 ZigBee 网关的是（　　）。

A. HW－WGW　　B. 魔方面板

C. HW－WG2JA　　D. HW－WZ6J

2. 以下支持 HS－21ZR 配合使用的网关是（　　）。

A. 魔方面板　　B. HW－WG2J

C. HW－WG2JA　　D. HW－WZ6J

3. 以下不支持 U－home 私有 ZigBee 协议的设备是（　　）。

A. 魔方面板　　B. HW－WG2J

C. HW－WG2JA　　D. HW－WZ6J

4. 以下支持 ZHA 协议的网关是（　　）。

A. 魔方面板　　B. HW－WG2J

C. HW－WG2JA　　D. HW－WZ6J

5. HW－WG2J 网关不使用的通信方式是（　　）。

A. ZigBee　　B. RS485　　C. 779M　　D. TCP/IP

6. 智能网关 HW－WG2JA 和 HW－WZ6JA 属于（　　）。

A. 中继网关　　B. 通用网关

C. 单 ZigBee 网关　　D. 双 ZigBee 网关

7. 双 ZigBee 网关相比于单 ZigBee 网关，额外支持的设备包括（　　）。

A. 21 安防探头和 37 面板　　B. 20、21 面板和 21 安防探头

C. 36、37 面板和 32 摄像头　　D. 60 面板和 Risco 安防套装

8. 智能网关 HW－WZ6J 和 HW－WZ6JA 在组网成功状态下，指示灯状态为（　　）。

A. 绿灯常亮　　B. 绿灯均匀闪烁

C. 绿灯快闪　　D. 绿灯呼吸式闪烁

9. 海尔智能网关本身无后台页面，网关的配置需要（　　）和手机 App 共同配合使用。

A. PC 端上位机　　B. 无线路由器

C. 交换机　　D. 无线 AP

10. 上位机配置网关地址时除了设置单元号、门牌号、网络号、面板号之外，还需要设置（　　）。

A. 网关名称　　B. 配置文件名称

C. 网关编号　　D. 分机序号

11. 网关配置文件的名称为（　　）。

A. HK_60net.txt　　B. HK60_net.txt

C. HK_60_net.txt　　D. HK60net.txt

12. 有关网关以下说法正确的是（　　）。

A. ZigBee 网关只有获取到 IP 地址以后网络指示灯才亮

B. HK－50P6CW 无法直接和 ZigBee 网关通信

C. HK－50P4CW 通过 HK－50Q6CW 与 HW－WG2J 网关通信

D. HW－WG2JA 带有 WiFi 模块，可控制海尔网络家电

13. 海尔全屋智能系统无线协议是（　　）。（多选题）

A.ZigBee　　B.WiFi　　C. 蓝牙　　D. 红外

二、判断题

1. 海尔智慧家居系统可以全无线布置实现所有功能。（　　）

2. 海尔智慧家居系统是一套标准化的系统，不能根据用户的户型和喜好进行个性化的设计。（　　）

3. 海尔智慧家居致力于为用户提供安全、健康、便利、舒适的住居解决方案。（　　）

4. 海尔智能家居系统中所有设备通过无线 WiFi 进行系统组网，实现设备间的系统控制。（　　）

5. 海尔智家家居系统是一个严格封闭的系统，只能接入海尔品牌的智能产品。（　　）

>> 项目三

智能触控面板和智能开关

任务一 设备选型

一、学习目标

知识目标

（1）记忆并理解开关面板的定义和作用。

（2）了解开关面板在家居中的重要性。

（3）描述海尔 HK－20、HK－37、HK－61 系列智能开关（面板）的工艺、特点和市场定位。

（4）区别海尔 HK－61 系列智能触控面板相较其他智能开关的优势。

能力目标

能根据客户诉求、预算，根据不同开关面板的各自市场定位及功能为客户介绍智能开关，合理建议客户选择智能开关。

素养目标

通过岗位情景再现，培养学生的沟通能力，使其能够准确把握客户需求，具备基本的职业素养。

二、学习内容

学习内容见表 3－1。

表 3-1 学习内容

任务主题一	智能开关选型	建议学时	4 学时
任务内容	学习知识链接内容，掌握各型号智能开关或面板功能特点，根据市场定位，为案例 1、2 用户进行开关面板选型，完成“海尔 U-home（智能家居）产品配置清单预算”中的“智能触控灯光系统”部分选型		

三、学习过程

案例 1

某日，智能家居体验店前端市场的售前工程师小慧接待了正待进行智能家装的用户 A，用户 A 的户型图如图 3-1 所示，户型情况：总平 $87m^2$，房间布局为玄关、客厅、餐厅、厨房、卧室、书房等空间。用户 A 智能家居整体预算较为紧张，要求实现基本的智慧家居功能。

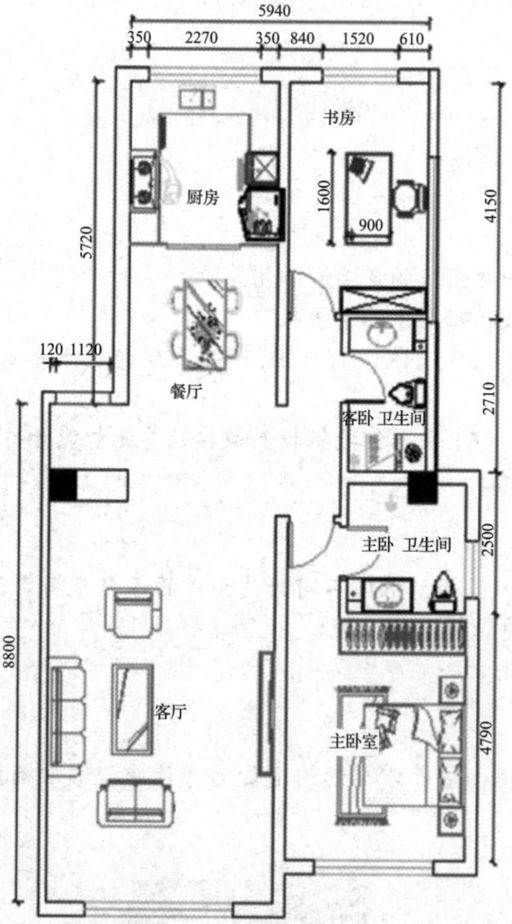

图 3-1 用户 A 户型图

售前工程师小慧引导用户 A 选择合适的开关面板。根据以上情景，填写如表 3 - 2 所示工作任务。

表 3 - 2　工作任务

工作任务	引导用户 A 采购智能开关面板	派工日期	年　月　日
工作人员	售前工程师小慧	工作负责人	年　月　日
签收人		完工日期	年　月　日
工作内容	需根据客户预算及需求，帮助客户选择合适的智能开关面板		
项目负责人评价	负责人签字： 年　月　日		

（一）自主学习

预习知识链接中海尔 HK - 37 智能开关、海尔 HK - 61P4 智能面板部分，填写表 3 - 3。

表 3 - 3　设备功能及特点

产品名称	产品功能	产品卖点
海尔 HK - 37 智能开关		
海尔 HK - 61P4 智能面板		

（二）课堂活动

1. 案例分析

根据用户的前期预算及整体诉求，为该用户制定整体智能家装设计理念如下：

（1）智能、全场景、全语音的便捷生活。

（2）满足多个功能区的居家需求。

（3）生活的实用性及便捷性。

（4）家的舒适性及安全性。

考虑到市场定位、用户预算等，实现小户型全屋智能灯光床窗帘系统的语音控制，在智能开关选择方面，由于用户室内无须 RS485 接口设备对接，可选择采用海尔 HK - 20 系列或海尔 HK - 37 系列智能开关，也可以搭配海尔 HK - 61P4 智能面板的低成本方案。

开关点位图如图 3 - 2 所示，客户入户玄关处，开关需控制玄关灯，考虑便利性需控制客厅主灯及灯带，可选择 37 系列 3 键开关；客厅开关需控制客厅主灯及灯带，考虑客厅为所有家庭成员公共活动场所，建议选择功能强大的 61 系列智能面板，又因该户型为经济型户型，不考虑增加高端系列的 RS485 接口设备，建议选择 HK - 61P4 智能面板；主卧室为主要居住环境，卧室内带有卫生间，入门开关除控制卧室主灯及灯带外，还需控制主卧卫生间灯光，因此选择3键以上智能开关，考虑后期扩容建议选择HK－37P4智能开关，为增加用户卧床时的便利性，主卧配置有床头控制开关，控制主卧灯光，选择2键37系列智能开关；其他场所考虑整体成本经济性，开关按键数量与灯的数量保持一致。

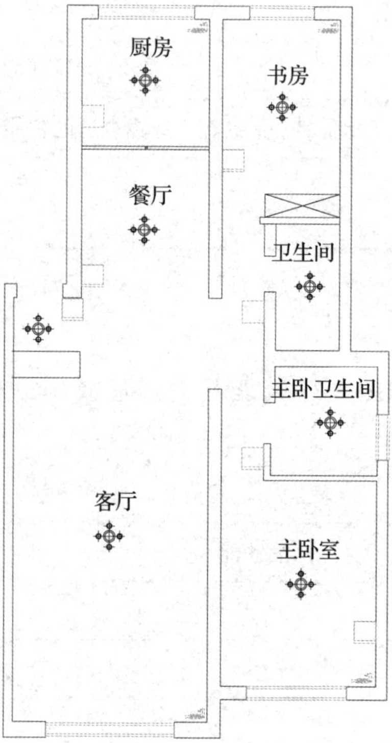

图3－2　开关点位图

2. 设备选型结果

根据上述选型思路完成下面配置清单并补充面板功能，填写表3－4。

表3－4　海尔U－home（智能家居）产品配置清单

序号	产品名称	品牌	规格型号	单位	数量	功能简介
智能触控灯光系统						
1	一键智能开关	Haier				
2	二键智能开关	Haier				
3	三键智能开关	Haier				
4	四键智能开关	Haier				
5	智能触控面板	Haier				
备注：本清单为设备预算清单，数量根据实际情况来定						

※ 建议如表3－5所示选型：

表 3－5　用户 A 灯光面板选型方案

场所	开关型号	数量	备注
玄关	HK－37P3	1	
客厅	HK－61P4	1	
餐厅	HK－37P2	1	
厨房	HK－37P1	1	
卧室	HK－37P4	1	卧室主灯光开关
	HK－37P2	1	床头开关
卧室卫生间	无	0	使用卧室主开关
书房	HK－37P2	1	
卫生间	HK－37P1	1	

（三）知识链接

1. 37 系列智能开关（见图 3－3）

海尔 HK－37 系列智能开关采用铝合金外观工艺，圆形点阵灯设计，外围电镀反射银点阵点缀，蓝、白色呼吸灯设计，3mm 厚钢化玻璃触摸屏面板，防指纹涂层，支持多路负载，强弱电隔离。

HK－37 系列产品需要与智能网关组网控制，可以通过安装家庭 App 端控制智能开 / 关和定义场景联动；另外 App 端或电脑端可以对开关负载命名。

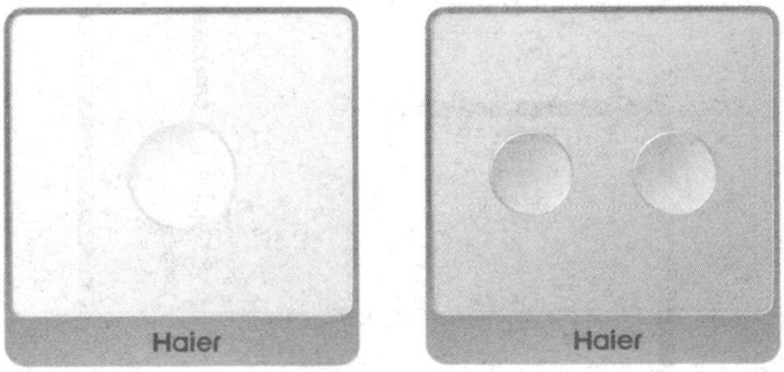

图 3－3　海尔 HK－37 系列智能开关

2. HK－61P4 智能触控面板（见图 3－4）

图 3－4　海尔 HK－61P4 智能触控面板

HK－61P4 的外观呈高亮银色切边、磨砂太空铝边框、中心区域钢化玻璃面板、拉丝表面、3.5 寸 TFT 高清显示屏、可选择多种背景风格；底盒采用国标 86 底盒，可接 4 个负载，每路 300W；内置亮度传感器，可智能调节背光亮度；系统内任意一个面板均可控制系统内所有面板上的负载；采用 ZigBee 组网，通过双向无线通信的方式，既满足了稳定性的需求又能够实时反馈当前状态。

案例 2

在小慧的帮助下，用户 A 选择了合理的智能开关，此时用户 B 来到了智能家居体验店，用户 B 整体智能家装预算较为充足，想体验最前沿的科技成果。用户 B 户型图如图 3－5 所示，户型情况：总面积 175m²，房间布局为玄关、客厅、餐厅、厨房、主室、次卧一、次卧二（书房）、卫生间一、卫生间二等空间。

根据以上情景，填写如表 3－6 所示工作任务单。

表 3－6　工作任务单

工作任务	引导用户 B 进行智能开关面板选型	派工日期	年　月　日
工作人员	售前工程师小慧	工作负责人	年　月　日
签收人		完工日期	
工作内容	根据客户 B 需求，正确引导客户对智能开关、智能面板进行选型		
项目负责人评价	负责人签字： 年　月　日		

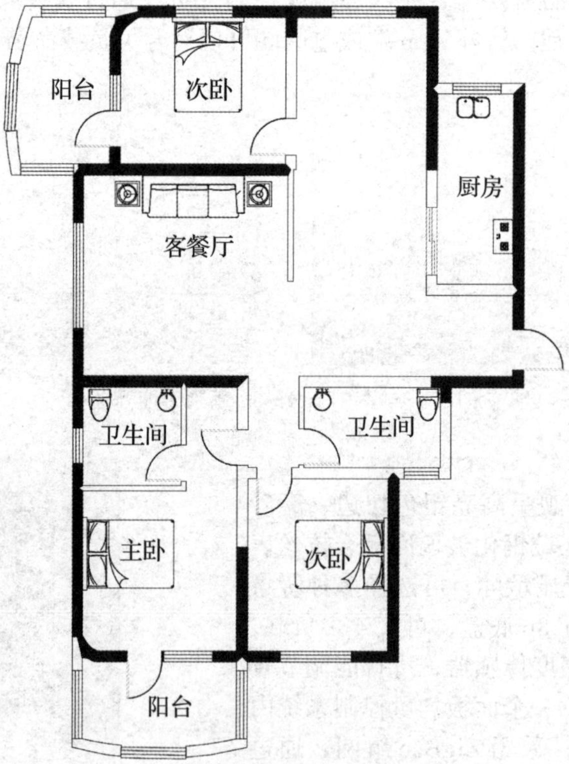

图 3－5　用户 B 户型平面图

（一）自主学习

预习知识链接，填写表 3－7。

表 3－7　设备功能及特点

产品名称	产品功能	产品卖点
HK－61Q6		

（二）课堂活动

1. 案例分析

小慧根据了解到的用户具体诉求，制定该用户智能家居设计理念：

（1）全屋安防：

- 门锁联动，识别身份；
- 摄像头移动侦测抓拍；
- 对厨房水、电、门、窗一键布防，自动报警。

（2）全屋照明：

- 全屋灯光控制；
- 可随心切换不同居家场景：影院、电视、就餐及会客模式。

（3）全屋网络：

- 全屋网络覆盖。

（4）全屋遮阳：

- 智能窗帘，自动控制；
- 回家、就寝、起床模式设定，窗帘自动开合。

（5）全屋智控：

- 通过智能面板集控家电设备，打造智能场景；
- 环境监测系统联动空调，光感、人感联动灯光、窗帘设备，操作方便。

（6）智慧影音：

- 背景音乐系统定制智慧场景；
- 家庭影院，一键观影、一键 K 歌。

在开关面板选型时，对于中等以上大户型或高端用户，需提前准备装修设计图纸及方案，根据用户灯光点位及屋内其他设备综合考虑智能开关或面板的选择，必要时需与装修设计方进行沟通。本案例整体智能家装定位为高端用户，在面板选型时考虑中央背景音乐、外接灯光、空调地暖等系统采用 RS485 接口对接问题，可选用多个 HK－61Q6 智能面板。入户玄关开关，除控制玄关灯及灯带外，需要做大量场景设置，选用 HK－61P4；客厅除控制客厅灯光外，考虑全屋控制及挂接中央背景音乐或外接灯光系统，采用 HK－61Q6 智能面板；餐厅开关设计就餐、毕餐等场景，选择 HK－61P4，若有 RS485 接口系统需对接，在客厅智能面板接口被占用的情况下，可考虑选择 HK－61Q6 面板；卧室开关选择时，入门开关控制本卧室全部灯光，依据灯的数量选择开关键数，床头处若采用智能开关建议设置两处，一处为卧室内灯光开关，另一处用作窗帘控制或场景控制开关，若选择触控面板设置一处，主卧室带有独立卫生间，除控制本卧室灯光外还要控制卫生间灯光，为提高主人使用舒适度和便利性宜采用 HK－61P4；卫生间环境潮湿，灯光开关建议设置在外墙上，除控制卫生间灯光外，需考虑是否为控制排风扇预留接口，浴霸开关可设置在卫生间内；其他区域厨房、阳台开关选择依据灯的数量选择开关键数即可。

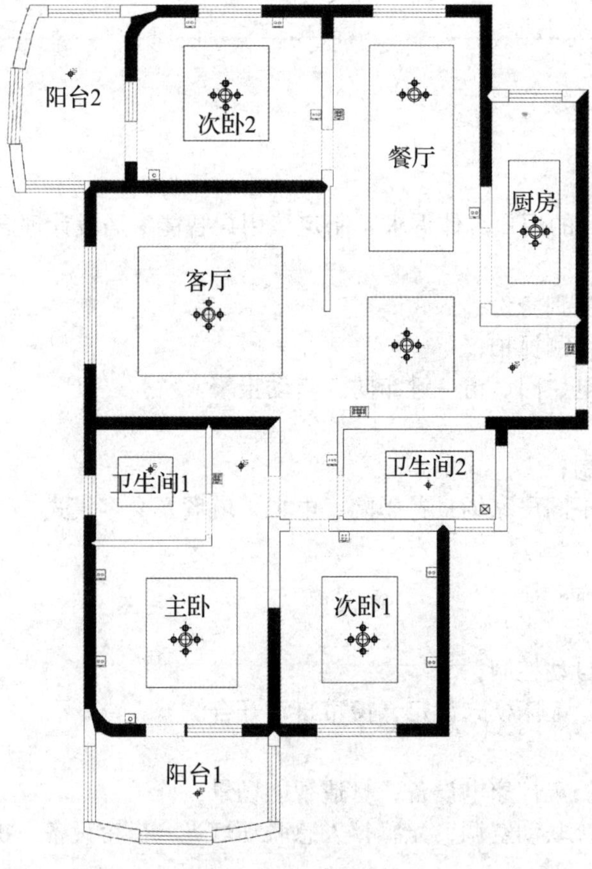

图 3－6　户型平面图

2. 设备选型

根据分析，可绘制如图 3－7 所示灯光点位图。

根据案例分析和灯光点位图完成如表 3－8 所示海尔 U－home（智能家居）产品配置清单。

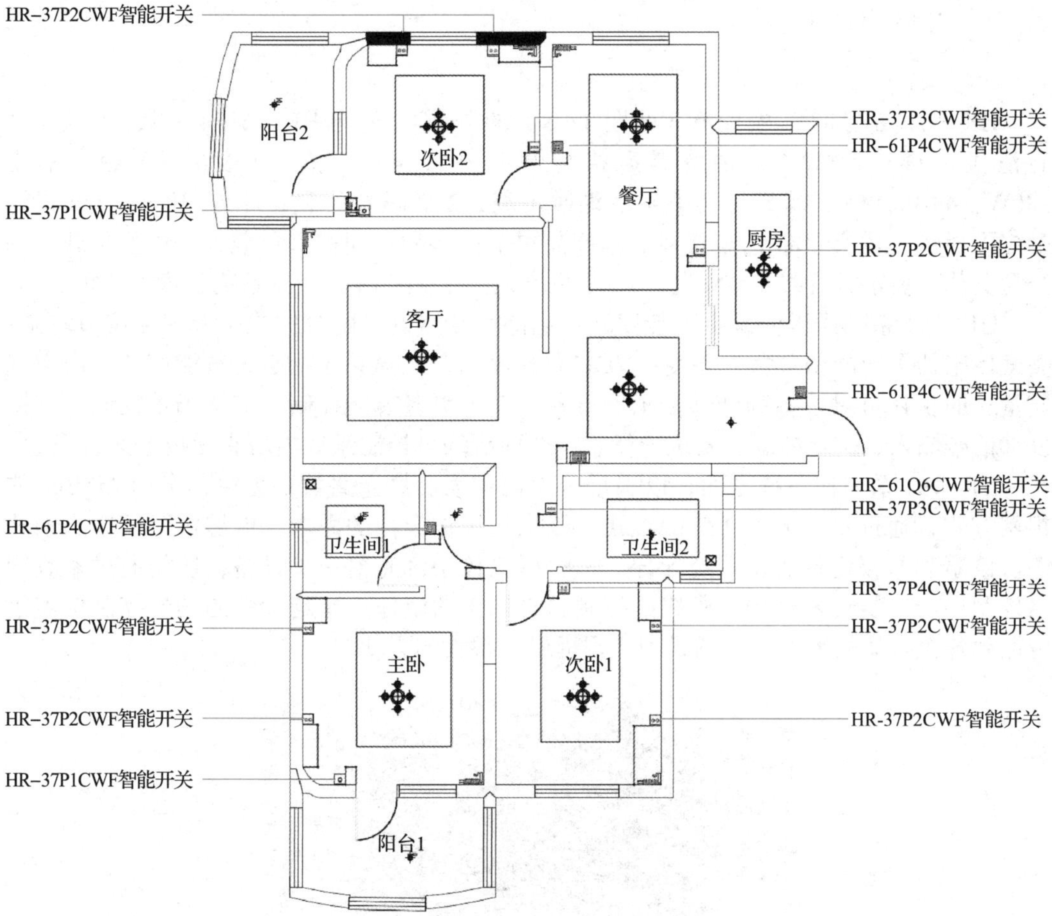

图 3-7　灯光点位图

表 3-8　海尔 U-home（智能家居）产品配置清单

序号	产品名称	品牌	规格型号	单位	数量	功能简介
智能触控灯光系统						
1	一键智能开关	Haier				
2	二键智能开关	Haier				
3	三键智能开关	Haier				
4	四键智能开关	Haier				
5	智能触控面板	Haier				
6	智能触控面板	Haier				
备注：本清单为设备预算清单，数量根据实际情况来定						

（三）知识链接

HK－61Q6 智能触控面板

HK－61Q6智能触控面板（见图3－8）的外观工艺与HK－61P4一致，5寸TFT高清显示屏，可选择多种背景风格，采用国标146底盒，可接6个负载，采用500W×4+300W×2模式，其中4路普通负载，2路调光负载，此外HK－61Q6智能触控面板还提供RS485信号接口。本产品可下挂多种不同类型负载：开关型负载、调光型负载、窗帘类负载（抽头电机）、中央空调、中央地暖、新风系统、背景音乐。

HK－61系列面板内置多种传感器：温湿度传感器可配合中央空调智能调节室温；亮度传感器可智能调节背光亮度；VOC传感器可与新风系统配合，智能调节室内空气质量；面板还可对接多种外部传感器设备，实现更多智能控制，支持场景控制、支持外部信号输入、交互控制，系统内任意一个面板均可控制系统内所有面板上的负载。

HK－61系列在系统方面，以满足房屋面积大、灯光路数多为主，采用ZigBee的组网方式，通过双向无线通信的方式，既满足了稳定性的需求又能够实时反馈当前状态。该系列与家庭智能化系统配合，不但可以控制灯光窗帘等设备，还能通过家庭网络控制中心，实现家庭场景模式的控制，将原来的定地点、定设备的场景控制按需求分散到各个方便的地点，为场景的实现提供了很大的方便。

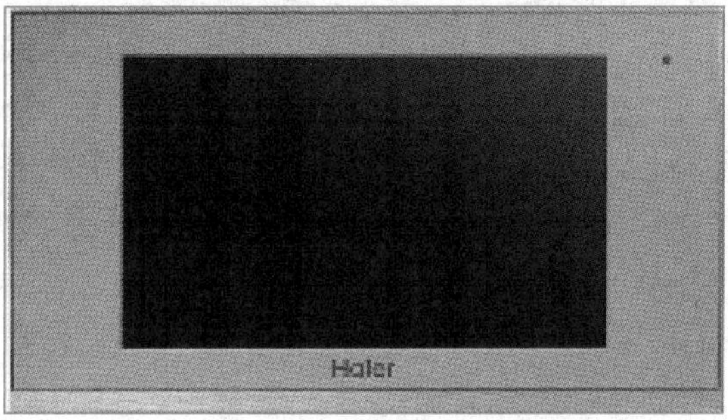

图3－8　HK－61Q6智能触控面板

四、考核评价

依据任务一评分标准进行自我评价、小组评价及教师评价，见表3－9。

表3－9　任务一评分标准

评价内容	分值	自我评价	小组评价	教师评价
客户角色是否阐述清自己户型情况、需求、预算	10			
售前工程师角色是否了解客户的需求	10			
售前工程师角色能否根据客户诉求、产品功能和定位为客户介绍海尔HK－20智能开关、海尔HK－37智能开关、海尔HK－61智能触控面板各自的特点及区别，帮助客户合理选择设备	30			

续表

评价内容	分值	自我评价	小组评价	教师评价
选型是否合理	30			
情景再现过程，各角色阐述是否清晰流畅，售前工程师角色是否注意了沟通技巧	20			
合计				

五、拓展学习

智能开关　　　　智能插座

六、课后练习

1. 海尔智能开关包括三个系列：________、________、________。
2. 海尔 HK－20 系列智能开关无线通信协议为________。
3. 什么是开关面板，什么是智能开关面板？

活页笔记

任务二 设备安装

一、学习目标

知识目标

（1）安装开关面板的注意事项。
（2）能区别开关底盒的种类，注意各型号开关的不同技术参数和应用场景。
（3）了解继电器的作用、智能面板调光的原理。
（4）对家庭照明、单/零火线取电、继电器控制有初步认知。

能力目标

会海尔智能开关的接线，能够动手安装，能对硬件安装人员进行技术指导，协助安装人员完成设备安装任务。

素养目标

（1）实训完成后，能按规定进行工具整理、剩余材料收集、工程垃圾清理。
（2）在项目完成过程中，能与团队合作完成小组任务，并对自我及小组成员做出合理的评价。

二、学习内容

学习内容见表 3-10。

表 3-10 学习内容

任务主题二	智能开关安装	建议学时	6 学时
任务内容	学习知识链接内容，学习智能开关的电气性能，掌握智能开关与普通开关在安装中的相同的点与不同点，能够指导现场安装人员完成案例 1 和案例 2 的硬件安装任务		

三、学习过程

案例 1

在售前工程师小慧协助下，用户 A 完成了开关面板选型，工程进入硬件安装阶段，本环节需要按照接线图进行施工。请填写如表 3-11 所示工作任务单。

表 3－11　工作任务单

工作任务	完成用户 A 智能开关的安装	派工日期	年　月　日
工作人员		工作负责人	年　月　日
签收人		完工日期	
工作内容	根据用户 A 的智能开关选型，组织施工，对硬件安装人员进行技术指导，协助安装人员完成用户户型的安装任务		
项目负责人评价	负责人签字： 年　月　日		

（一）自主学习

预习知识链接，回答以下问题：

（1）安装面板时要注意的事项。

（2）海尔智能开关与普通开关在布线方式上的不同点。

（3）海尔 HK－37 系列开关的电气性能指标有哪些？如何安装？

（二）课堂活动

1. 案例分析

用户 A 设备选型情况为：海尔 HK－37P1 开关 2 个，HK－37P2 开关 3 个，HK－37P3、HK－37P4、HK－61P4 开关各 1 个。这些设备所使用底盒均为 86 型底盒，共计 8 个，按照图 3－9 所示设计位置安装。在装修过程中的水电改造环节注意底盒的配套改造，安装面板前提前阅读相应开关面板的安装说明，按相应规范要求进行安装施工。

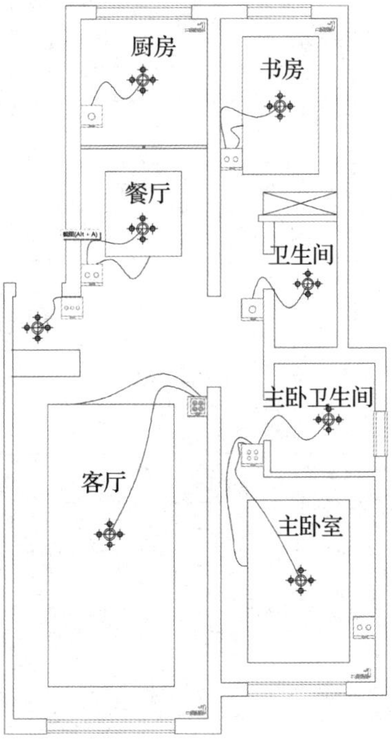

图 3－9　设计位置

2. 设备安装

各组成员合理分工，填写表 3－12，通过学习知识链接，按照工作计划，合作完成设备安装任务。

表 3－12　工作计划

<table>
<tr><td>任务主题</td><td colspan="5"></td></tr>
<tr><td>班级</td><td colspan="2"></td><td>组别</td><td colspan="2"></td></tr>
<tr><td>组内成员</td><td colspan="5"></td></tr>
<tr><td colspan="6">工作计划</td></tr>
<tr><td rowspan="5">人员分工</td><td colspan="5">小组负责人</td></tr>
<tr><td>小组成员
及分工</td><td></td><td colspan="2">分工</td><td></td></tr>
<tr><td></td><td></td><td colspan="2">安全员</td><td></td></tr>
<tr><td></td><td></td><td colspan="2">安装</td><td></td></tr>
<tr><td></td><td></td><td colspan="2">安装</td><td></td></tr>
<tr><td colspan="6">工具及材料清单</td></tr>
<tr><td rowspan="12">工具及
材料清单</td><td>序号</td><td>工具或材料名称</td><td>单位</td><td>数量</td><td>用途</td></tr>
<tr><td></td><td></td><td></td><td></td><td></td></tr>
<tr><td></td><td></td><td></td><td></td><td></td></tr>
<tr><td></td><td></td><td></td><td></td><td></td></tr>
<tr><td></td><td></td><td></td><td></td><td></td></tr>
<tr><td></td><td></td><td></td><td></td><td></td></tr>
<tr><td></td><td></td><td></td><td></td><td></td></tr>
<tr><td></td><td></td><td></td><td></td><td></td></tr>
<tr><td></td><td></td><td></td><td></td><td></td></tr>
<tr><td></td><td></td><td></td><td></td><td></td></tr>
<tr><td></td><td></td><td></td><td></td><td></td></tr>
<tr><td></td><td></td><td></td><td></td><td></td></tr>
<tr><td rowspan="5">工序及
工期安排</td><td colspan="4">工作内容</td><td>完成时间</td></tr>
<tr><td colspan="4"></td><td></td></tr>
<tr><td colspan="4"></td><td></td></tr>
<tr><td colspan="4"></td><td></td></tr>
<tr><td colspan="4"></td><td></td></tr>
<tr><td colspan="6">安全防护措施</td></tr>
</table>

（三）知识链接

1. 单火线开关与零火线开关

目前传统的家庭照明布线大多数采用单火线开关，如图 3－10 所示。单火线开关只有一组触点，接在火线上，只接通或断开火线。智能控制面板一般需要采用零火线开关的布线方式，如图 3－11 所示。零火线开关有两组触点，分别接零线和火线，火线和零线同时接通或切断。更重要的是零火线布线方式智能面板可直接取电。

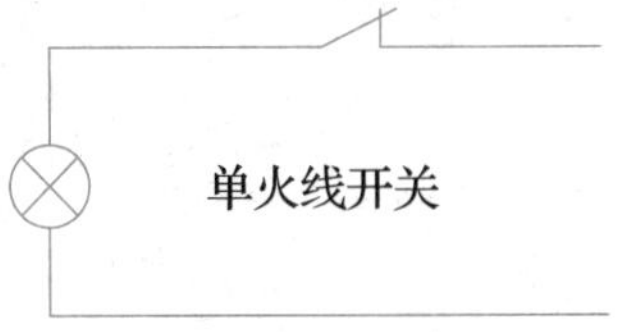

图 3－10　单火线开关

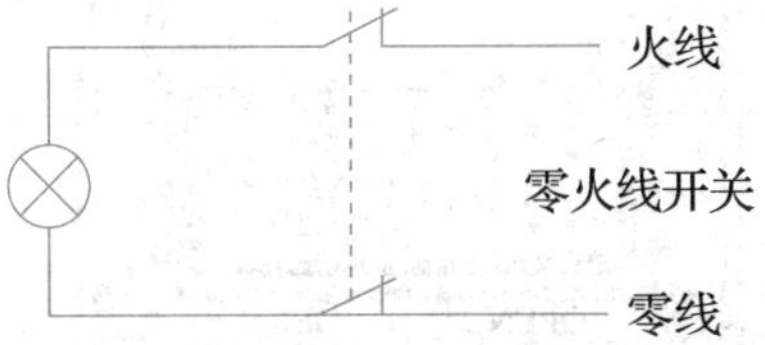

图 3－11　零火线开关

传统的机械开关采用了单火线的方式，因此对已经完成布线的老旧住宅改造，替换传统机械开关面板，通常情况下只能采取单火线智能开关。单火智能开关的工作取电从灯具的电流中获取，因此对灯具的要求比较高，匹配不好的话容易产生“鬼火”“频闪”等现象。

2. 海尔 HK－37 系列开关安装

图 3－12 所示为海尔 HK－37 系列开关，从左到右依次为单键开关、双键开关、三键开关和四键开关，分别支撑 1 路、2 路、3 路和 4 路的灯光负载。产品的具体参数为：

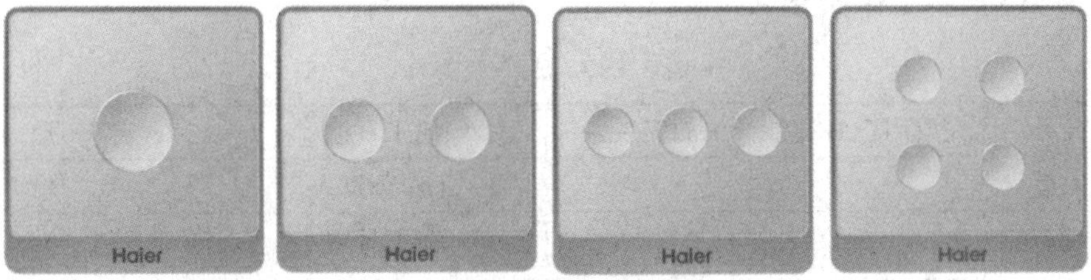

图 3－12　海尔 HK－37 系列开关

输入电源：额定频率 50Hz/60Hz。
额定电压：AC 176 ～ 240V。
输入类型：零火线输入。
负载输出：按照产品不同可接 1 路、2 路、3 路、4 路灯光负载。
通信方式：ZigBee 无线通信，通信距离要求满足目视 100m 以上。
外型尺寸：86*86*10（墙外部分）mm。
安装方式：标准 86 底盒，嵌入式安装。
待机功率：小于 1W。

步骤 1： 找出开关的零火线接线端子，断电情况下接入零线和火线，如图 3－13 所示。

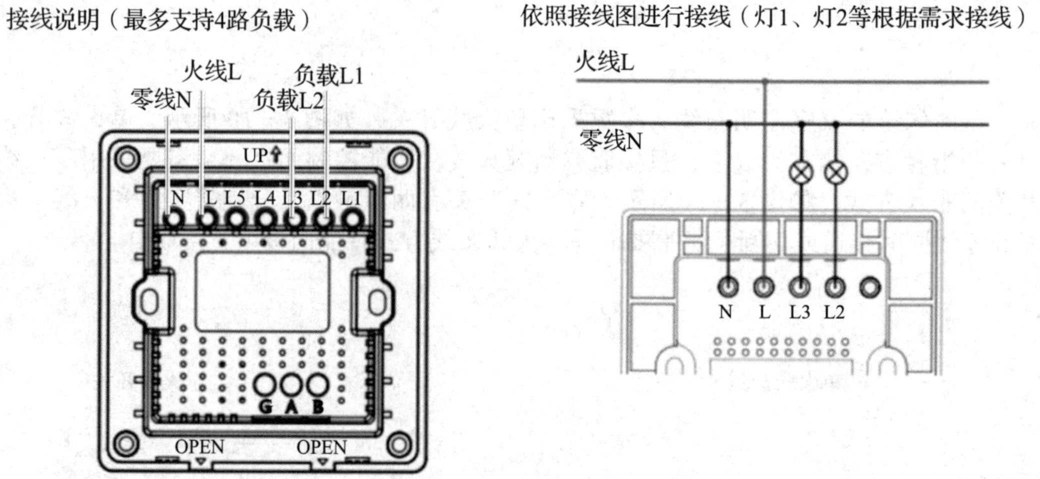

图 3－13　开关接线

开关接线端子定义：

输入：L－火线端子。N－零线端子。

输出：Lx－输出端火线。零线与 N 共用。

重要提示：开关不可在通电情况下，带电插拔排线、接线及其他操作。

步骤 2：确认接线无误后，给产品上电，蓝色呼吸灯闪烁。

案例 2

完成用户 B 智能开关面板选型后，同案例 1 一样，工程进入硬件安装阶段，请填写如表 3－13 所示工作任务单。

表 3－13　工作任务单

工作任务	完成用户 B 智能开关的安装	派工日期	年　月　日
工作人员		工作负责人	年　月　日
签收人		完工日期	
工作内容	根据用户 B 的智能开关面板选型，组织施工，对硬件安装人员进行技术指导，协助安装人员完成用户户型的安装任务。在指导过程中，要注意 HK－61Q 智能面板的底盒的选择，设计好面板接口进线顺序		
项目负责人评价	负责人签字： 年　月　日		

（一）自主学习

预习知识链接，回答以下问题。

（1）智能开关面板中，________是实现智能家居设备自动控制的重要器件，是当________的变化达到规定要求时，在电气输出电路中使被控量发生预定的阶跃变化的一种电器。它通常应用于自动化的控制电路中，实际上是用________去控制大电流操作的一种“自动开关”。

（2）HK－61Q6 面板输入端子分别是________、________，开关类输出端子分别是________、________、________、________、________，可调光类负载输出________、________、________。

（3）解释可控硅调光原理。

（二）课堂活动

1. 案例分析

本案例用户灯光系统较为复杂，且开关面板除控制全部灯光外，会对接其他 RS485 接口系统，在设计线路时应注意智能开关能够承载的用电器功率，尤其单个开关挂接用电器总功率不能超过本开关允许的最大功率。另外，避免单个开关走线太多造成走线槽（管）拥堵，就近连接的原则下，开关挂接负载要注意功率分摊，避免将同一场所所有负载挂接到同一智能开关下，情况允许下，强电和弱点可分开走线。本方案中，考虑功率分摊及避免单个线槽过于拥挤，客厅 61Q6 智能面板除挂接客厅灯光外，分摊挂接玄关主灯，主卧内卫生间负载由入门开关 61P4 分摊，主卧主灯和灯带由床头 37P2 开关分摊，安装位置如图 3－14 所示。

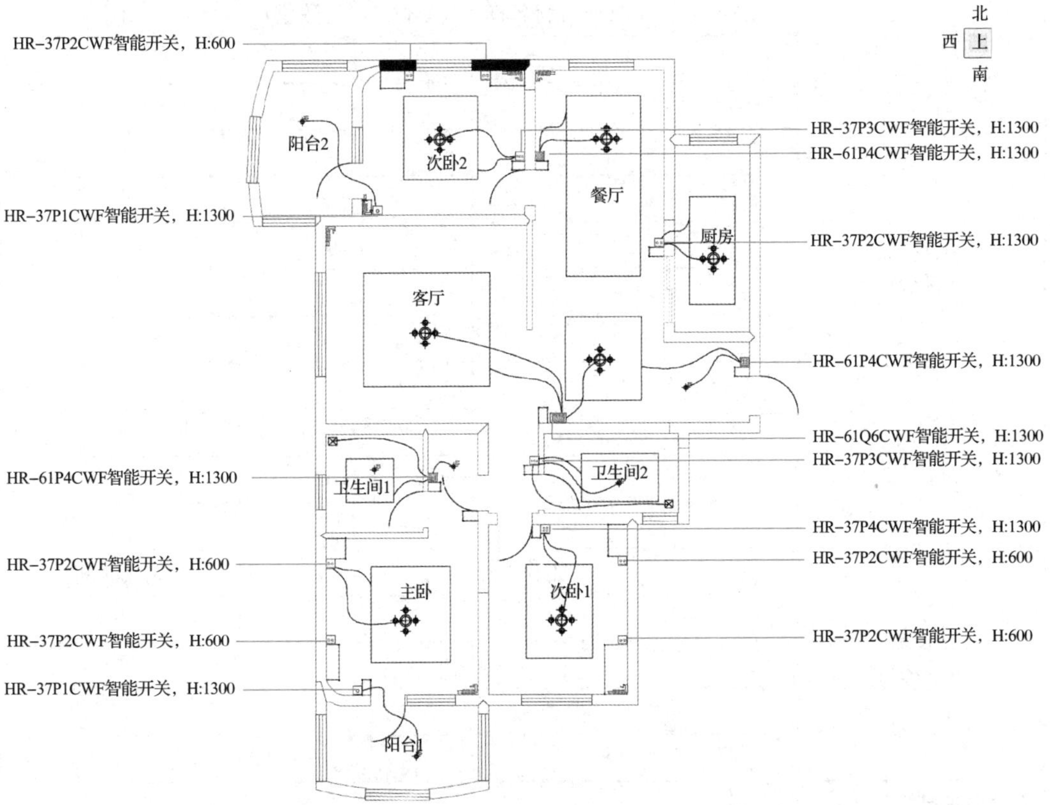

图 3－14　安装位置

2. 设备安装

按图 3－14 所示安装位置，为用户 B 安装灯光面板，根据用户 B 设备选型，计算安装灯光面板所需底盒类型和数量。各组成员合理分工，填写表 3－14，并按各类面板安装施工规范安装。

表 3－14 工作计划

<table>
<tr><td>任务主题</td><td colspan="5"></td></tr>
<tr><td>班级</td><td colspan="2"></td><td>组别</td><td colspan="2"></td></tr>
<tr><td>组内成员</td><td colspan="5"></td></tr>
<tr><td colspan="6">工作计划</td></tr>
<tr><td rowspan="5">人员分工</td><td colspan="5">小组负责人</td></tr>
<tr><td rowspan="4">小组成员及分工</td><td></td><td colspan="2">分工</td><td></td></tr>
<tr><td></td><td colspan="2">安全员</td><td></td></tr>
<tr><td></td><td colspan="2">安装</td><td></td></tr>
<tr><td></td><td colspan="2">安装</td><td></td></tr>
<tr><td colspan="6">工具及材料清单</td></tr>
<tr><td rowspan="12">工具及
材料清单</td><td>序号</td><td>工具或材料名称</td><td>单位</td><td>数量</td><td>用途</td></tr>
<tr><td></td><td></td><td></td><td></td><td></td></tr>
<tr><td></td><td></td><td></td><td></td><td></td></tr>
<tr><td></td><td></td><td></td><td></td><td></td></tr>
<tr><td></td><td></td><td></td><td></td><td></td></tr>
<tr><td></td><td></td><td></td><td></td><td></td></tr>
<tr><td></td><td></td><td></td><td></td><td></td></tr>
<tr><td></td><td></td><td></td><td></td><td></td></tr>
<tr><td></td><td></td><td></td><td></td><td></td></tr>
<tr><td></td><td></td><td></td><td></td><td></td></tr>
<tr><td></td><td></td><td></td><td></td><td></td></tr>
<tr><td></td><td></td><td></td><td></td><td></td></tr>
<tr><td rowspan="5">工序及
工期安排</td><td colspan="4">工作内容</td><td>完成时间</td></tr>
<tr><td colspan="4"></td><td></td></tr>
<tr><td colspan="4"></td><td></td></tr>
<tr><td colspan="4"></td><td></td></tr>
<tr><td colspan="4"></td><td></td></tr>
<tr><td colspan="6">安全防护措施</td></tr>
</table>

（三）知识链接

1. 调光控制

在智能家居设备中，晶闸管经常用于照明系统的调光电路。家庭照明常用正弦波交流电，当用一个完整的正弦波电流给灯泡供电时，灯泡会达到最亮；如果只提供半个周期的正弦波的电流去给灯泡供电时，经过灯丝电流减少，灯泡变暗，这就是可控硅调光原理，如图 3－15 所示。

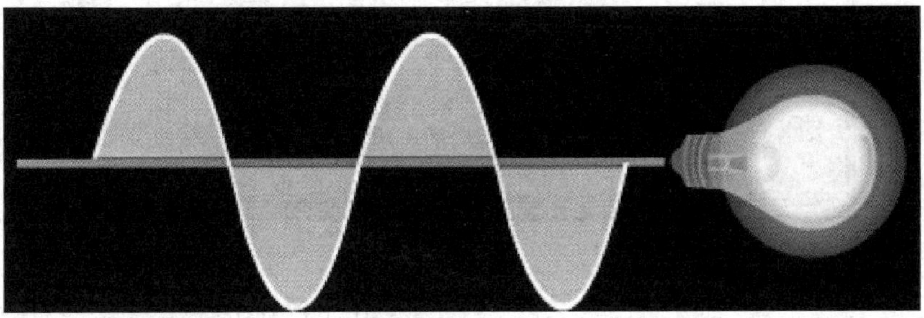

图 3－15　可控硅调光原理

2. 海尔 HK－61Q6 智能开关

海尔 HK－61Q6 智能开关支持多种不同类型负载：开关型负载、调光型负载、窗帘类负载（抽头电机）、中央空调、中央地暖、新风系统、背景音乐；支持多种控制：场景控制、外部信号输入、交互控制，系统内任意一个面板均可控制系统内所有面板上的负载。

产品的具体参数为：

输入电源：额定频率 50Hz/60Hz。

额定电压：AC 176 ～ 264V。

输入类型：零火线输入。

负载输出：按照产品不同可接 6 路负载。

通信方式：ZigBee 无线通信，通信距离要求满足目视 100m 以上。

外形尺寸：90 × 160 × 41mm。

安装方式：标准 146 底盒，嵌入式安装。

待机功率：小于 1W。

观察实验箱准确找出智能开关 HK－61 系列开关，了解开关特点，并进行后续实验。

步骤 1： 找出开关的零火线接线端子，如图 3－16 所示，断电情况下接入零线和火线。

开关接线端子定义：

输入：L－ 火线端子；N－ 零线端子。

输出：Lx－ 开关类输出端火线。零线与 N 共用。

Tx－ 可调光类负载输出端火线。零线与 N 共用。

重要提示：开关不可在通电情况下，带电插拔排线、接线及其他操作。

步骤 2： 确认接线无误后，给产品上电，并观察终端显示屏显示状态。

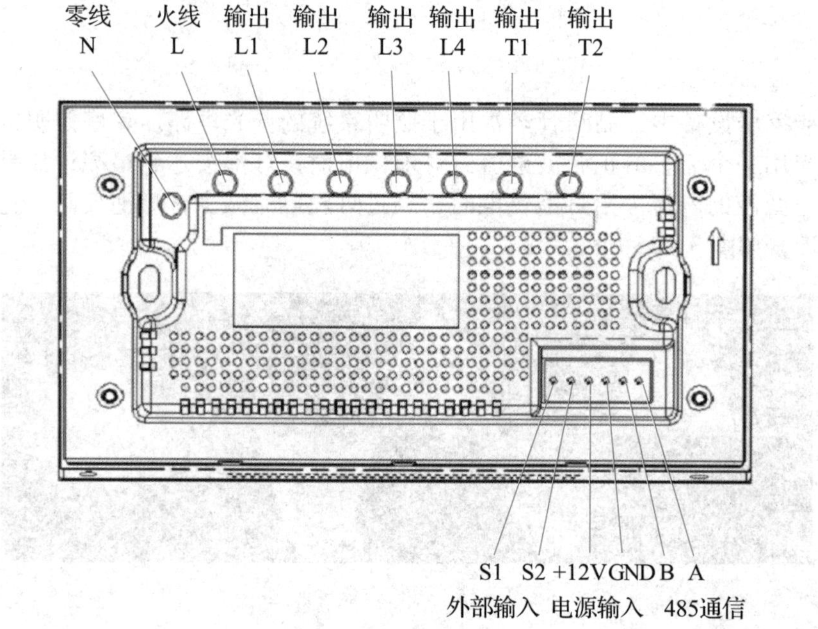

图 3－16　接线端子

四、考核评价

依据任务二评分标准进行组内评价、教师评价及企业教师评价，见表 3－15。

表 3－15　设备安装评分标准

评价内容		分值	评分		
			组内评价	教师评价	企业教师评价
定位选型（18 分）	智能开安装位置是否符合设计	9			
	开关底盒选择是否正确	9			
安装及布线（65 分）	智能开关接线顺序是否正确	15			
	所有零火线安装是否符合强电规范	30			
	开关功率分担是否合理	10			
	开关固定螺丝是否旋紧，安装是否牢固可靠	10			
用时（5 分）	能在规定时间内完成任务	5			
	超时 5min 以内扣 2 分				
	超时 5 ～ 10min 扣 5 分				
	超时 10 ～ 15min 扣 10 分				
	超时 15 ～ 20min 扣 20 分				
	超时 20min 以上扣 50 分				

续表

评价内容		分值	评分		
			组内评价	教师评价	企业教师评价
安全文明生产（12分）	遵守安全文明生产规程	3			
	正确使用施工工具、合理用料	6			
	任务完成后认真清理现场	3			
合计		100			

五、拓展学习

开关面板的安装

接线盒

六、课后练习

1. 海尔 HK－37 系列开关采用__________无线通信；通信距离要求满足目视________m 以上。

2. 简述海尔 HK－61P4 智能触控面板与 HK－61Q6 智能触控面板在功能上的区别。

3. 简述开关接线盒的作用和分类。

活页笔记

任务三 设备调试

一、学习目标

知识目标

（1）能在上位机软件中添加设备、网元。

（2）理解开关面板负载在上位机软件中的挂接关系，能够按照设计图在对应面板下增加负载。

（3）会面板按键控制的设置方法。

（4）能够在 HK－61Q6 中添加 RS485 设备。

能力目标

能够独立进行智能家居开关面板的调试，初步具备查找智能面板故障、解决故障的能力。

素养目标

（1）开关面板调试完成后，能够向客户讲解设备使用注意事项，具备与客户的沟通能力。

（2）能够严格按调试说明进行操作，养成认真、严谨的操作习惯。

（3）在项目完成过程中，能与团队合作完成小组任务，并对自我及小组成员做出合理的评价。

二、学习内容

学习内容见表 3－16。

表 3－16 学习内容

任务主题三	智能开关安装	建议学时	16 学时
任务内容	学习知识链接内容，分别根据案例 1 和案例 2 设计规划，正确配置上位机软件数据，为组网设备下发正确的单元号、门牌号、网络号和面板序号，能够通过上位机软件向组网开关面板下发网络配置数据完成组网，实现灯光控制。处理在调试过程中遇到故障问题		

三、学习过程

案例 1

在项目经理确认用户 A 的现场硬件安装完成，并达到工艺标准后，下达调试任务。请填写如表 3－17 所示工作任务单。

表 3－17　工作任务单

工作任务	完成用户 A 智能开关的调试	派工日期	年　月　日
工作人员		工作负责人	年　月　日
签收人		完工日期	
工作内容	根据设计及现场硬件安装情况，对用户 A 灯光控制进行规划和设计，编写上位机软件脚本，进行设备调试		
项目负责人评价	负责人签字： 年　月　日		

（一）自主学习

预习知识链接，回答以下问题。

（1）37 开关出厂默认网络号________，面板号________，单元号________，门牌号________。

（2）37 面板号显示规则：白灯闪 1 代表数字________，蓝灯闪 1 代表数字________，面板号等于蓝白灯所代表的数字之________。

（3）HK－37 智能开关如何进入待配置模式？

（二）课堂活动

1. 案例分析

在面板全部安装完成后，先不要直接调试，需首先对照设计进行硬件安装检查：检查是否完全按照设计进行安装布线，安装工艺是否符合规范要求；智能面板上电后，面板灯光是否能够正确亮起；对面部进行触控，面板是否能够正确响应。若有硬件故障，需及时处理，待故障排查后再进行下一步工作。

进行调试前，请仔细阅读调试涉及的各类智能开关面板说明书，确保已经完全了解设备的规格参数和注意事项后再进行软件调试。

图 3－9 所示为用户 A 灯光开关面板接线图，根据该图为用户 A 制定灯光控制方案如表 3－18 所示，实现基本灯光控制功能。

表 3－18　用户 A 灯光面板控制方案

场所	开关型号	数量	面板编号	连接灯光	控制灯光
玄关	HK－37P3	1	1	玄关灯	玄关灯、客厅主灯、客厅灯带

续表

场所	开关型号	数量	面板编号	连接灯光	控制灯光
客厅	HK－61P4	1	2	客厅主灯、客厅灯带	全部灯光
餐厅	HK－37P2	1	3	餐厅主灯、餐厅灯带	餐厅主灯、餐厅灯带
厨房	HK－37P1	1	4	厨房灯	厨房灯
卧室	HK－37P4	1	5	卧室主灯、卧室灯带、卧室卫生间灯	卧室主灯、卧室灯带、卧室卫生间灯
	HK－37P2	1	6	无	卧室主灯、卧室灯带
卧室卫生间	无	0		无	无
书房	HK－37P2	1	7	书房主灯、书房灯带	书房主灯、书房灯带
卫生间	HK－37P1	1	8	卫生间灯	卫生间灯

2. 调试步骤

步骤 1：在上位机软件设备树中加入设备分组和负载，如图 3－17 所示。

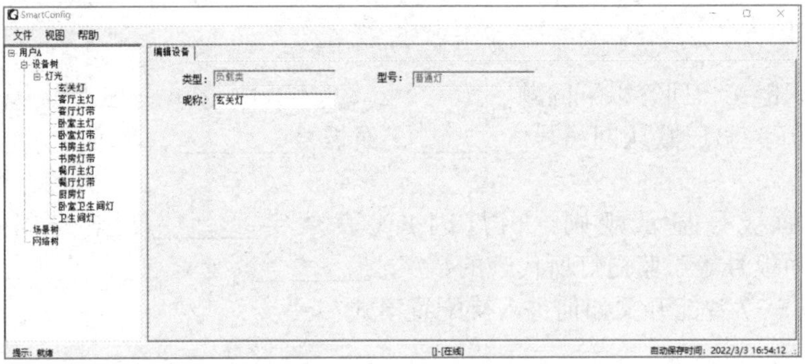

图 3－17　加入设备分组和负载

该用户室内无可调光灯、色温灯及其他控制协议控制的灯，所有灯的配置型号为普通灯即可。

步骤 2：在上位机软件网络树中加入组网网元并规划面板序号，如图 3－18 所示。

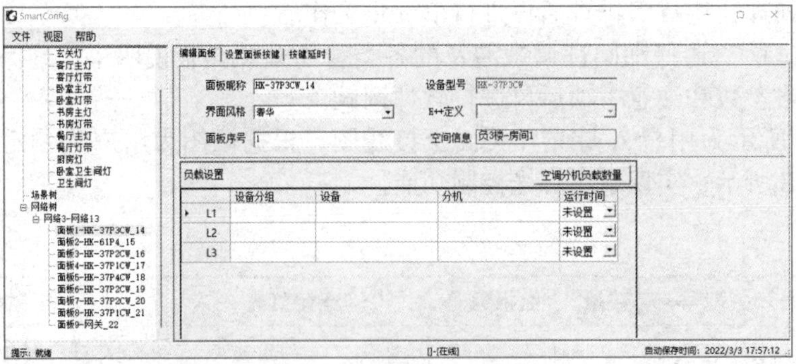

图 3－18　加入组网网元并规划面板序号

步骤 3：设计规划网络号、单元号、门牌号，如图 3 - 19 所示。

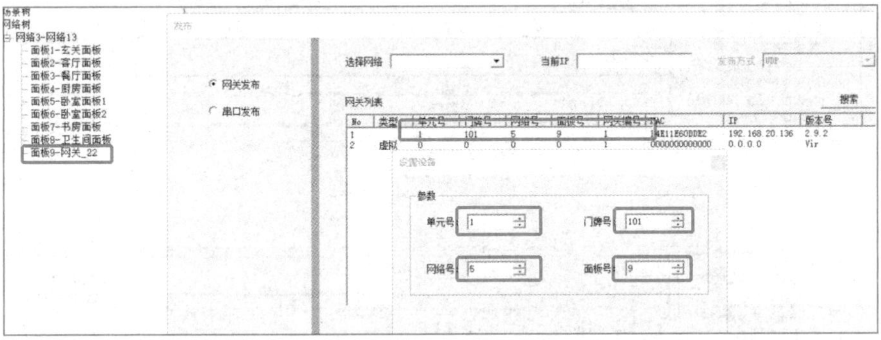

图 3 - 19　设计规划网络号、单元号、门牌号

步骤 4：按照设计添加各网元挂接负载，如图 3 - 20 ～图 3 - 27 所示。

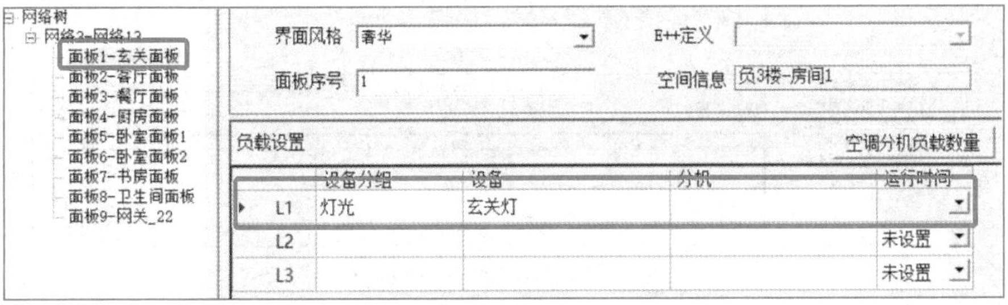

图 3 - 20　面板 1 挂接负载

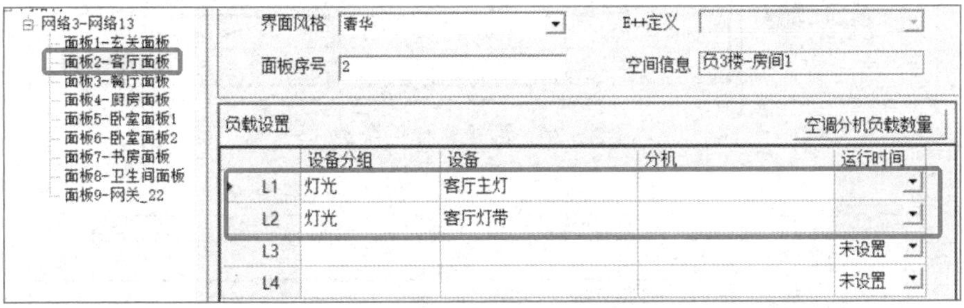

图 3 - 21　面板 2 挂接负载

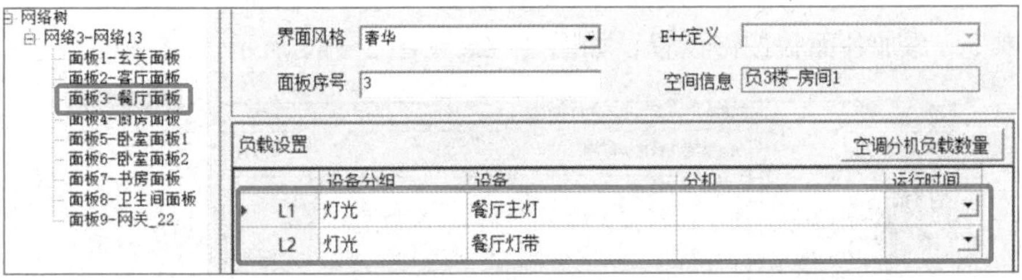

图 3 - 22　面板 3 挂接负载

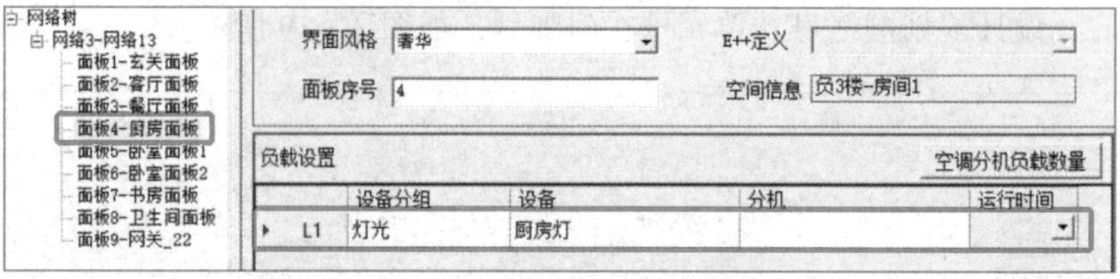

图 3－23　面板 4 挂接负载

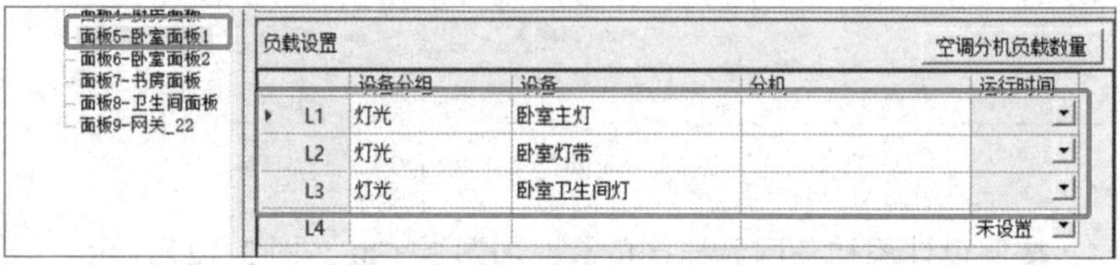

图 3－24　面板 5 挂接负载

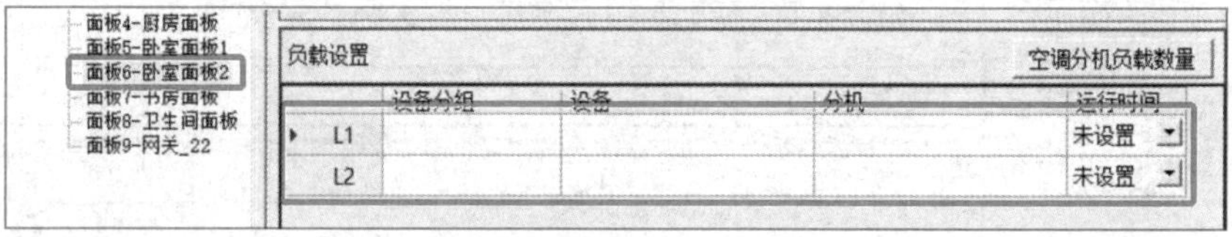

图 3－25　面板 6 挂接负载

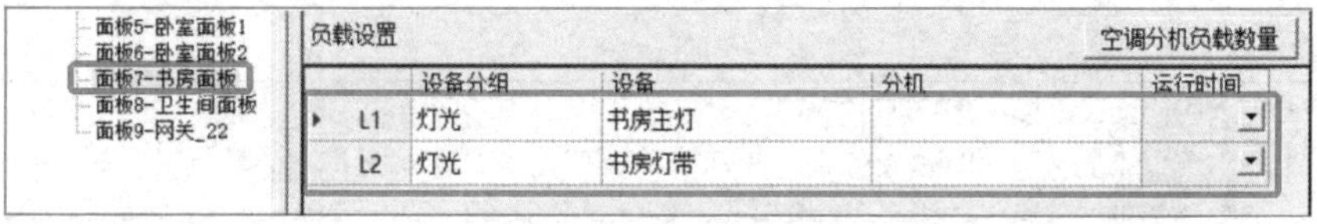

图 3－26　面板 7 挂接负载

图 3－27　面板 8 挂接负载

步骤 5：添加各面板按键设置，如图 3－28 ～图 3－37 所示。

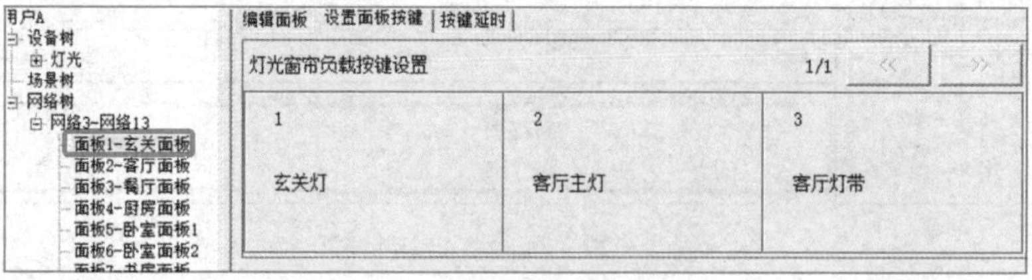

图 3－28　面板 1 按键设置

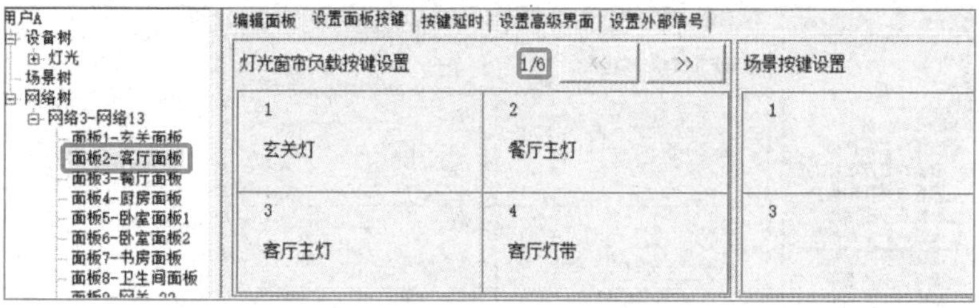

图 3－29　面板 2 按键设置之一

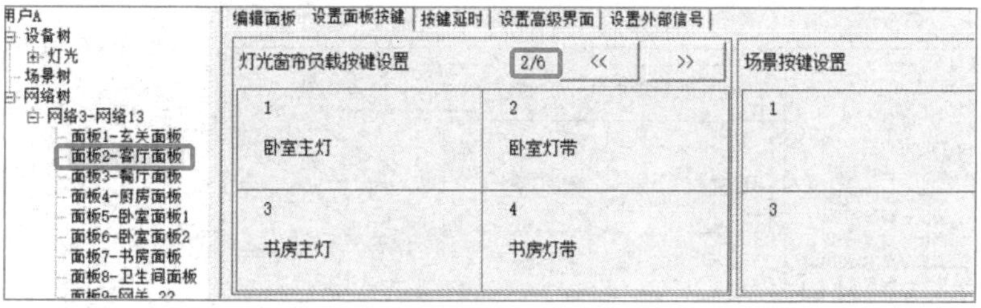

图 3－30　面板 2 按键设置之二

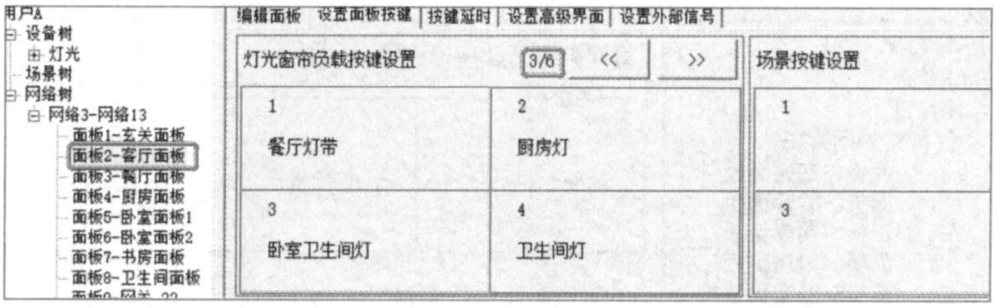

图 3－31　面板 2 按键设置之三

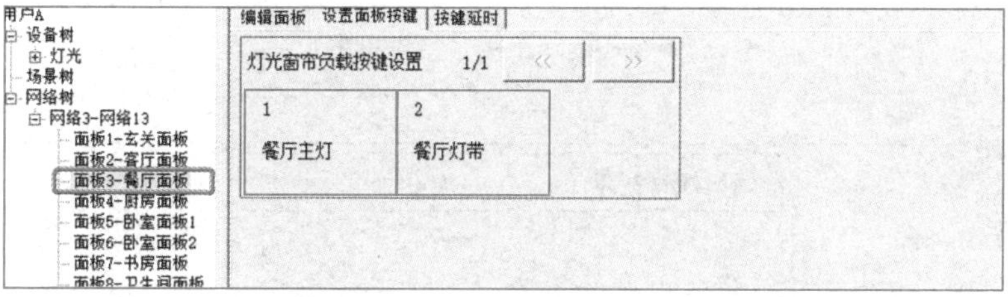

图 3－32　面板 3 按键设置

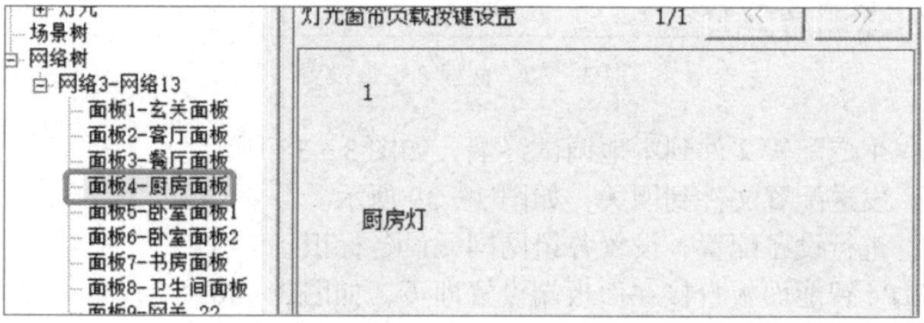

图 3－33　面板 4 按键设置

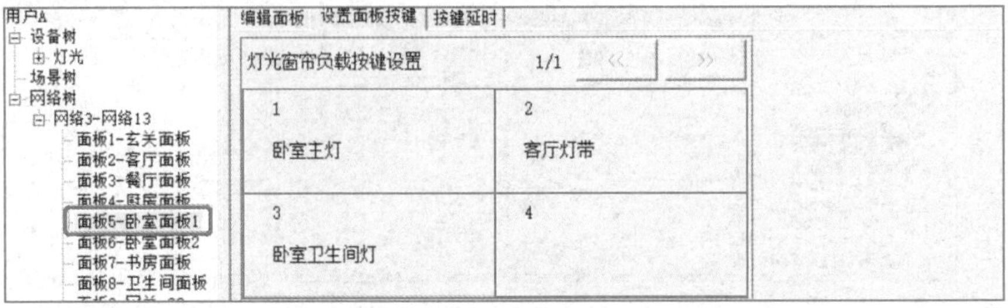

图 3－34　面板 5 按键设置

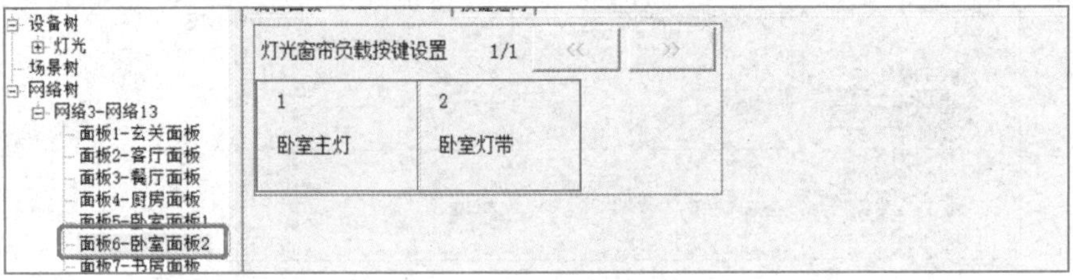

图 3－35　面板 6 按键设置

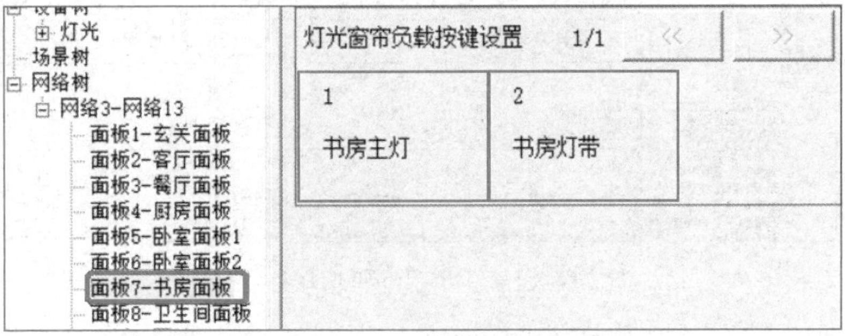

图 3－36　面板 7 按键设置

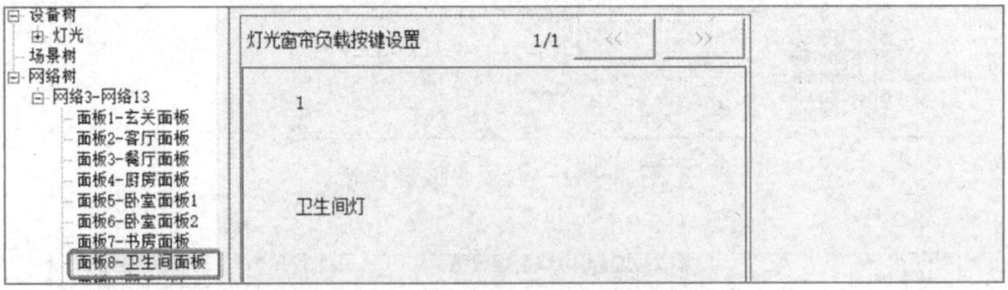

图 3－37　面板 8 按键设置

步骤 6：生成配置文件到本地调试终端，如图 3－38 所示。

步骤 7：发送配置文件到网关，如图 3－39 所示。

步骤 8：进行设备配置，设置各组网网元设备标识。

HK－61P4 智能面板直接在面板端设置即可，如图 3－40 所示。

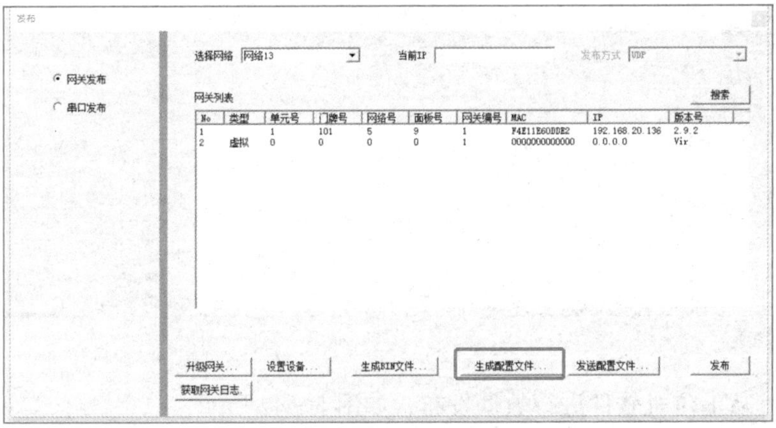

图 3－38　生成配置文件

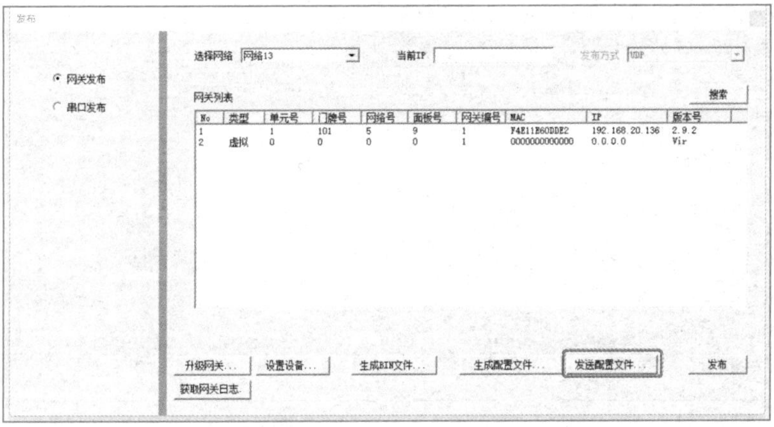

图 3－39　发送配置文件

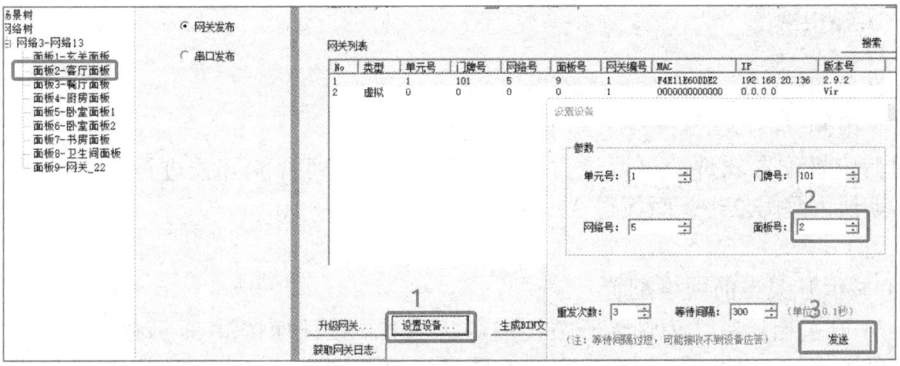

图 3－40　HK－61P4 设置

HK－37 系列智能开关需按说明设置，先进入开关组网状态，打开网关准许入网状态，然后按图 3－41 所示依次下发所有组网开关面板序号。

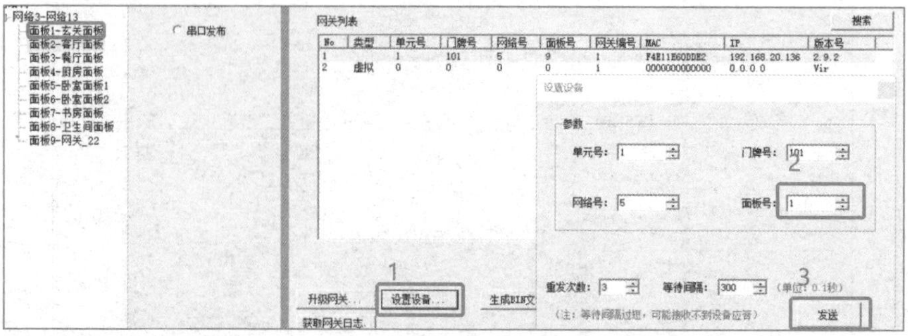

图 3－41　KH－37 设置

步骤 9：从上位机软件进行数据发布，如图 3－42 所示。

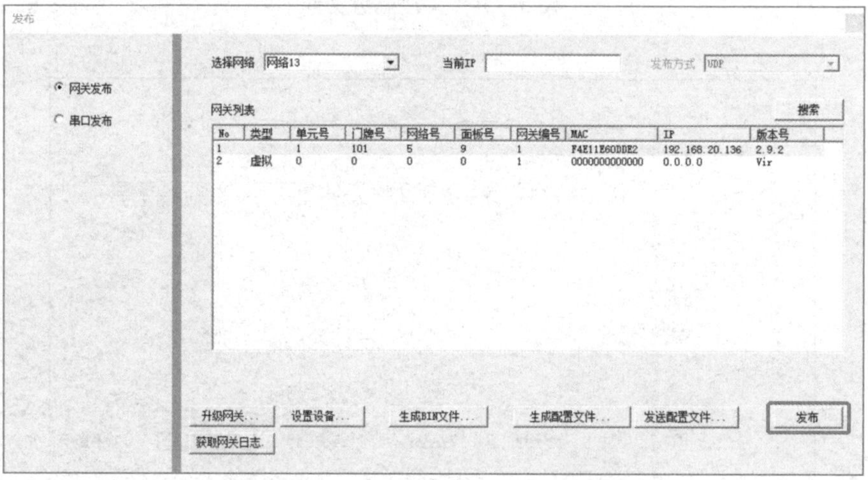

图 3－42　从上位机软件进行数据发布

步骤 10：进行现象验证测试，查验是否实现设计既定功能。

（三）知识链接

1. 海尔 HK－37 系列开关调试

（1）组网。

用上位机配置软件，可以通过智能网关对 37 系列智能开关进行地址配置；37 开关出厂默认网络号 250、面板号 31、单元号 1、门牌号 10。

步骤 1：

1）显示开关当前网络配置。

- 37 开关出厂默认为灯光开关，白灯状态下长按任何按键 8s 后松手。
- 若开关已经被定义，至少有一个按键定义为负载开关，在白色指定灯模式下长按任意一个负载按键 8s。
- 若开关已经被定义，至少有 2 个按键定义为情景开关，同时按 2 个情景按键 8s。
- 若 1 键开关已经定义为情景开关，正常状态下长按 8s。

8s 后，指示灯显示开关当前网络配置（即面板号）：

配置过的开关按照配置后的开关面板号闪烁，并按周期循环显示；没有配置过的开关按默认面板号 31 周期循环闪烁。

2）再长按 3s，进入待配置状态，蓝白指示灯交替闪，等待接收配置信息。

步骤 2： 上位机下发地址即新面板号，下发成功后，指示灯显示新面板号，循环 5 次退出（指示灯循环显示面板号：不同面板号指示灯间隔 0.5s，指示灯两次循环的间隔是 2s），进入正常工作状态（蓝灯慢闪）。

面板号显示规则（见图 3－43）：白灯闪 1 代表数字 5，蓝灯闪 1 代表数字 1，面板号等于蓝白灯所代表的数字之和。

面板号	指示灯	
1		蓝灯闪1
2		蓝灯闪2
3		蓝灯闪3
4		蓝灯闪4
5	白灯闪1	
6	白灯闪1	蓝灯闪1
7	白灯闪1	蓝灯闪2
8	白灯闪1	蓝灯闪3
9	白灯闪1	蓝灯闪4
10	白灯闪2	
11	白灯闪2	蓝灯闪1
12	白灯闪2	蓝灯闪2
13	白灯闪2	蓝灯闪3
14	白灯闪2	蓝灯闪4
15	白灯闪3	
16	白灯闪3	蓝灯闪1

面板号	指示灯	
17	白灯闪3	蓝灯闪2
18	白灯闪3	蓝灯闪3
19	白灯闪3	蓝灯闪4
20	白灯闪4	
21	白灯闪4	蓝灯闪1
22	白灯闪4	蓝灯闪2
23	白灯闪4	蓝灯闪3
24	白灯闪4	蓝灯闪4
25	白灯闪5	
26	白灯闪5	蓝灯闪1
27	白灯闪5	蓝灯闪2
28	白灯闪5	蓝灯闪3
29	白灯闪5	蓝灯闪4
30	白灯闪6	
31	白灯闪6	蓝灯闪1
32	白灯闪6	蓝灯闪2

图 3－43　面板号显示规则

步骤 3： 正常工作状态下，上位机下发配置信息，面板接收配置信息，蓝灯频闪（0.35s 左右频率间隔闪为频闪）。配置好后，白灯频闪 5s 后退出，进入正常工作模式。

HK－37 配置流程图如图 3－44 所示。

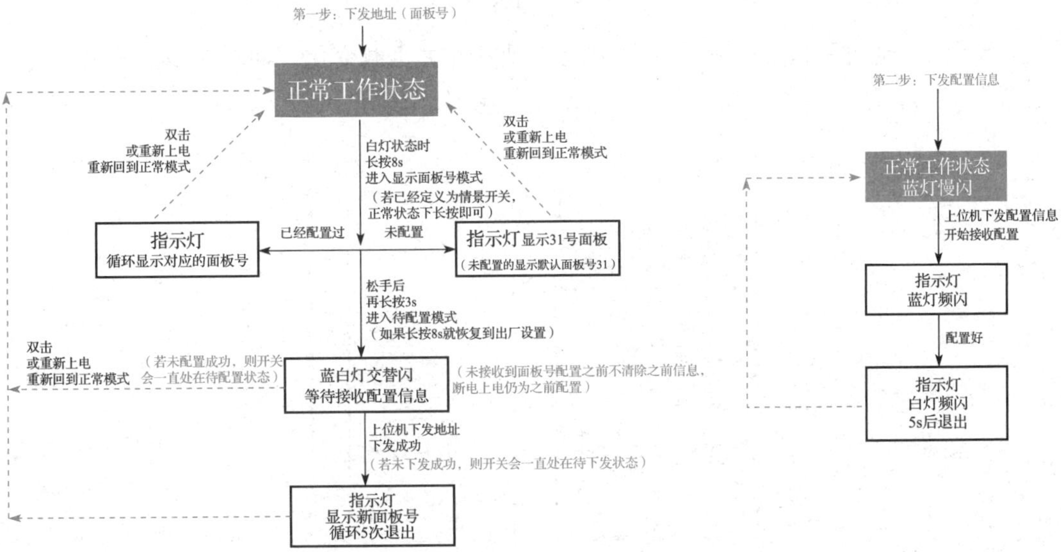

图 3－44　HK－37 配置流程图

步骤 4：App 添加设备。打开安住家庭 App，依次单击“设备”右上角“+”，搜索到的“灯光”设备，单击“开始添加”，编辑设备名称和所在房间，单击“保存”完成，如图 3－45 所示。

图 3－45　App 添加设备

（2）控制。

步骤 1：组网成功后，开关灯操作，观察开关呼吸灯状态变化，如图 3－46 所示，关闭时触摸按钮显示蓝色呼吸灯，打开时显示白色呼吸灯。

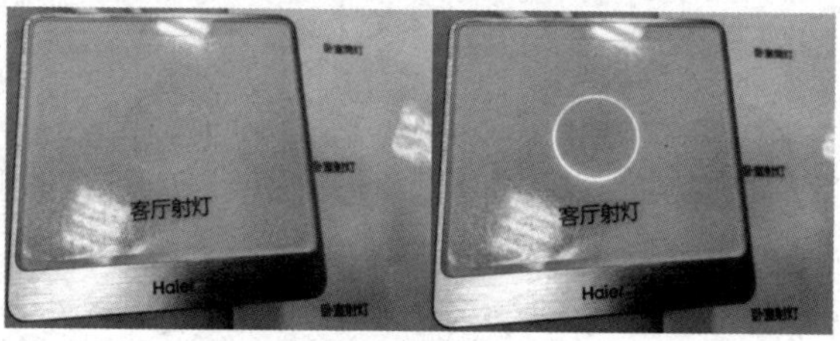

图 3－46　开关灯操作

步骤 2：通过手机 App 控制开关状态，观察开关负载变化，如图 3－47 所示。

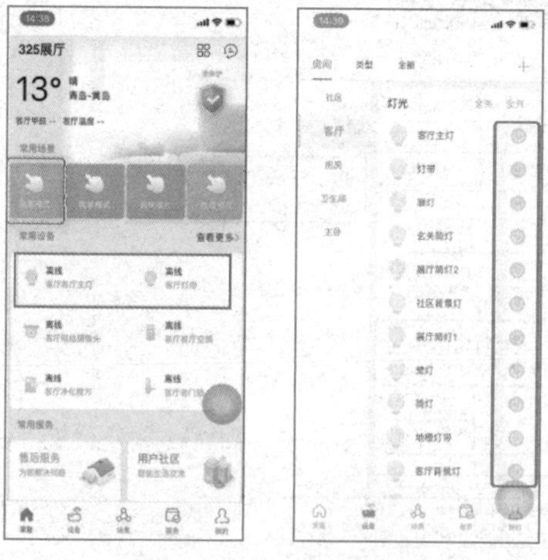

图 3－47　控制开关状态

（3）退网。

步骤 1：网关退出配置模式处于正常工作状态下，面板白灯状态下长按任何按键 8s 后松手，再长按 4s 松手，再长按 8s，恢复面板出厂设置。

步骤 2：在安住家庭 App 中，依次单击“设备”→“灯光”→“设置”→“解除绑定”即可删除设备，如图 3－48 所示。

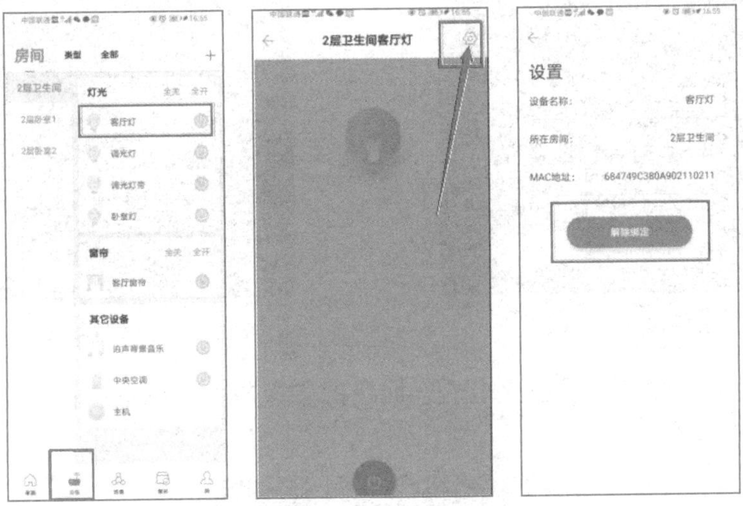

图 3－48　删除设备

步骤 3：重启网关和 App，重新登录才可彻底删除设备。

2. 海尔 HK－61P4 系列智能触控面板入网调试

（1）组网。

步骤 1：单击屏幕右上角的四方格图标，在出现的“灯光窗帘”栏向左滑，单击“设置”，如图 3－49 所示。

图 3－49　设置

同一户设备的单元号、门牌号必须一致，网络号和面板号根据上位机软件的定义进行设置。设置好后，单击“保存”，如图 3－50 所示。

步骤 2：正常工作状态下，上位机下发配置信息，面板接收配置信息，配置时间较慢，请耐心等待，如图 3－51 所示。配置完成后，面板需要重新上电。

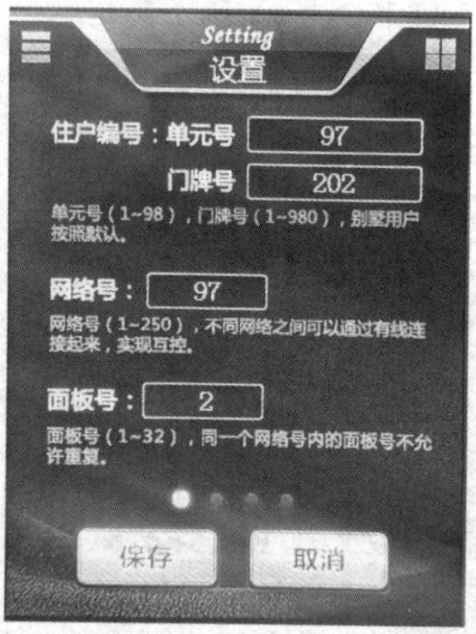

图 3－50　保存

图 3－51　配置界面

步骤 3：组网成功，重新上电后，面板的界面与上位机里按键的定义一致，如图 3－52 所示。

图 3－52　组网成功

步骤 4：安住家庭 App 添加，操作方式与本章智能开关组网步骤 5 一致。

（2）控制。

步骤 1：组网成功后，进行关灯开灯、插座关插座开操作，观察面板开关状态变化，如图 3－53 所示。

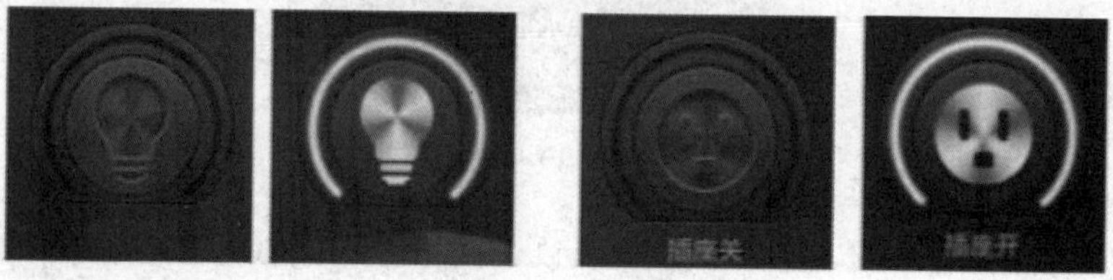

图 3－53　观察面板开关状态变化

步骤 2：通过手机安住家庭 App 控制开关状态，与本章智能开关控制步骤 2 一致。

案例 2

用户 B 的现场硬件安装完成后，经过确认已具备现场调试条件，项目经理下达调试任务，填写如表 3 - 19 所示工作任务单。

表 3 - 19　工作任务单

工作任务	完成用户 B 智能开关的调试	派工日期	年　月　日
工作人员		工作负责人	年　月　日
签收人		完工日期	
工作内容	根据设计及现场硬件安装情况，对用户 B 灯光控制进行规划和设计，编写上位机软件脚本，进行设备调试		
项目负责人评价	负责人签字： 年　月　日		

（一）自主学习

预习知识链接，回答以下问题。

（1）HK - 61Q6 设置面板序号需要先单击屏幕________上角的四方格图标，在出现的灯光窗帘栏向左滑，单击________。

（2）HK - 61Q6 退网时需先将终端屏幕调至________，然后长按屏幕________下角 3 ~ 5s，屏幕会变为频闪状态，闪烁之后会进入________；再长按屏幕________下角 3 ~ 5s，屏幕提示“擦除 NANDFLASH 配置开始……”，等待提示“擦除 NANDFLASH 配置结束”。

（二）课堂活动

1. 案例分析

图 3 - 14 所示为用户 B 灯光开关面板接线路图，根据该图为用户 B 制定灯光控制方案见表 3 - 20，实现基本灯光控制功能。

表 3 - 20　用户 B 灯光面板控制方案

场所	开关型号	数量	面板编号	连接灯光	控制灯光
玄关	HK - 61P4	1	1	入门灯、玄关灯带	入门灯、玄关全部灯光、客厅全部灯光
客厅	HK - 61Q6	1	2	客厅主灯、客厅灯带、玄关主灯	全部灯光
餐厅	HK - 61P4	1	3	餐厅主灯、餐厅灯带	全部灯光
厨房	HK - 37P2	1	4	厨房灯	厨房灯

续表

场所	开关型号	数量	面板编号	连接灯光	控制灯光
主卧	HK－61P4	1	5	主卧入门灯、卫生间1灯及排风扇	主卧全部灯、卫生间1全部灯、阳台1灯
主卧	HK－37P2	1	6	主卧主灯和灯带	卧室主灯、卧室灯带
主卧	HK－37P2	1	7	无	主卧窗帘
主卧	HK－37P1	1	8	阳台1灯	阳台1灯
卫生间1	无	0			
次卧1	HK－37P4	1	9	次卧1全部灯	次卧1全部灯、次卧1窗帘
次卧1	HK－37P2	1	10	次卧1全部灯	次卧1全部灯
次卧1	HK－37P2	1	11	无	次卧1窗帘
次卧2	HK－37P3	1	12	次卧2全部灯	次卧2全部灯、阳台2灯
次卧2	HK－37P2	1	13	无	次卧2全部灯
次卧2	HK－37P2	1	14	无	次卧2窗帘
次卧2	HK－37P1	1	15	阳台2灯	阳台2灯
卫生间2	HK－37P3	1	16	卫生间2灯及排风扇	卫生间2灯及排风扇

2. 调试步骤

步骤1：依据表3－20，在上位机软件设备树中加入设备分组和负载（操作参见案例1）。

步骤2：依据表3－20，在上位机软件网络树中加入组网网元并规划面板序号（操作参见案例1）。

步骤3：设计规划网络号、单元号、门牌号（操作参见案例1）。

步骤4：依据表3－20，按照设计添加各网元挂接负载（操作参见案例1）。

步骤5：依据表3－20，添加各智能开关按键控制（操作参见案例1）。

步骤6：生成配置文件到本地调试终端（操作参见案例1）。

步骤7：发送配置文件到网关（操作参见案例1）。

步骤8：进行设备配置，设置各组网网元设备标识（操作参见案例1）。

步骤9：从上位机软件进行数据发布（操作参见案例1）。

步骤10：进行现象验证测试，查验是否实现设计既定功能。

（三）知识链接

海尔HK－61系列开关调试

（1）组网。

步骤1：单击屏幕右上角的四方格图标，在出现的灯光窗帘栏向左滑，单击“设置”，如图 3－54 所示。

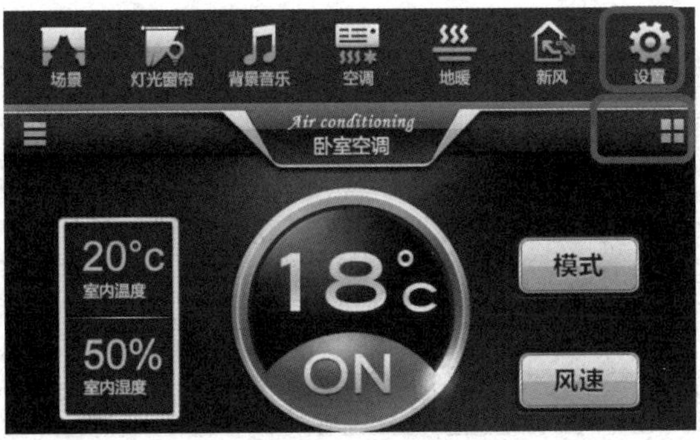

图 3－54　组网设置

同一户设备的单元号、门牌号必须一致，网络号和面板号根据上位机软件的定义进行设置。设置好后，单击“保存”，如图 3－55 所示。

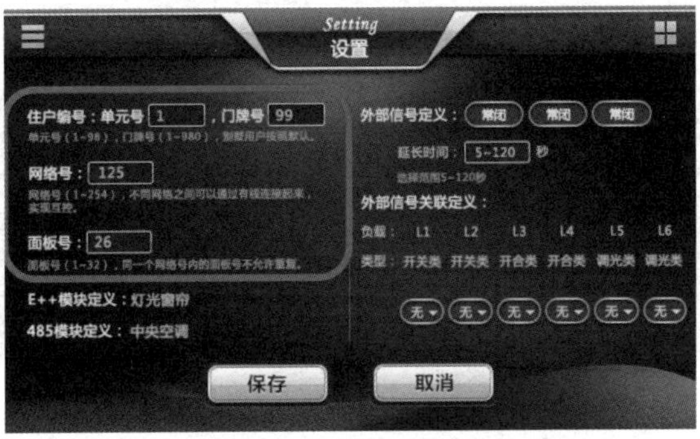

图 3－55　保存

步骤 2：正常工作状态下，上位机下发配置信息，面板接受配置信息，面板自动出现配置界面，配置时间较慢，请耐心等待，如图 3－56 所示。配置完成后，面板需要重新上电。

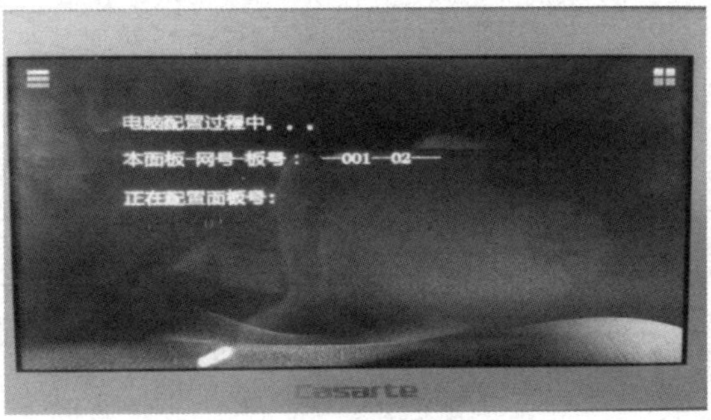

图 3－56　配置界面

步骤 3：组网成功，重新上电后，面板的界面与上位机里按键的定义一致，如图 3-57 所示。

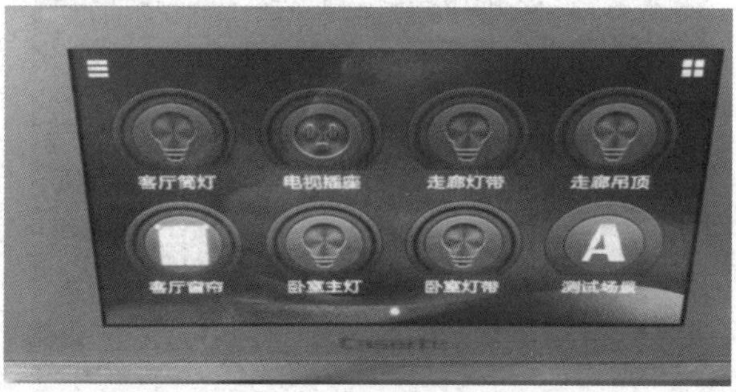

图 3－57　组网成功

步骤 4：安住家庭 App 添加，操作方式与本章智能开关组网步骤 5 一致。

（2）控制。

步骤 1：组网成功后，进行灯关灯开、插座关插座开操作，观察面板开关状态变化，如图 3－58 所示。

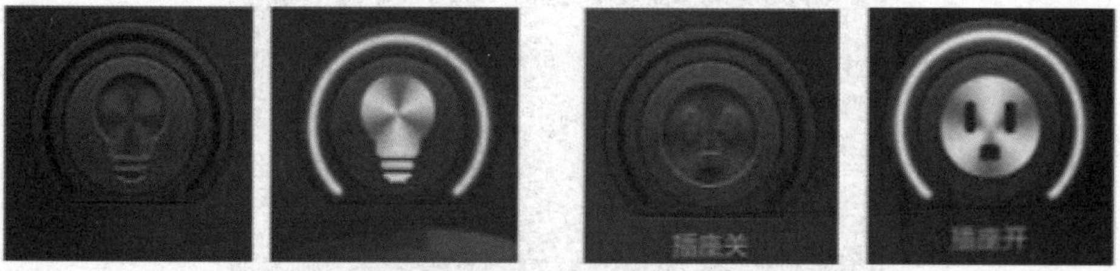

图 3－58　观察面板开关状态

步骤 2：通过手机安住家庭 App 控制开关状态，与本章智能开关控制步骤 2 一致。

（3）退网。

步骤 1：终端屏幕调至设置界面，设置界面中，长按屏幕左下角 3 ～ 5s，如图 3－59 所示，屏幕会变为频闪状态，闪烁之后会进入测试界面。

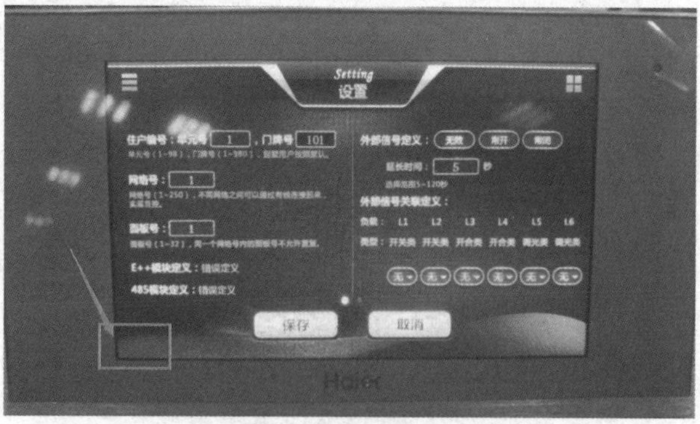

图 3－59　设置界面

测试界面中，长按屏幕右下角 3 ～ 5s，屏幕提示“擦除 NANDFLASH 配置开始……”，等待提示“擦除 NANDFLASH 配置结束”，如图 3－60 所示。

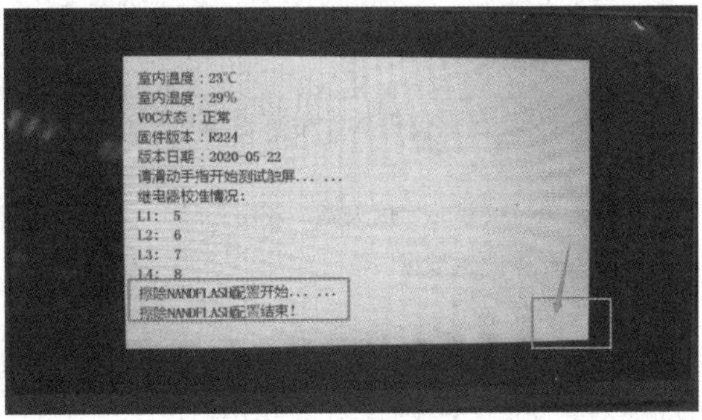

图 3－60　测试界面

步骤 2：在安住家庭中，依次单击“设备”→“灯光”→“设置”→“解除绑定”即可删除设备，如图 3－61 所示。

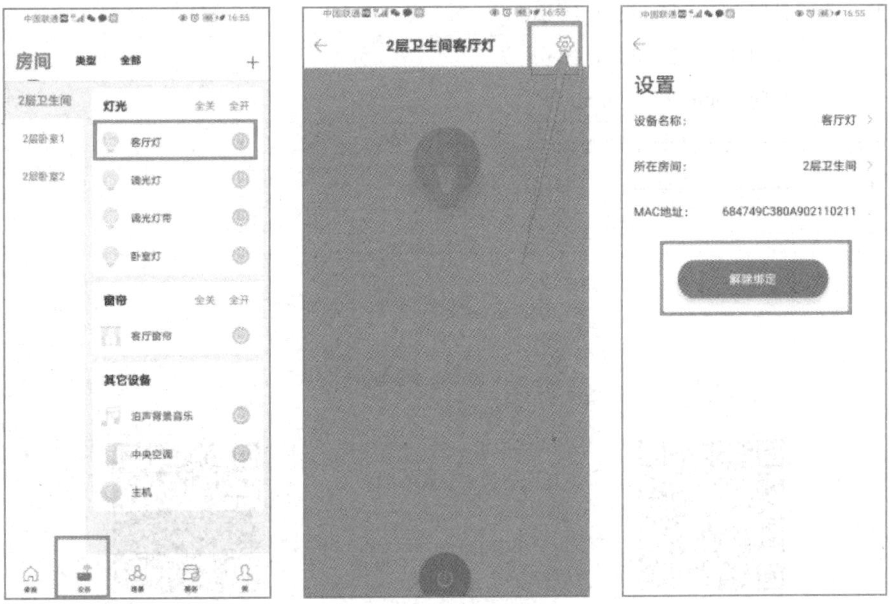

图 3－61　删除设置

步骤 3：重启网关和 App，重新登录才可彻底删除设备。

四、考核评价

依据任务二评分标准进行组内评价、教师评价及企业教师评价，见表 3－21。

表 3-21　设备安装评分标准

评价内容		分值	评分		
			组内评价	教师评价	企业教师评价
上位机软件（60 分）	能够按照设计、安装在上位机软件中正确添加设备和网元	20			
	能正确设置各开关与负载的挂接关系，逻辑正确	20			
	能够正确设置各开关面板按键	20			
调试（30 分）	能按步骤正确发布数据	10			
	能根据调试现象进行故障分析，并调试正确	10			
	能够按预先设定功能，完成调试任务，实现灯光控制	10			
用时（5 分）	能在规定时间内完成任务	5			
	超时 5min 以内扣 2 分				
	超时 5 ～ 10min 扣 5 分				
	超时 10 ～ 15min 扣 10 分				
	超时 15 ～ 20min 扣 20 分				
	超时 20min 以上扣 50 分				
安全文明生产（5 分）	遵守安全文明生产规程	3			
	任务完成后认真清理现场	2			
合计		100			

五、拓展学习

海尔 HK-20 系列开关调试

总线智能照明系统

六、课后练习

1. 画出 HK-37 配置流程图。

2. HK-61 系列智能面板最多可挂接几路负载？在灯光窗帘负载按键处最多能设置多少按键？

活页笔记

岗位再现

本环节要求各小组编写剧本，小组成员饰演其中角色，运用所学的知识和技能，再现实际智能家居工程实施中各环节主要角色的工作场景。

表 3－22　岗位情景任务表

场景	针对岗位	岗位场景再现要求
场景一	售前工程师	分别由一名同学饰演售前工程师小慧，一到两名同学饰演客户，模拟客户到店选型场景。 1. 客户角色需阐述自己户型情况及需求。 2. 售前工程师角色需把握客户的需求，根据客户诉求、产品功能和定位为客户介绍海尔 HK－20、HK－37、HK－61 系列智能开关的特点，并建议客户合理选择设备
场景二	硬件工程师、硬件安装人员	分别由一名同学饰演硬件工程师小智，一到两名同学饰演安装人员，模拟硬件安装过程场景。 1. 安装人员需按照开关面板安装注意事项进行安装。 2. 硬件工程师角色需向安装人员讲解海尔各型号面板电器性能指标、接线注意事项，尤其是与普通开关的不同点
场景三	调试工程师、售后工程师	分别由一名同学饰演调试工程师小智，一到两名同学饰演客户，模拟调试完成后向客户讲解系统使用方法和实现功能。 1. 调试工程师需向客户讲解不同开关按键具体控制设备的情况，讲解设置带来的便利性。 2. 客户需根据调试工程师讲解内容进行相应操作，针对讲解不足的方面提出进一步询问

综合评价

按照综合评价表 3－23，完成对学习过程的综合评价。

表 3－23　综合评价表

班级			学号		
姓名			综合评价等级		
指导教师			日期		
评价项目	评价内容	评价标准	评价方式		
			自我评价	小组评价	教师评价
职业素养（30分）	安全意识责任意识（10分）	A 作风严谨、自觉遵章守纪、出色完成工作任务（10分） B 能够遵守规章制度、较好地完成工作任务（8分） C 遵守规章制度、没完成工作任务或完成工作任务但忽视规章制度（6分） D 不遵守规章制度、没完成工作任务（0分）			
	学习态度（10分）	A 积极参与教学活动、全勤（10分） B 缺勤达本任务总学时的 10%（8分） C 缺勤达本任务总学时的 20%（6分） D 缺勤达本任务总学时的 30% 及以上（4分）			
	团队合作意识（10分）	A 与同学协作融洽、团队合作意识强（10分） B 与同学能沟通、协同工作能力较强（8分） C 与同学能沟通、协同工作能力一般（6分） D 与同学沟通困难、协同工作能力较差（4分）			
专业能力（70分）	任务主题一（20分）	A 能根据客户诉求、产品功能和定位为客户介绍设备特点，正确引导客户进行设备选型，按时、完整地完成产品配置清单（20分） B 能根据客户诉求、产品功能和定位为客户介绍设备特点，正确引导客户进行设备选型，按时完成产品配置清单（17分） C 能根据客户诉求、产品功能和定位为客户介绍设备特点，正确引导客户进行设备选型，不能按时完成产品配置清单（16分） D 不能根据客户诉求、产品功能和定位为客户介绍设备特点，不能正确引导客户进行设备选型（0分）			
	任务主题二（20分）	A 能够根据设计方案，向安装人员讲解海尔设备的性能指标，接线注意事项，对安装人员进行现场的技术指导工作（20分） B 能够根据设计方案，向安装人员讲解海尔设备的性能指标，接线注意事项，但不能对安装人员进行现场的技术指导工作（16分） C 能够根据设计方案，向安装人员讲解海尔设备的性能指标，不能对安装人员进行现场的技术指导工作（12分） D 能够根据设计方案，对安装人员进行现场的技术指导工作（10分）			

续表

评价项目	评价内容	评价标准	评价方式		
			自我评价	小组评价	教师评价
专业能力（70分）	任务主题三（30分）	A 能够按设计方案进行设备调试，对设备正确配网，一次性调试成功（30分） B 能够按设计方案进行设备调试，对设备正确配网，遇到故障，能根据典型故障分析表排除故障（28分） C 能够按设计方案进行设备调试，对设备正确配网，遇到故障，不能根据典型故障分析表排除故障，需要教师指点，排除故障（26分） D 能够按设计方案进行设备调试，配网步骤不够熟练，调试遇到故障，不能根据典型故障分析表排除故障，需要教师指点，排除故障（20分）			
创新能力		学习过程中提出具有创新性、可行性的建议	加分奖励：		

考证要点

一、选择题

1. 以下哪种设备不能通过 HK－61 系列触控面板直接控制？（　　）

A. 背景音乐的音源切换　　B. 热水器的温度调节

C. 中央空调的模式设置　　D. 卷帘门升降

2. HK－61 系列面板上都有一个环境参数监测功能，这项环境参数是（　　）。

A. 温度　　B. 湿度

C. PM2.5　　D. 空气质量（VOC）

3. HK－61 智能触控面板，每个子网最多支持（　　）个触控面板。

A. 16　　B. 16　　C. 32　　D. 32

4. HK－61 系列智能触控面板 Q6 最多可接________路负载，P4 最多可接________路负载。（　　）

A. 6，4　　B. 6，6　　C. 4，6　　D. 4，4

5. HK－61Q6CW 面板带有（　　）路调光负载。

A. 1　　B. 2　　C. 4　　D. 8

6. 以下 61 系列智能触控面板不能显示的界面是（　　）。

A. 中央空调　　B. 中央净水　　C. 中央地暖　　D. 中央新风

7. 以下关于 61 系列智能触控面板说法错误的是（　　）。

A. 跨网络通信需要通过 485 线

B. 每个网络最多允许 32 个设备

C. 控制第三方设备可以通过 485 方式对接

D. 不支持其他厂家的 WiFi 设备对接

8. 61Q6 面板包括 4 路 500W 开关负载和 2 路（　　）W 可调光负载。

A. 200　　B. 300　　C. 500　　D. 800

9. 61 面板的无线通信方式为（　　）。

A. 433 通信　　B. 485 通信　　C. WiFi 通信　　D. ZigBee 通信

10. 37 面板对处于开灯状态的按键进行长按 4s 的操作，此时白灯闪烁 3 次，代表（　　）。

A. 此面板的面板号为 3　　B. 此灯光延迟 30min 关闭

C. 此灯光延迟 3h 关闭　　D. 面板进入待组网状态

11. 37 面板对处于关灯状态的按键进行长按 6s 的操作，代表（　　）。

A. 灯光延迟 6min 开启　　B. 灯光延迟 5min 开启

C. 开关蓝色呼吸灯　　D. 重新定义负载类型

12. 37 面板对处于开灯状态的按键进行长按 2s 的操作，此时白灯闪烁 1 次，代表（　　）。

A. 此面板的面板号为 2　　B. 此灯光延迟 1min 关闭

C. 此灯光延迟 2min 关闭　　D. 此灯光延迟 10min 关闭

13. 37 面板共包括________色系共________个型号。（　　）

A. 6、24　　B. 4、16　　C. 6、6　　D. 6、18

二、判断题

1. 海尔智能开关底盒尺寸是标准的 86 型底盒。（　　）

2. 海尔智能开关可以和普通的机械开关混搭来实现家里灯具的开关控制。（　　）

3. 海尔 37 系列开关可以和魔方开关一起安装在同一个室内空间里实现对同一个灯具管理。（　　）

4. 海尔智能开关按键可以定义场景指令来实现场景控制。（　　）

5. 海尔智能开关只能控制灯光，无法进行场景和其他设备的控制。（　　）

>> 项目四

智能家居安防

任务一 设备选型

一、学习目标

知识目标

（1）能够明确智能家居各安防传感器、摄像机、智能门锁、燃气套装的使用方法及作用。

（2）明确智能家居安防系统各安防产品的技术参数及功能。

（3）能说明海尔智能家居系统各安防产品的工艺、特点和市场定位。

能力目标

（1）能根据客户诉求、预算以及各产品功能为客户介绍各安防产品。

（2）成功建议客户合理选择设备。

素养目标

（1）与客户沟通交流，明确客户需求、预算。

（2）树立安防意识，明确安防系统在智能家居中的重要地位及作用。

二、学习内容

学习内容见表 4－1。

表 4-1 学习内容

任务主题一	智能家居安防产品选型	建议学时	10 学时
任务内容	学习知识链接内容，根据市场定位，客户诉求、预算，进行智能家居安防产品选型，填写“海尔 U-home（智能家居）产品配置清单预算”中的“智能安防系统”部分，并完成选型方案		
本节岗位场景再现	分别由一名同学饰演售前工程师小慧，两名同学饰演客户，模拟客户到店选型场景。 1. 客户角色需阐述自己户型情况。 2. 售前工程师角色需了解客户的需求，根据客户诉求、产品功能和定位为客户介绍各安防产品的特点，并建议客户合理选择设备		

三、学习过程

案例 1

某家装公司业务部接到“A 小区 3 号楼一单元 502 房间（一室一厅一厨一卫，户型图见图 4-1）需安装智能家居”的装修任务，公司将其中的“智能家居安防系统

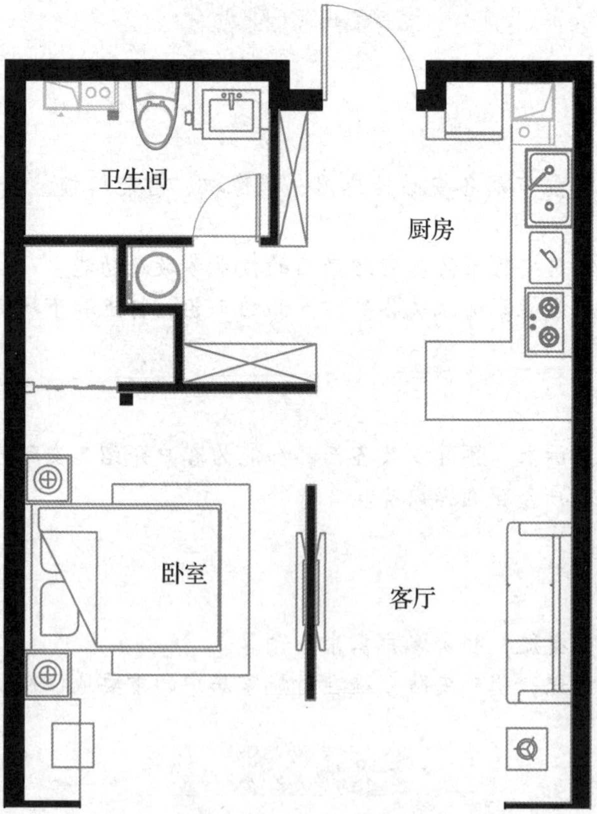

图 4-1 户型图

的安装与调试”任务交给物联网安装、调试人员来完成。本次任务具体要求：售前工程师小慧需根据客户需求（安装一套基本的智能家居安防报警系统，构建基础安防体系），正确引导客户对智能家居安防产品进行选型。根据以上情景，填写如表 4－2 所示工作任务单。

表 4－2　工作任务单

工作任务	智能家居安防系统安装与调试	派工日期	年　月　日
任务一	智能家居安防产品设备选型	完工日期	年　月　日
工作人员		工作负责人	
签收人		签收日期	年　月　日
工作内容	根据客户需求（安装一套基本的智能家居安防报警系统，构建全屋基础安防体系），正确引导客户对智能家居安防产品进行选型		
项目负责人评价	负责人签字： 年　月　日		

（一）自主学习

1. 视频观看

扫码观看智能家居视频，体会如何构建立体安防体系，保障家庭的生命和财产安全。

智能家居

2. 自主预习

预习知识链接，填写表 4－3。

表 4－3　设备功能及特点

产品名称	产品功能	产品特点
声光报警器		
紧急按钮		
水浸传感器		
门磁传感器		
红外传感器		
烟雾感应探测报警器		
可燃气体探测报警器		
摄像机		

（二）课堂活动

1. 案例分析

考虑到市场定位、用户对安防的基本需求与预算等，以智能中继为核心，部署安防产品，实现小户型全屋基础安防守护，如图 4－2 所示。

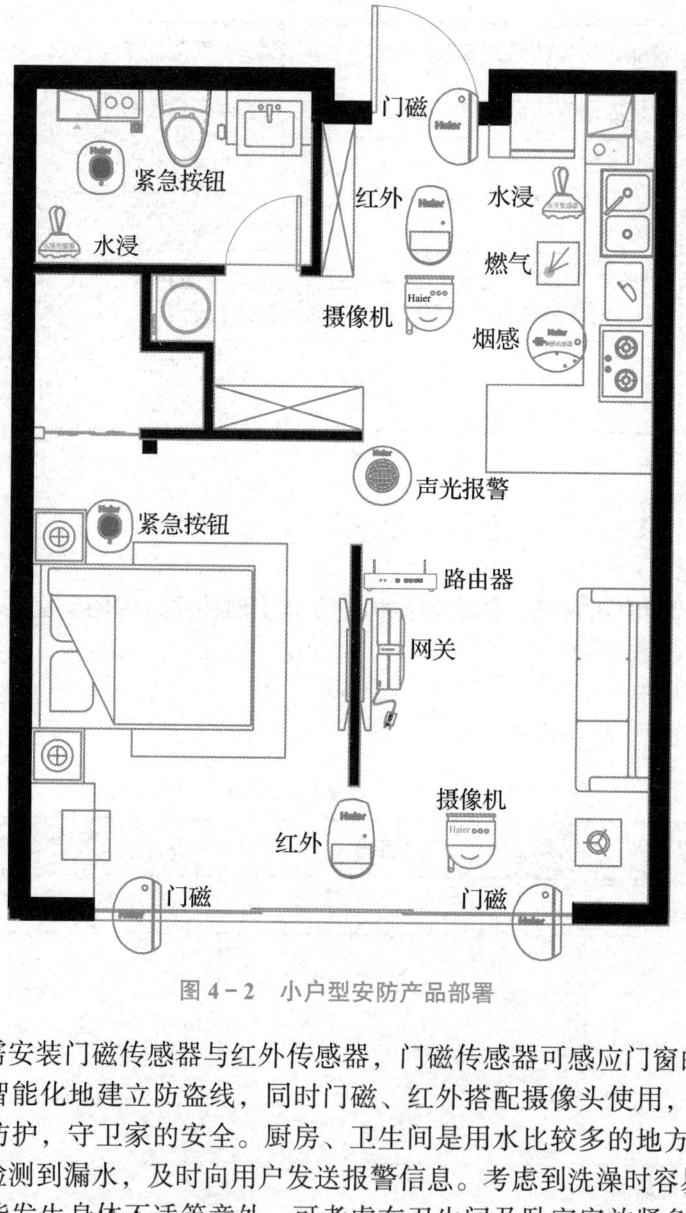

图 4－2　小户型安防产品部署

门、窗处需安装门磁传感器与红外传感器，门磁传感器可感应门窗的开启与关闭，红外传感器可智能化地建立防盗线，同时门磁、红外搭配摄像头使用，在家庭布防模式下实现入侵防护，守卫家的安全。厨房、卫生间是用水比较多的地方，需安装水浸传感器，一旦检测到漏水，及时向用户发送报警信息。考虑到洗澡时容易滑倒、跌伤，以及睡觉时可能发生身体不适等意外，可考虑在卫生间及卧室安放紧急按钮，实现紧急情况下的一键报警。厨房是家庭安防的重中之重，除安装水浸传感器外，还应考虑安装烟雾感应探测报警器及可燃气体探测报警器，实现烟雾及可燃气体的精准、及时上报，确保家居无忧。此外，各传感器均可与声光报警器联动，发出警告，所以在家居的中央位置安装声光报警器。

2. 设备选型

小组成员分别演客户、销售角色，从市场定位、用户需求与预算等方面进行考虑，构建基础安防体系，实现全屋安防。现对各安防传感器、摄像机的型号进行选择，并填写表 4－4。

表 4－4　海尔 U－home（智能家居）产品配置清单

序号	产品名称	品牌	规格型号	单位	数量	功能简介
一、家庭网关（网络控制中心）－需接入外网（根据户型大小配置网络环境）						
1	家庭智能中继	U－home	HW－WZ6JC	台	1	
2	路由器	未指定		台	1	
二、智能家居安防系统						
1	声光报警器					
2	紧急按钮					
3	水浸传感器					
4	门磁传感器					
5	红外传感器					
6	烟雾感应探测报警器					
7	可燃气体探测报警器					
8	摄像机					
三、价格汇总						
1	设备合计					
2	安装调试费		设备 *15%			
3	工程造价					
备注：本清单为设备预算清单，数量根据实际情况来定						

（三）知识链接

随着生活节奏的不断加快和经济水平的不断提高，人们对安全感的需求正在逐渐增加，家居安防意识也在不断提高。家居安防体系的构建主要依赖于各安防传感器，安防传感器的发展与使用决定着智能家居安防的成效。

1. 声光报警器

声光报警器又叫声光警号，是为了满足用户对报警响度和安装位置的特殊要求而设置的，其在工业、民用、军用等领域都有广泛的应用。

（1）认识 HS－21ZA 声光报警器。

HS－21ZA 声光报警器主要包括 SET 按键、USB 插口、喇叭、红色警示灯（环形区域显示）、蓝色 LED 灯，如图 4－3 所示。

（2）HS－21ZA 声光报警器技术参数。

HS－21ZA 声光报警器声音洪亮、防水防尘、做工精细。其闪光灯采用脉冲疝气灯管做成，可通过 LED 实现连续多次闪烁功能。HS－21ZA 具有语音内容选择和音量大小调节功能。其外观采用圆筒设计，声音圆润，传播距离远。HS－21ZA 主要技术参数如下：

- 无线类型：ZigBee
- 发射频率：2.4GHz。
- 通信距离：80m（空旷）。
- 供电方式：5V 电源适配器。
- 待机时间：24h 以上。
- 内置电池：3.7V 锂电池。

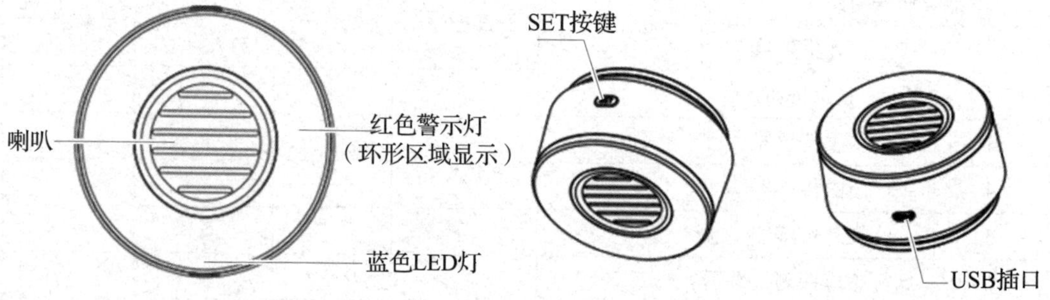

图 4－3　HS－21ZA 声光报警器

2. 紧急按钮

紧急按钮具有紧急报警触发功能，在关键时候可起到紧急呼救的作用。在遇到紧急情况时，用户触发紧急按钮，在第一时间发送报警信号到移动智能终端。

（1）认识 HS－21ZJ 紧急按钮。

HS－21ZJ 紧急按钮主要由按钮、LED 灯、电池盖等组成，如图 4－4 所示。它可用于各种自定义情景，并能够随意放置、随身携带。

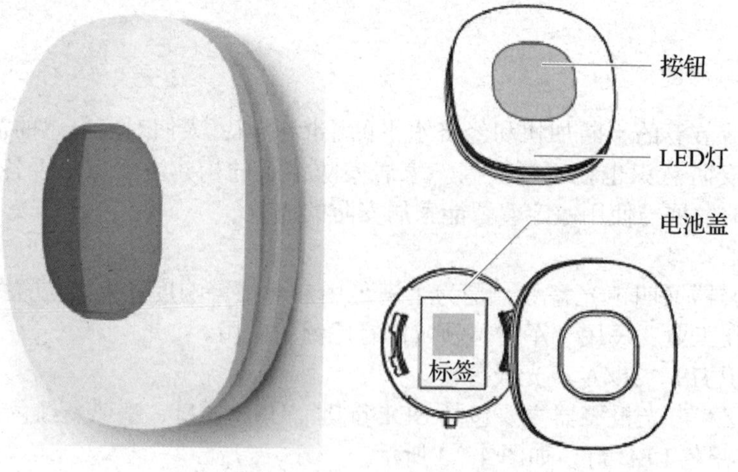

图 4－4　HS－21ZJ 紧急按钮

（2）HS－21ZJ 紧急按钮主要技术参数。

- 无线类型：ZigBee。
- 发射频率：2.4GHz。
- 通信距离：80m（空旷）。
- 工作电压：3V。
- 待机时间：1 年以上。

3. 水浸传感器

水浸传感器是检测被测范围是否发生漏水的传感器。厨房、卫生间等处一旦发生漏水、浸水等现象，水浸传感器立即发出警报，防止漏水事故造成相关损失和危害。

（1）认识 HS－22ZW 水浸传感器。

HS－22ZW 水浸传感器主要由指示灯 / 按键、探测杆及电池等组成，如图 4－5 所示。

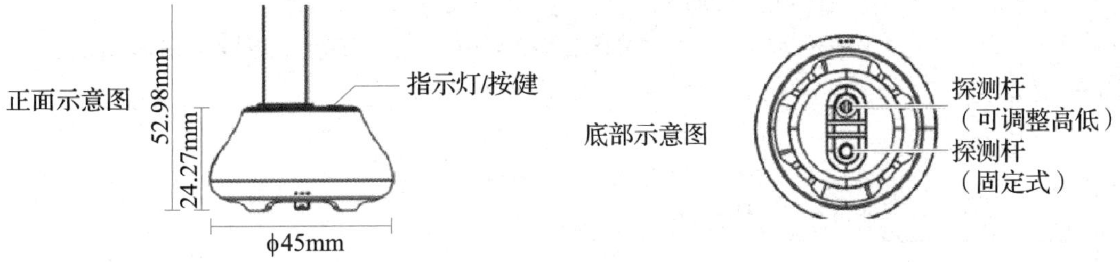

图 4－5　HS－22ZW 水浸传感器

（2）HS－22ZW 水浸传感器主要技术参数。

- 无线类型：ZigBee。
- 发射频率：2.4GHz。
- 通信距离：80m（空旷）。
- 工作电压：3V。
- 待机时间：1 年以上。

4. 门磁传感器

门磁传感器是一种安全报警装置，包括门磁、窗磁，用来探测门、窗、抽屉等是否被非法打开或移动。

（1）认识 HS－22ZD 门磁传感器。

HS－22ZD 门磁传感器由主机和磁体两个部分组成，包括防拆开关、LED 指示灯、入网按键等，如图 4－6 所示。

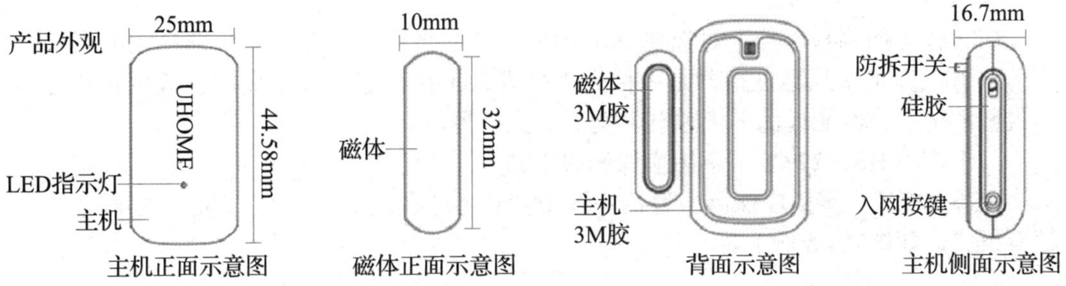

图 4－6　HS－22ZD 门磁传感器

（2）HS－22ZD 门磁传感器主要技术参数。

- 无线类型：ZigBee。
- 发射频率：2.4GHz。
- 通信距离：80m（空旷）。
- 工作电压：3V。
- 有效磁控距离：14mm（木质门）。
- 待机时间：1 年以上。

5. 红外传感器

红外传感器（红外探测器）可实时监测可控区域的人员动态，主要用于防范来自门、窗等的入侵行为，并可以和手机、报警实现联动，实现入侵报警、人走自动开灯、联动拍照等功能。

（1）认识 HS－22ZH 红外传感器。

HS－22ZH 红外传感器由指示灯 / 测试键、透镜、底座支架、防拆旋钮等组成，如图 4－7 所示。

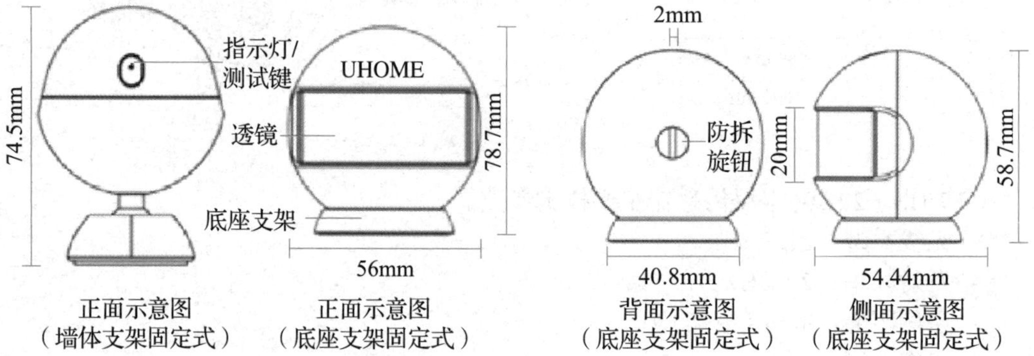

图 4－7　HS－22ZH 红外传感器

（2）HS－22ZH 红外传感器主要技术参数。

- 无线类型：ZigBee。
- 发射频率：2.4GHz。
- 通信距离：80m（空旷）。
- 工作电压：3V。
- 待机时间：1.5 年以上。

6. 烟雾感应探测报警器

烟雾感应探测报警器通过监测烟雾的浓度来实现火灾防范，其内部采用离子式烟雾传感器。离子式烟雾传感器是一种先进技术，工作稳定可靠，被广泛运用到各种消防报警系统中，性能远优于气敏电阻类的火灾报警器。

（1）认识 HS－22ZY 烟雾感应探测报警器。

HS－22ZY 烟雾感应探测报警器主要由消音 / 自检 / 指示灯、进烟孔、螺丝孔、电池等组成，如图 4－8 所示。

图 4-8　HS-22ZY 烟雾感应探测报警器

（2）HS-22ZY 烟雾感应探测报警器主要技术参数。

- 无线类型：ZigBee。
- 发射频率：2.4GHz。
- 通信距离：80m（空旷）。
- 工作电压：3V。
- 报警声音：80dB（正前方 3m）。
- 探测范围：$50m^2$。

7. 可燃气体探测报警器

监测可燃性气体泄漏的报警器在家庭生活中开始普及，用来监测瓦斯、液化石油气、一氧化碳等有无泄漏，以预防气体泄漏引起的爆炸以及不完全燃烧引起的中毒。

（1）认识 HS-22ZR 可燃气体探测报警器。

HS-22ZR 可燃气体探测报警器主要由蜂鸣器、气体对流窗、指示灯、消音 / 自检按键、电源适配器接口等组成，如图 4-9 所示。

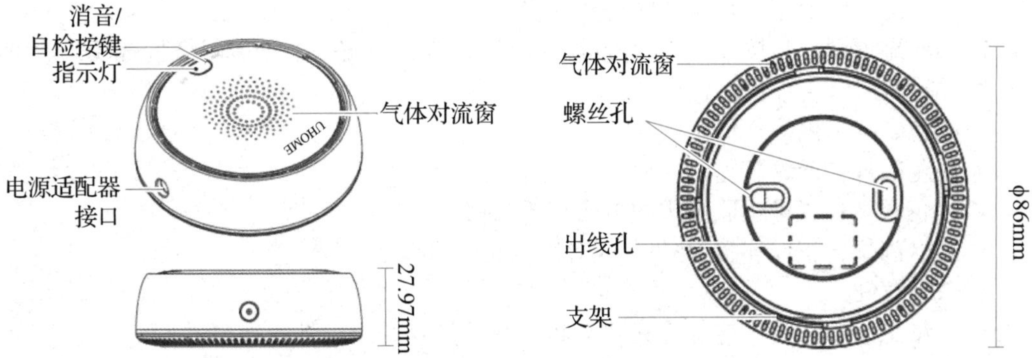

图 4-9　HS-22ZR 可燃气体探测报警器

（2）HS-22ZR 可燃气体探测报警器主要技术参数。

- 无线类型：ZigBee。
- 发射频率：2.4GHz。
- 通信距离：80m（空旷）。
- 工作电压：外接 AC 220V 适配器。
- 报警浓度：8%LEL（天然气）、12%LEL（液化石油气）。

8. 摄像机

随着图像识别技术、网络通信技术和传感器技术的发展，视频监控成为智能家居领域的新宠，是一种安全系数较高、防范能力较强的综合系统。通过云端与物联网技术可实现远程监控家里的实时动态，同时可以与安防控制主机进行联动，当检测到异常情况时启动声光报警，并将消息推送给手机用户。

（1）认识 HCC－22B20－W 摄像机。

HCC－22B20－W 摄像机主要由镜头、光敏感应区、麦克风、指示灯、喇叭、SET 重置键及电源适配器插孔等组成，如图 4－10 所示。它是基于 Uhome 智能家居平台规划的智能家居设备组网 / 控制的重要组成部分。

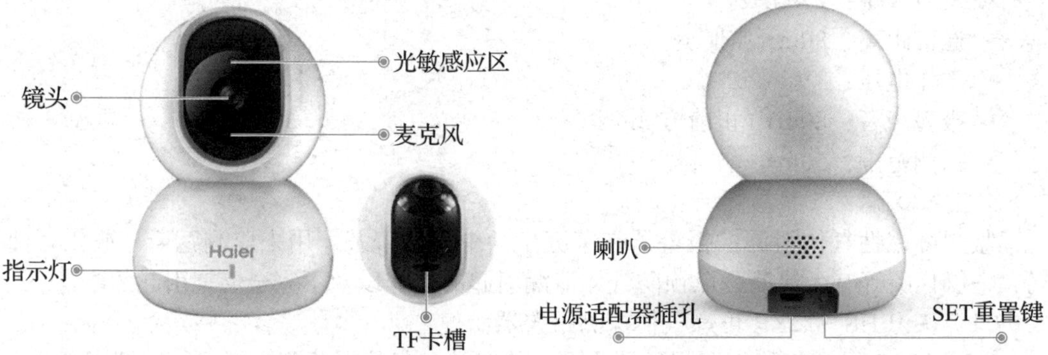

图 4－10　HCC－22B20－W 摄像机

（2）按键、指示灯及其他器件功能说明。

1）Set 重置键：长按 3 ～ 5s 进行恢复出厂设置，短按一下进入网络配置模式。

2）指示灯：

- 绿色常亮：网络良好。
- 绿色闪烁：网络较差。
- 红色常亮：摄像机联网失败或者出现故障。
- 红灯闪烁：正在连接 WiFi，或者固件正在升级。

3）其他器件：

- 光敏感应：主要感应外界光线亮暗，联动是否开启红外夜视模式。
- 麦克风：摄像机声音采集器件。

案例 2

某家装公司业务部接到“A 小区 3 号楼一单元 501 房间（三室两厅一厨两卫，户型图见图 4－11）需安装智能家居”的装修任务，公司将其中的“智能家居安防系统的安装与调试”任务交给物联网安装、调试人员来完成。本次任务具体要求：售前工程师小慧需根据客户需求（对全屋安防进行高档装修设计，实现全天候立体式的安防守护，切实保障家庭的生命和财产安全），正确引导客户对智能家居安防产品进行选型。根据以上情景，填写如表 4－5 所示工作任务单。

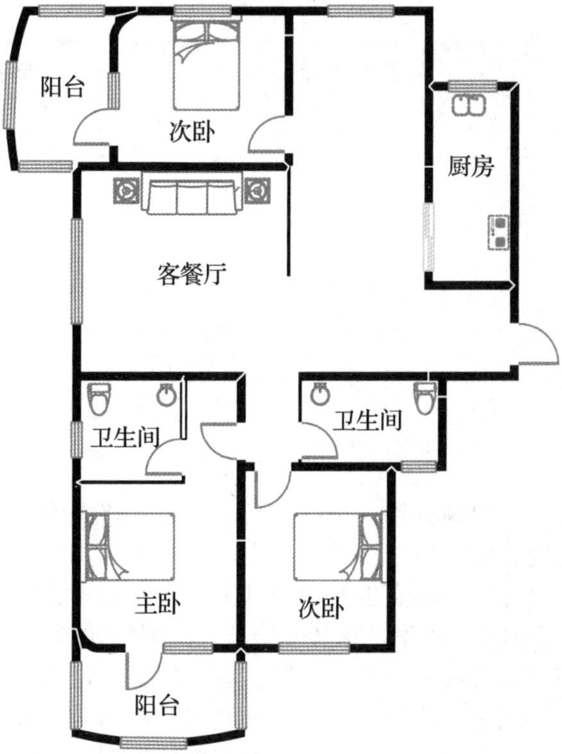

图 4-11　户型图

表 4-5　工作任务单

工作任务	智能家居安防系统安装与调试	派工日期	年　月　日
任务一	智能家居安防产品设备选型	完工日期	年　月　日
工作人员		工作负责人	
签收人		签收日期	年　月　日
工作内容	根据客户需求（对全屋安防进行高档装修设计，实现全天候立体式的安防守护，切实保障家庭的生命和财产安全），正确引导客户对智能家居安防产品进行选型		
项目负责人评价	负责人签字： 年　月　日		

（一）自主学习

1. 视频观看

扫码观看智能门锁相关视频，体会智能门锁为家居生活带来的安全、便捷之处，为本节课程学习奠定基础。

智能门锁

2. 自主预习

预习知识链接，填写表 4-6。

表 4-6 设备功能及特点

产品名称	产品功能	产品特点
智能门锁		
门锁模块		
燃气三件套		
中央控制模块		

（二）课堂活动

1. 案例分析

考虑到市场定位、用户预算等，全屋安防以网关、路由器为核心，为用户提供完整可定制的智能化解决方案。对于中等以上大户型或高端用户，需提前准备装修设计图纸及方案，根据用户安防产品点位及屋内其他设备综合考虑安防产品的选择，必要时需与装修设计方进行沟通。本案例中各安防产品部署图如图 4-12 所示。

门口、窗户处均安装门磁及红外传感器，同时配备摄像头。主人打开门锁，进入家中，全屋自动撤防，当主人离开家时，一键开启全屋布防。布防模式下，门磁传感器实时监测门窗的开闭，联合门口、窗户处的红外传感器，当感应到非法入侵时，第一时间向用户手机推送报警信息，同时联动摄像头，自动抓拍，还可联动声光报警器发出声光报警，时刻守卫家的安全。

厨房、卫生间处安装有水浸传感器，日常生活中，可实现毫米级的漏水监测。当家中发生漏水时实时向用户手机推送报警信息，同时联动声光报警器进行报警，水浸传感器还可联动关阀机械手，实现水阀的自动关闭。

在老人房及卫生间安装有紧急按钮，也可让老人随身携带紧急按钮，当发生不慎跌倒或身体不适等情况时，可随时按下紧急按钮，此时向用户手机推送紧急信息，并联动声光报警器实现声光报警。

可将红外传感器安装于卧室内，实时监测主人夜晚入睡动态。当红外传感器感应到主人起床时，联动门口处灯光打开，方便主人起夜。

厨房是家居安防的重中之重，安装烟雾感应探测报警器实现火情的精报。结合用户需求，在厨房安装燃气套装，包括通信控制器、关阀机械手、燃气报警器及中央控制模块，实现报警信息在手机端的及时推送、煤气阀的关阀控制以及声光报警联动等。

2. 设备选型

各小组成员分演客户、销售角色，从市场定位、用户需求与预算等方面进行考虑，对全屋安防进行高档装修设计，实现全天候立体式的安防守护，切实保障家庭的生命和财产安全。现需对各安防传感器、智能门锁、燃气套装设备的型号进行选择，并填写表 4-7。

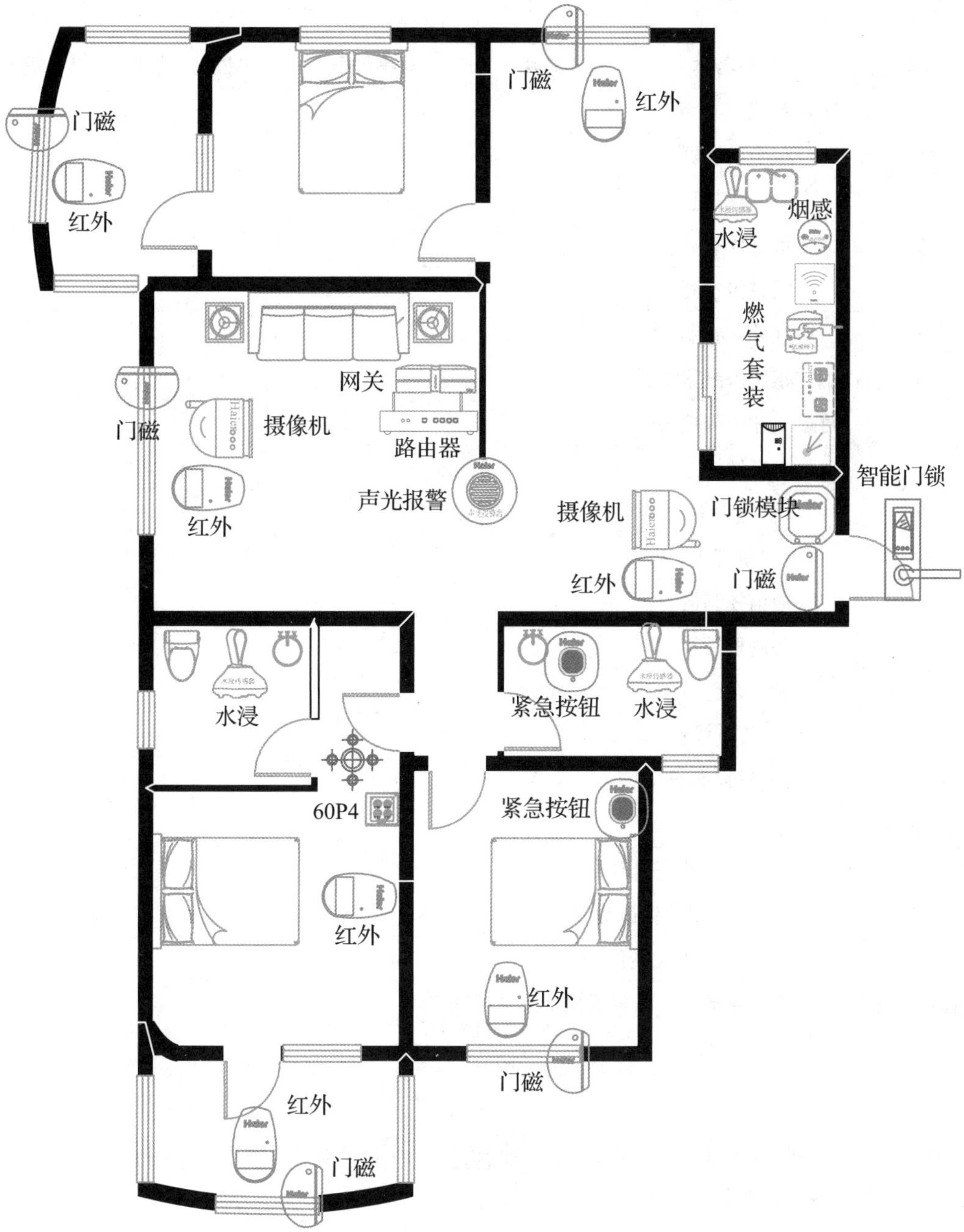

图 4-12　大户型安防产品部署

表 4-7　海尔 U-home（智能家居）产品配置清单

序号	产品名称	品牌	规格型号	单位	数量	功能简介
一、家庭网关（网络控制中心）- 需接入外网（根据户型大小配置网络环境）						
1	家庭智能中继	U-home	HW-WZ6JC	台	1	
2	路由器	未指定	未指定	台	1	

续表

序号	产品名称	品牌	规格型号	单位	数量	功能简介
二、智能家居安防系统						
1	声光报警器					
2	紧急按钮					
3	水浸传感器					
4	门磁传感器					
5	红外传感器					
6	烟雾感应探测报警器					
7	可燃气体探测报警器					
8	摄像机					
9	智能门锁					
10	门锁模块					
11	通信控制器					
12	关阀机械手					
13	燃气报警器					
14	中央控制模块					
15	智能触控面板					
三、价格汇总						
1	设备合计					
2	安装调试费	设备 *15%				
3	工程造价					
备注：本清单为设备预算清单，数量根据实际情况来定						

（三）知识链接

海尔全屋安防包括从用户的入户门到客厅窗户的监控保护，再到厨房用气用水的安全，以及卧室的隐私安全等。

1. 智能门锁

门锁是家居安全的第一道防线。相对于传统门锁来说，智能门锁在安全性上有了重大的提升，而且开锁方式多种多样。智能门锁还可联动家中智能产品，实现智能化场景的控制。

（1）认识 HL－33PF3 智能门锁。

HL－33PF3 智能门锁如图 4－13 所示，主要由指示灯、指纹识别窗、显示屏、数字键盘、把手、机械钥匙孔、USB 应急电源孔、复位键、保险钮等组成。

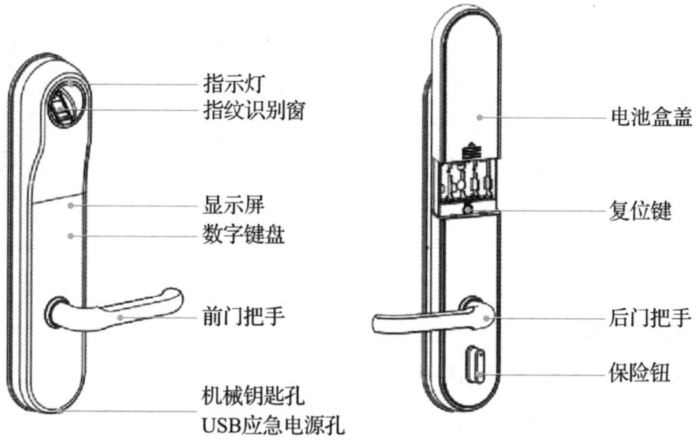

图 4－13　HL－33PF3 智能门锁

（2）HL－33PF3 智能门锁基本功能。

- 开门功能：支持指纹、密码、钥匙和卡片 4 种开门方式。
- 反锁功能：门外上提把手可实现上锁；门内反锁旋钮可实现门内锁死功能，此时在门外无法开门。
- 常开功能：在常开状态下可直接下压把手开门。
- 机械钥匙开锁报警：使用机械钥匙开门将发出持续报警声，5s 后报警声自动解除。
- 防撬报警：当前锁壳体被撬动时，系统将发出持续报警声，3min 后自动解除，正常开门一次也可解除报警。
- 低压提醒：电池电量不足时，显示屏电池符号闪烁，并有语音提示。
- 系统锁死报警：在正常开门验证时，若连续验证无效指纹 6 次以上，错误密码 3 次以上，或错误卡片 3 次，系统将发出报警声 7s 并锁定，等待 3min 或短按复位键恢复可操作状态。

（3）HL－33PF3 智能门锁主要技术参数。

- 输入电源：4 节 1.5V“AA”碱性电池。
- 报警电压：≤ 4.8V ± 0.2V。
- 指纹数量：100 枚。
- 密码位数：6 ～ 10 位数字。
- 密码数量：20 组。
- 卡片数量：最多可配置 100 张（标配 2 张）。

2. 门锁模块

海尔智能门锁模块是智能门锁系统的控制模块，是海尔智能门锁入网的必须设备。

（1）智能门锁系统架构。

智能门锁系统的组网架构图如图 4－14 所示，智能控制模块通过 ZigBee 连接的方式与 HL－33PF3 智能门锁通信，同时通过 WiFi 连接的方式实现与路由器的通信，路由器通过网线连接至网关设备，由此实现门锁系统与整个智能家居系统的互联互通。

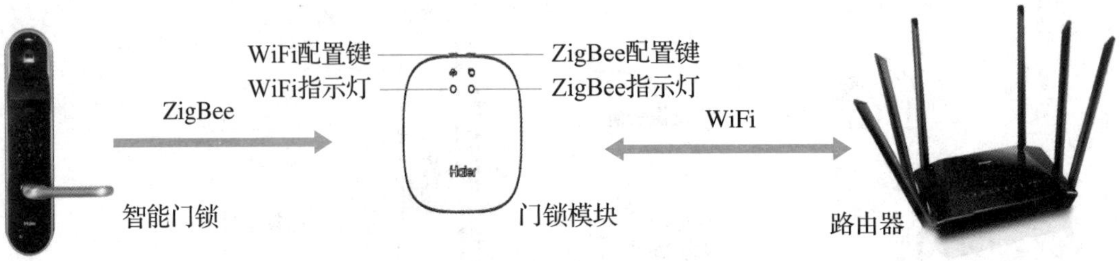

图 4-14　智能门锁系统组网架构图

（2）认识 HR-06WW 智能门锁模块。

HR-06WW 智能门锁模块由 ZigBee 配置键、ZigBee 指示灯及 WiFi 配置键、WiFi 指示灯组成，如图 4-15 所示，且通过 USB 电源接口供电。

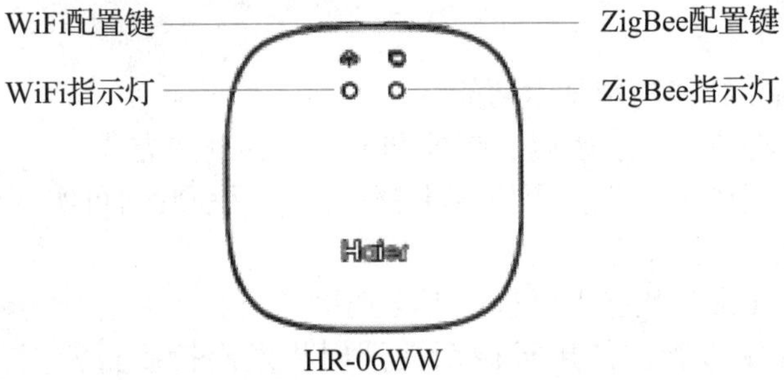

图 4-15　HR-06WW 智能门锁模块

（3）HR-06WW 智能门锁模块主要技术参数。

- 电源适配器：DC 5V/1A。
- 网络通信：WiFi（2.4GHz）、ZigBee。

3. 燃气套装

厨卫传感器探测到漏水、燃气泄漏等危险情况，通过 U-home 通信器，将报警信号传送至智能家居网络中心，从而实现报警通知及联动控制，对家居财产进行保护。燃气套装由可燃气探测器、关阀机械手、通信控制器、中央控制模块组成。

（1）燃气三件套。

海尔燃气三件套主要由燃气探测器、关阀机械手、通信控制器组成，如图 4-16 所示。

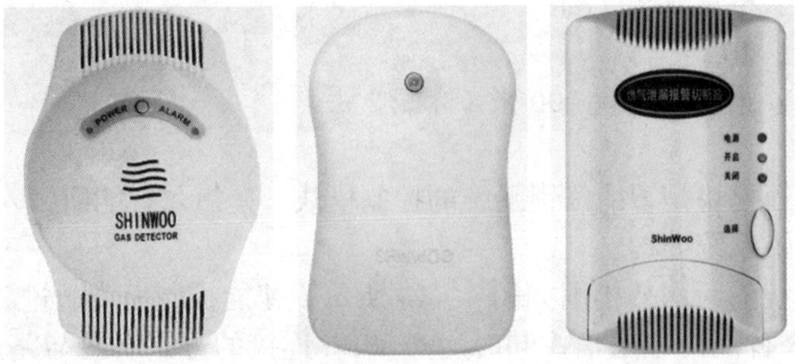

（a）燃气探测器　（b）关阀机械手　（c）通信控制器

图 4-16　燃气三件套产品图

海尔燃气三件套的主要技术参数见表 4－8。

表 4－8　燃气三件套技术参数

产品名称	型号	主要参数描述
燃气探测器	GAS－EYE－102A	DC 12 ～ 24V 供电 适应气体：LNG、LPG、城市燃气 报警显示：绿灯（电源）、红灯（报警） 复位方式：自动复位
关阀机械手	JA－A	关阀方式：电机驱动（探头报警驱动） 动作电压：DC 10 ～ 18V 关阀时间：小于 10s
通信控制器	GSV－102T	电源输入：AC 220V 可手动打开、关闭机械手柄，有机械手开关状态显示，配合燃气探测器、烟雾探测器、水浸探测器和燃气管道关阀机械手、消防管道、自来水管道关阀机械手使用 通信方式：485 通信

（2）HR－03KJ 中央控制模块。

HR－03KJ 中央控制模块适用于使用海尔智能终端与海尔家庭网络中心同时监控一种类型第三方设备，其产品如图 4－17 所示。

图 4－17　HR－03KJ 中央控制模块

1）中央控制模块主要技术参数。

电压：DC 11 ～ 13V，工作电流 <0.5A。

RS485 级联要求：支持 16 个。

通信方式：无线 ZigBee、RS485。

通信距离：RS485——500m；ZigBee——空旷距离 50m。

2）中央控制模块接口说明。

HR－03KJ 中央控制模块接口说明如图 4－18 所示，图中的①②③④⑤⑥六个孔均为接线孔，直径都为 4.6mm，其中：①②为 RS485 线输出孔（①为 OUT－A、②为 OUT－B），③④为 RS485 线输入孔（③为 IN－A、④为 IN－B），⑤为地线接线孔，⑥为 12V 电源线接线孔，⑦⑧为智能门锁接线孔（⑦为 GND、⑧为 LOCKIN）。

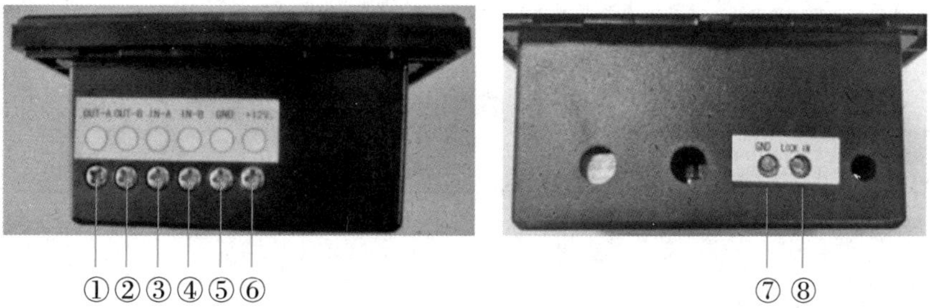

图 4－18　HR－03KJ 中央控制模块接口说明

（3）燃气套装工作原理。

中央控制模块作为网关和燃气三件套的中间设备，通过 ZigBee 方式与网关相联，通过 485 协议与燃气三件套中的通信控制器相联，同时，通信控制器连接控制燃气探测器及关阀机械手。当燃气探测器检测到燃气漏气时，将报警信号传送到通信控制器，通信控制器驱动关阀机械手关闭阀门，同时通过中央控制模块将灾情传送到网关，以此联动网关内其他设备做出相应的操作，如：发送报警信号到手机、开窗等。燃气套装工作原理如图 4－19 所示。

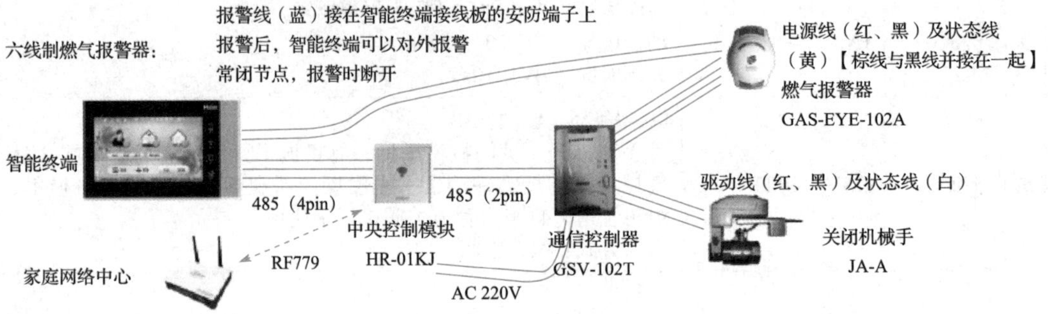

图 4－19　燃气套装工作原理

四、考核评价

根据任务一考核评价表进行自我评价、小组评价及教师评价，见表 4－9。

表 4－9　任务一考核评价表

评价内容	分值	自我评价	小组评价	教师评价
客户角色是否阐述清自己户型情况、需求、预算，酌情扣分	10			
售前工程师角色是否了解客户的需求，酌情扣分	10			
售前工程师角色能否根据客户诉求、产品功能和定位为客户介绍各智能家居安防产品的特点，并建议客户合理选择设备，酌情扣分	30			
方案设计是否合理，酌情扣分	30			
方案设计是否全面、完善，酌情扣分	10			
剧本编写是否顺畅，能否顺利饰演各个角色，酌情扣分	10			
合计				

五、拓展学习

家庭安防系统（一）

六、课后练习

1. 小组内互相监督，分别阐述各传感器的工作原理。

2. 思考并回答：传感器使用时的注意事项有哪些？

3. 查阅资料并回答：摄像机有哪些分类？分别应用于什么场景？

4. 什么叫智能门锁的拒真率？什么叫误识率？

5. 小组讨论分析：使用海尔智能锁安全性如何？

6. 思考并回答：当漏水时，可设计实现机械手的自动关阀吗？如果能实现，结合燃气套装的工作原理阐述如何实现。

活页笔记

任务二 设备安装

一、学习目标

知识目标

（1）明确智能家居各安防传感器、摄像机、智能门锁、燃气套装的安装注意事项。
（2）能够进行智能门锁的正确安装。
（3）能够进行燃气套装的正确接线。

能力目标

（1）硬件工程师能对硬件安装人员进行技术指导，协助施工人员完成设备安装任务。

（2）施工人员能按图纸、工艺要求及安全操作规程要求进行安防产品的施工安装。

素养目标

（1）施工业完成后能按6S要求清点、整理工具，收集剩余材料，清理工程垃圾。
（2）以小组合作的形式完成安防设备的安装，培养团队合作能力。

二、学习内容

学习内容见表4-10。

表4-10 学习内容

任务主题一	智能家居安防产品安装	建议学时	10学时
任务内容	学习知识链接内容，根据图纸、工艺要求及安全操作规程要求等进行智能家居安防产品的安装，完成案例1和案例2的硬件安装任务		
本节岗位场景再现	分别由一名同学饰演硬件工程师小智，一到两名同学饰演安装人员，模拟硬件安装过程场景。 1. 安装人员需按照智能家居安防产品安装注意事项进行安装。 2. 硬件工程师角色需向安装人员讲解海尔各安防产品性能指标、接线注意事项，尤其注意红外传感器、智能门锁以及燃气套装的安装		

三、学习过程

案例 1

某家装公司业务部接到“A 小区 3 号楼一单元 502 房间（一室一厅一厨一卫）需安装智能家居”的装修任务，公司将其中的“智能家居安防系统的安装与调试”任务交给物联网安装、调试人员来完成。售售前工程师小慧需根据客户需求、成本，向其推荐了 1 个 HS－21ZA 声光报警器、2 个 HS－21ZJ 紧急按钮、2 个 HS－22ZW 水浸传感器、3 个 HS－22ZD 门磁传感器、2 个 HS－22ZH 红外传感器、1 个 HS－22ZY 烟雾感应探测报警器、1 个 HS－22ZR 可燃气体探测报警器、2 个 HCC－22B20－W 摄像机。本次任务具体要求：硬件工程师小智根据设备选型，对硬件安装人员进行技术指导，协助安装人员完成设备安装任务。根据以上情景，填写如表 4－11 所示工作任务单。

表 4－11　工作任务单

工作任务	智能家居安防系统安装与调试	派工日期	年　月　日
任务二	智能家居安防产品设备安装	完工日期	年　月　日
工作人员		工作负责人	
签收人		签收日期	年　月　日
工作内容	根据客户需求（安装一套基本的智能家居安防报警系统，构建全屋基础安防体系），对硬件安装人员进行技术指导，协助安装人员完成设备安装任务		
项目负责人评价	负责人签字： 年　月　日		

（一）自主学习

预习知识链接，小组合作讨论，明确各安防产品的安装位置及安装注意事项，填写表 4－12。

表 4－12　设备安装

产品名称	安装位置	安装注意事项
声光报警器		
紧急按钮		
水浸传感器		
门磁传感器		
红外传感器		
烟雾感应探测报警器		
可燃气体探测报警器		
摄像机		

（二）课堂活动

以小组为单位，分别由一名同学饰演硬件工程师小智，一到两名同学饰演安装人员，根据图 4－20 所示安装设计及表 4－13 的工作计划，模拟硬件安装过程进行设备安装。安装人员需按照智能家居安防产品安装注意事项进行安装，硬件工程师角色需向安装人员讲解海尔各安防产品性能指标、接线注意事项，尤其注意红外传感器的安装。一次安装完成后，小组成员互换角色，重新完成安防设备的安装。

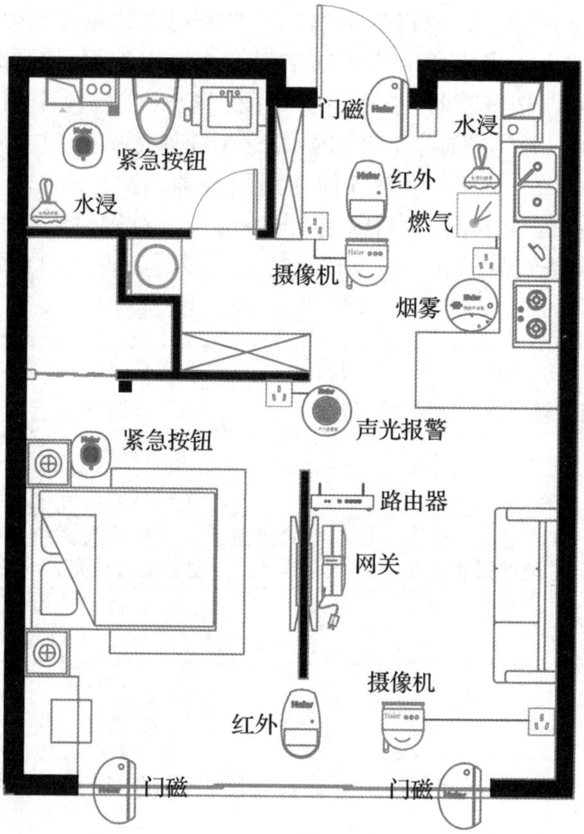

图 4－20　小户型设备安装设计

表 4－13　工作计划

任务主题				
班级			组别	
组内成员				
工作计划				
人员分工	小组负责人			
	小组成员及分工		姓名	分工
		……		

续表

<table>
<tr><th colspan="6">工具及材料清单</th></tr>
<tr><td rowspan="4">工具及
材料清单</td><td>序号</td><td>工具或材料名称</td><td>单位</td><td>数量</td><td>用途</td></tr>
<tr><td></td><td></td><td></td><td></td><td></td></tr>
<tr><td></td><td></td><td></td><td></td><td></td></tr>
<tr><td>……</td><td></td><td></td><td></td><td></td></tr>
<tr><td rowspan="4">工序及
工期安排</td><td colspan="4">工作内容</td><td>完成时间</td></tr>
<tr><td colspan="4"></td><td></td></tr>
<tr><td colspan="4"></td><td></td></tr>
<tr><td colspan="4">……</td><td></td></tr>
<tr><td colspan="6">安全防护措施</td></tr>
</table>

（三）知识链接

安防类设备小而精巧，相对较好安装，但安装注意事项较多，尤其是不同设备的安装位置、安装角度、取电方式各有要求，需特别注意。

1. HS－21ZA 声光报警器的安装

声光报警器的安装如图 4－21 所示。

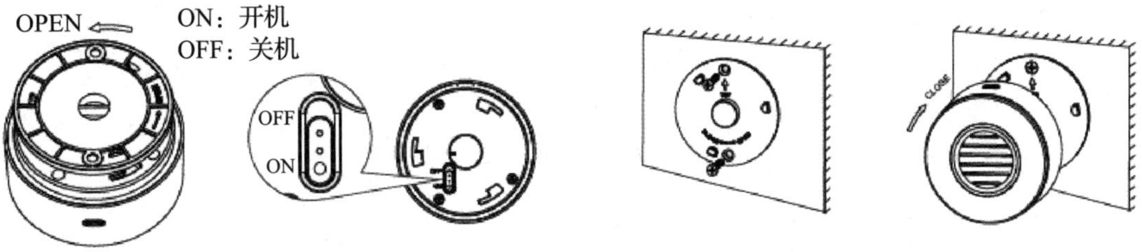

（a）拨动拨码开关　　（b）固定声光报警器

图 4－21　声光报警器的安装

（1）将支架逆时针方向旋转取下，将产品后盖上的拨码开关拨到 ON 的位置，如图 4－21（a）所示。

（2）用膨胀螺丝或 3M 胶将支架固定在墙上，再将声光报警器顺时针旋转扣入支架上，如图 4－21（b）所示。如果用 3M 胶，注意固定面强度、光滑度及清洁度，以防脱落。

（3）插上电源适配器即可正常使用。

2. HS-21ZJ 紧急按钮的安装与更换电池

（1）安装：紧急按钮可放置于桌面、床头柜等位置，也可用吸盘将其吸附于光滑家居表面。

（2）更换电池：用手指按在电池盖柄，将其逆时针旋转打开电池盖，用薄片状工具将电池取出，用手指按在电池盖柄，将其顺时针旋转即可，如图 4－22 所示。

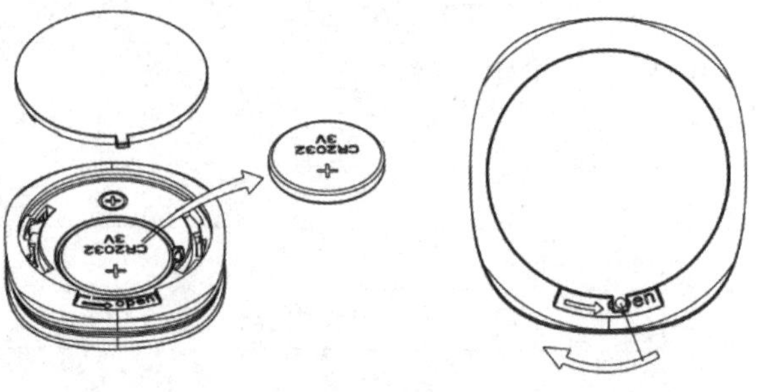

图 4－22　紧急按钮更换电池

3. HS－22ZW 水浸传感器的上电与安装

（1）使用工具（如硬币）沿逆时针方向旋转，松开水浸传感器前后壳卡口，通过缺口处打开前后壳，如图 4－23（a）所示。

（2）拉出绝缘片，电池通电；如需更换新电池，则取出旧电池，更换新电池即可。

（3）更换电池后，按顺时针方向，锁紧前后壳，并根据环境要求，调整探针杆长度，以控制触发报警水浸深度，如图 4－23（b）所示

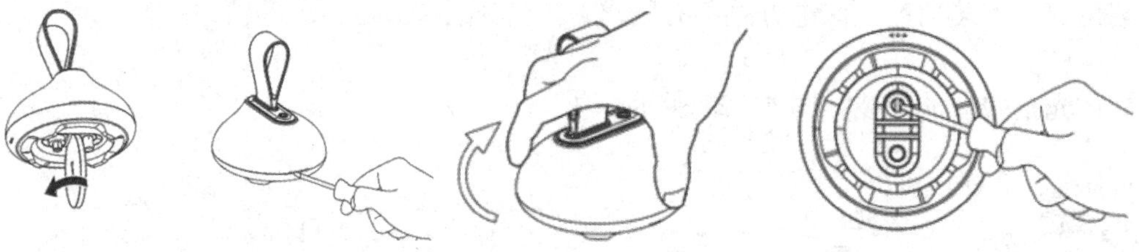

（a）打开前后壳　　　　（b）上电、安装完成

图 4－23　水浸传感器的上电与安装

4. HS－22ZD 门磁传感器的上电与安装

（1）掰开门磁传感器硅胶，露出电池仓，拉出绝缘片，电池通电。

（2）如若需要更换新电池，用 PIN 针捅下孔，电池弹出，更换新电池，如图 4－24 所示。

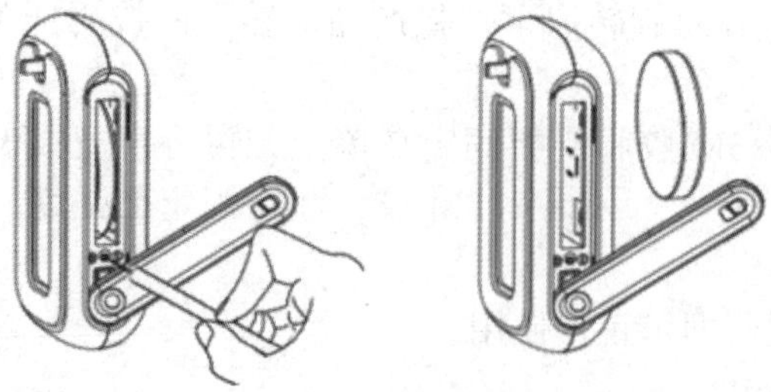

图 4－24　门磁传感器上电

门磁传感器可以安装在大门、窗户等场景。注意：不要安装在户外、基础不牢固或有雨淋的位置。

5. HS－22ZH 红外传感器的上电与安装

（1）红外传感器上电。

逆时针旋转红外传感器后壳，打开后壳，露出电池仓；从电池仓拉出绝缘片，电池通电；顺时针旋转后壳，与前壳装配一起，完成组装。

（2）红外传感器安装。

1）通过墙体支架固定产品。

方式一：3M 胶固定支架。撕下 3M 胶，粘贴固定在需要探测的位置，顺时针旋转拧紧支架即可。

方式二：螺丝固定支架。首先底座装饰盖按逆时针方向旋转，完成与底座主体分离；然后在墙面上用螺丝固定底座装饰盒；最后将底座面盖按照顺时针方向旋转，与底座装饰盖装配在一起，如图 4－25 所示。最后，设备与墙体支架组装在一起，安装完毕。

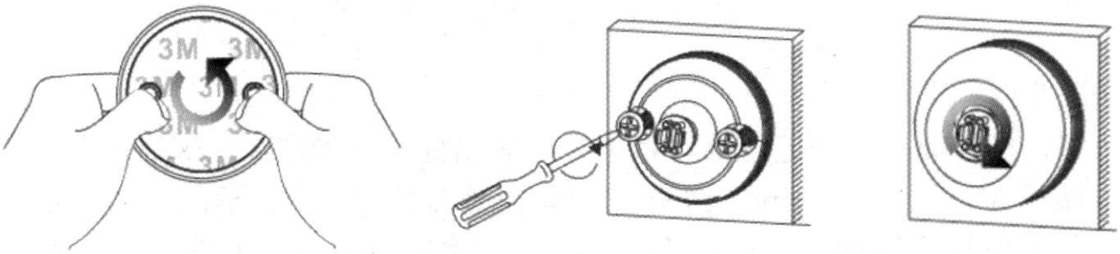

图 4－25　螺丝固定支架

2）通过底座支架固定产品。

将设备主体与墙体支架直接分离，向左或向右旋转防拆旋钮 90°，将防拆旋钮锁进后壳，如若没有进行此步骤，传感器会发送防拆报警信号，如图 4－26 所示。

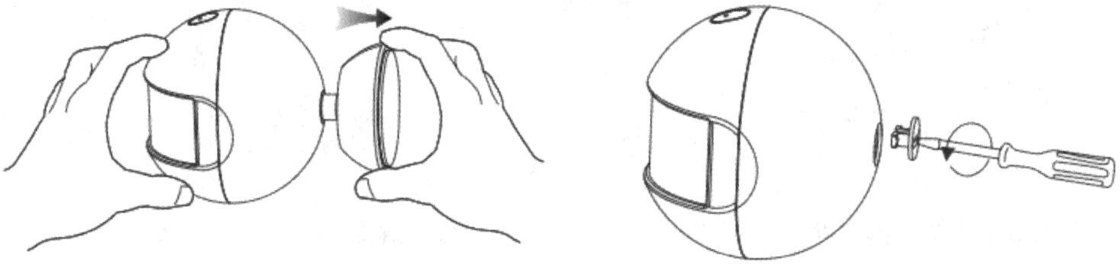

图 4－26　设备主体与墙体支架分离

将主体放在底座支架上，然后将产品直接放置在需要探测区域位置。

（3）安装位置的选择及注意事项。

安装位置应选择入侵者有可能闯入的入口，比如门、窗等位置，尽量监控入侵者可能横穿的区域。安装位置示意图如图 4－27 所示。

1）建筑物（如墙）会缩短无线通信距离。

2）安装位置应尽量避免靠近空调、电风扇、电冰箱、烤箱及其他可能引起温度变化的物体，应避免太阳光直接照射。

3）产品透镜前不应有物体遮挡，以免影响探测结果。

4）安装位置可直接放在桌面上，也可以安装在墙上。

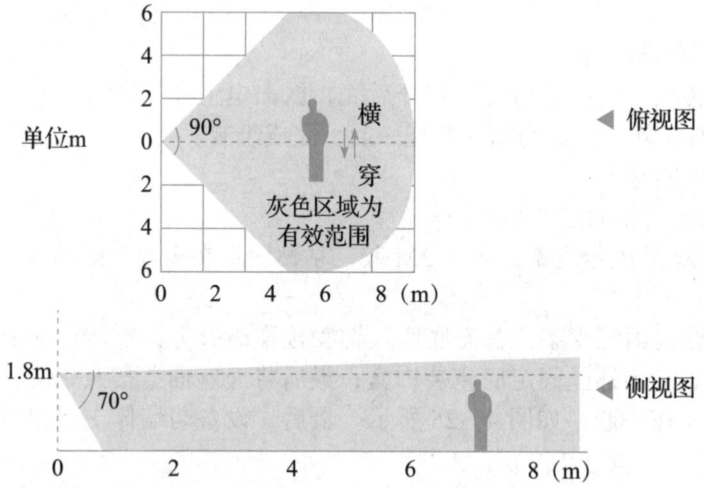

图 4－27　安装位置示意图

6. HS－22ZY 烟雾感应探测报警器的安装

（1）将选择好的位置先定位螺丝孔位置，做出标记，如图 4－28（a）所示。

（2）使用 3/16 英寸（5mm）钻头，在标记处分别钻出两个孔，并插入塑料膨胀管，使之与天花板或墙壁平齐（注意：钻孔时烟雾感应探测报警器应远离石膏粉尘），如图 4－28（b）所示。

（3）将产品扣在支架上，顺时针旋转，安装完毕。

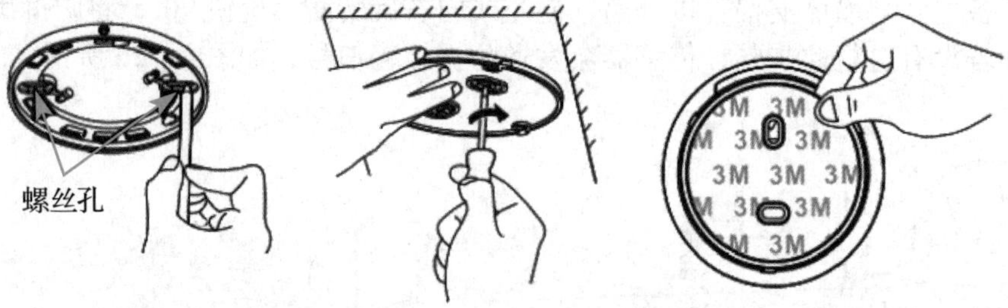

（a）定位螺丝孔位置　　（b）钻孔

图 4－28　烟雾感应探测报警器的安装

天花板式 / 壁挂式安装注意事项：

- 与灯具或装饰物保持至少 30cm 的距离。
- 安装位置应距离角落 15 ～ 30cm，如图 4－29（a）所示。
- 对于倾斜式天花板因为顶尖存在“死空气”区域，故应安装在距离顶尖水平方向 90cm 处的天花板上，如图 4－29（b）所示。

7. HS－22ZR 可燃气体探测报警器的安装

（1）安装、通电。

用膨胀螺丝或 3M 胶将报警器支架固定在墙上，再将产品顺时针旋转扣入支架上。如果用 3M 胶，注意固定墙面、光滑度及清洁度，以防脱落。最后，插上电源适配器即可正常使用。

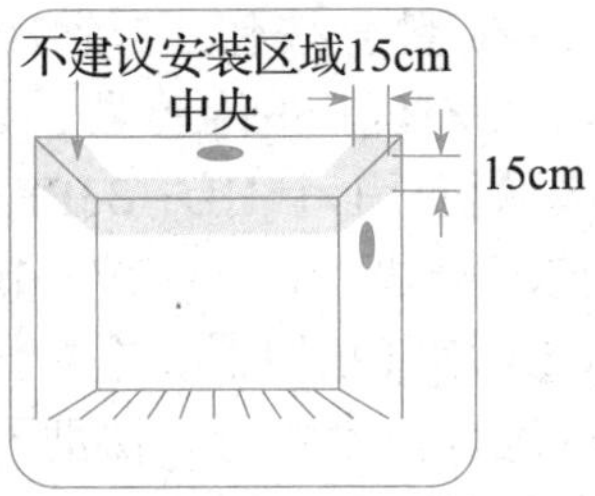

(a)安装位置示意一

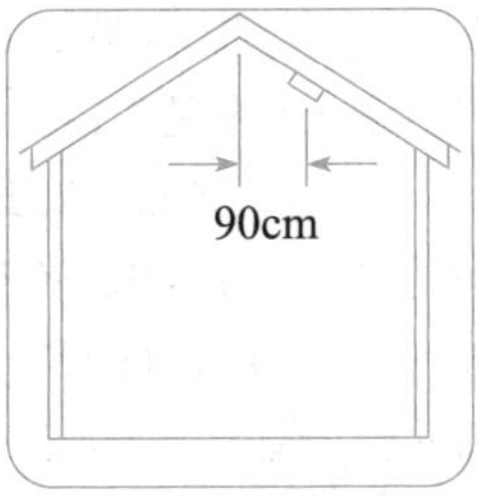

(b)安装位置示意二

图 4－29　天花板式安装位置示意

(2)安装位置的选择及注意事项。

吸顶式安装适用于天然气探测，安装位置选择气源正上方 1.5m 以外，3m 以内。壁挂式安装时适用于液化石油气探测，安装位置选择远离天花板 0.3 ～ 1.0m，离气源 1.5m 以外，3m 以内，如图 4－30 所示。

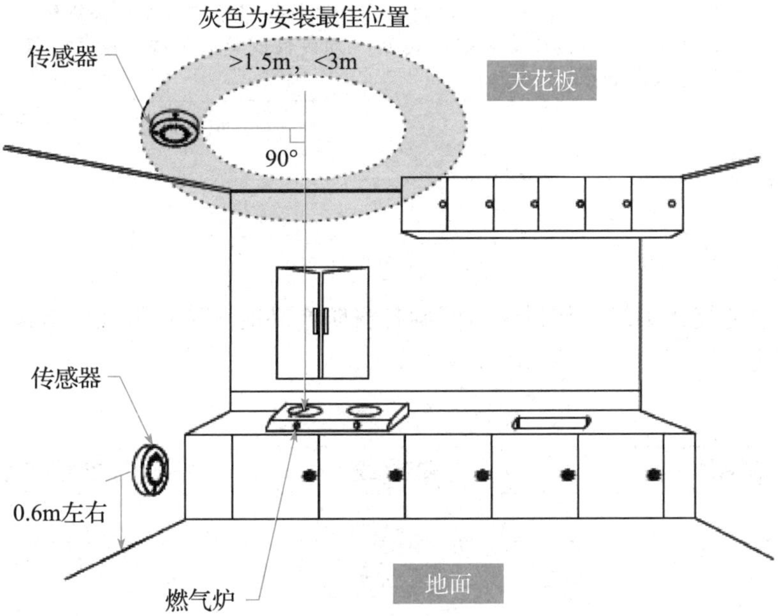

图 4－30　可燃气体探测报警器安装位置

8. HCC－22B20－W 摄像机的安装

安装摄像机应注意以下几点：

(1)安装高度以人不宜够着的地方为宜，最好安装在房屋角落，以扩大视野。

(2)避免监测环境中光源直射。

案例 2

某家装公司业务部接到“A 小区 3 号楼一单元 501 房间(三室两厅一厨两卫)需安装智能家居”的装修任务，公司将其中的“智能家居安防系统的安装与调试”任务交给物联网安装、调试人员来完成。售前工程师小慧需根据客户需求、成本，向其推荐了1个HS－21ZA声光报警器、2个HS－21ZJ紧急按钮、3个HS－22ZW水浸传感器、6个HS－22ZD门磁传感器、7个HS－22ZH红外传感器、1个HS－22ZY烟雾感应探测报警器、2个HCC－22B20－W摄像机、1个HL－33PF3智能门锁、1个HR－06WW门锁模块、1个HR－03KJ中央控制模块、1个GSV－102T通信控制器、1个JA－A关阀机械手、1个GAS－EYE－102A燃气报警器。本次任务具体要求：硬件工程师小智根据设备选型，对硬件安装人员进行技术指导，协助安装人员完成设备安装任务。根据以上情景，填写如表4－14所示工作任务单。

表4－14　工作任务单

工作任务	智能家居安防系统安装与调试	派工日期	年　月　日
任务二	智能家居安防产品设备安装	完工日期	年　月　日
工作人员		工作负责人	
签收人		签收日期	年　月　日
工作内容	根据客户需求（对全屋安防进行高档装修设计，实现全天候立体式的安防守护，切实保障家庭的生命和财产安全），对硬件安装人员进行技术指导，协助安装人员完成设备安装任务		
项目负责人评价	负责人签字： 年　月　日		

（一）自主学习

预习知识链接，小组合作讨论，明确各安防产品的安装位置及安装注意事项，并填写表4－15。

表4－15　设备安装

产品名称	安装位置	安装注意事项
声光报警器		
紧急按钮		
水浸传感器		
门磁传感器		
红外传感器		
烟雾感应探测报警器		
摄像机		
智能门锁		
门锁模块		
燃气套装		
HK－60P4CW		

（二）课堂活动

以小组为单位，分别由一名同学饰演硬件工程师小智，一到两名同学饰演安装人员，根据图 4－31 所示的安装设计及表 4－16 的工作计划，模拟硬件安装过程进行设备安装。安装人员需按照智能家居安防产品安装注意事项进行安装，硬件工程师角色需向安装人员讲解海尔各安防产品性能指标、接线注意事项，尤其注意智能门锁、燃气套装的安装。一次安装完成后，小组成员互换角色，重新完成安防设备的安装。

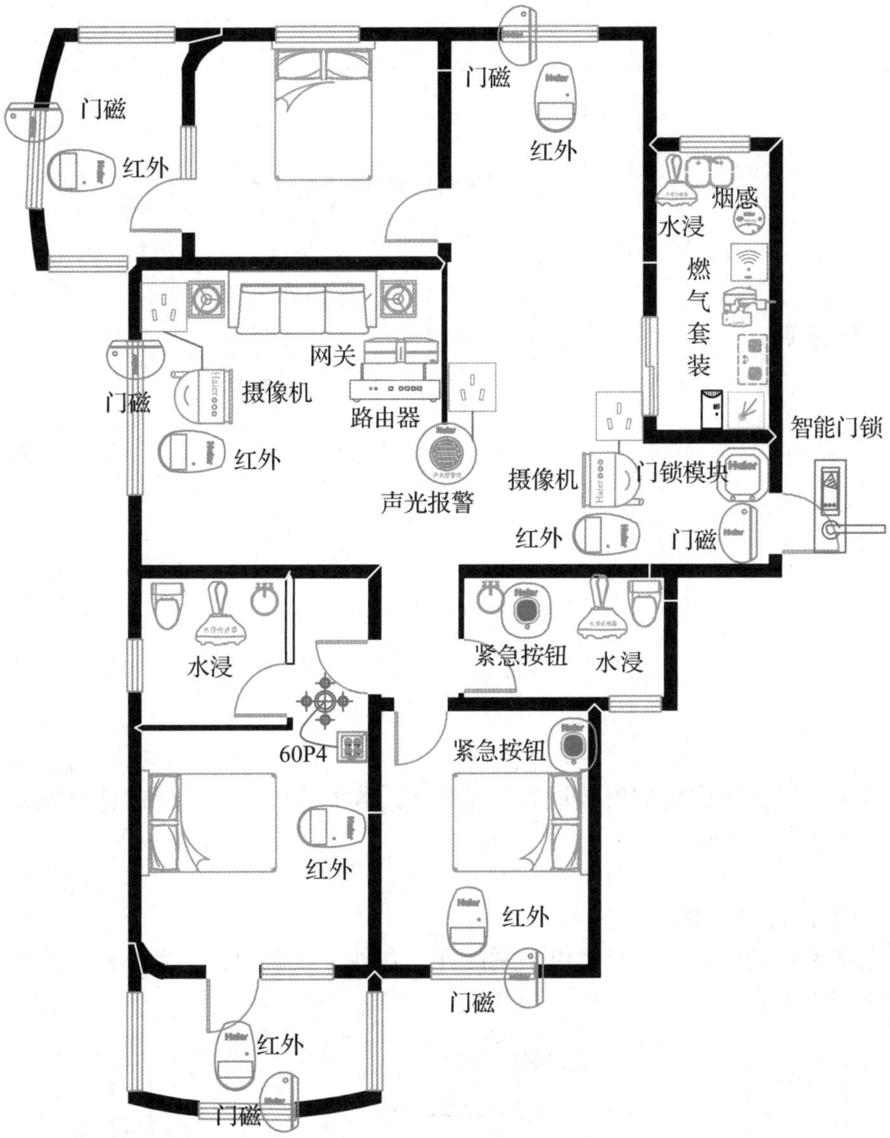

图 4－31　大户型设备安装设计

表 4－16　工作计划

<table>
<tr><td>任务主题</td><td colspan="5"></td></tr>
<tr><td>班级</td><td colspan="2"></td><td colspan="2">组别</td><td></td></tr>
<tr><td>组内成员</td><td colspan="5"></td></tr>
<tr><td colspan="6">工作计划</td></tr>
<tr><td rowspan="5">人员分工</td><td colspan="2">小组负责人</td><td colspan="3"></td></tr>
<tr><td>小组成员
及分工</td><td></td><td>姓名</td><td colspan="2">分工</td></tr>
<tr><td></td><td></td><td></td><td colspan="2"></td></tr>
<tr><td></td><td></td><td></td><td colspan="2"></td></tr>
<tr><td></td><td>……</td><td></td><td colspan="2"></td></tr>
<tr><td colspan="6">工具及材料清单</td></tr>
<tr><td rowspan="4">工具及
材料清单</td><td>序号</td><td>工具或材料名称</td><td>单位</td><td>数量</td><td>用途</td></tr>
<tr><td></td><td></td><td></td><td></td><td></td></tr>
<tr><td></td><td></td><td></td><td></td><td></td></tr>
<tr><td>……</td><td></td><td></td><td></td><td></td></tr>
<tr><td rowspan="4">工序及
工期安排</td><td colspan="4">工作内容</td><td>完成时间</td></tr>
<tr><td colspan="4"></td><td></td></tr>
<tr><td colspan="4"></td><td></td></tr>
<tr><td colspan="4">……</td><td></td></tr>
<tr><td colspan="6">安全防护措施</td></tr>
</table>

（三）知识链接

安防传感器及摄像机的安装请参照案例 1，本案例中重点介绍门锁系统及中央控制模板、燃气套装的安装。

1. HL－33PF3 智能门锁的安装

（1）门开方向的选择。

首先调整智能门锁，使其适用于左内开、左外开、右内开、右外开，具体操作方法如图 4－32 所示。

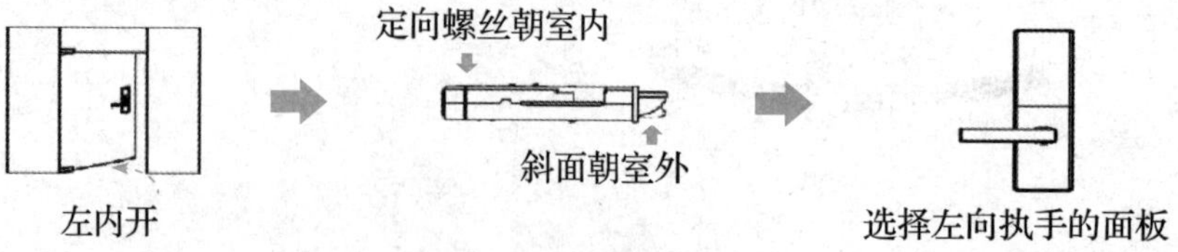

（a）左内开

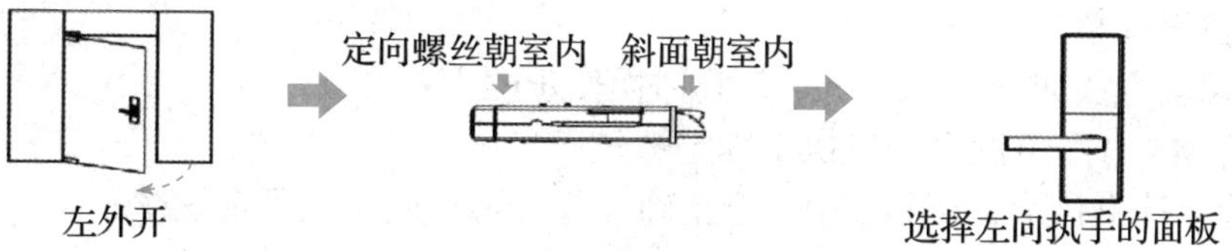

（b）左外开

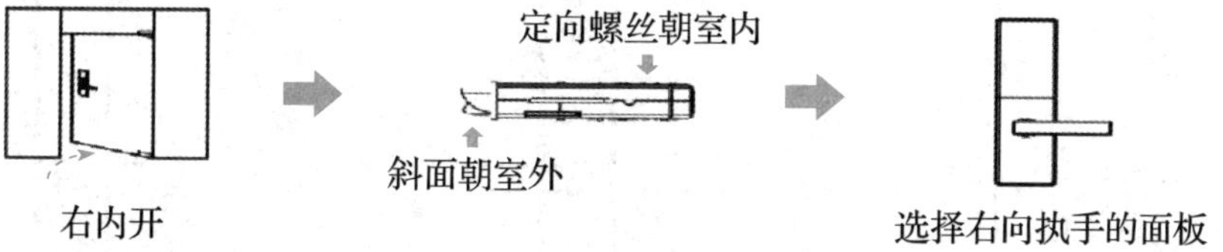

（c）右内开

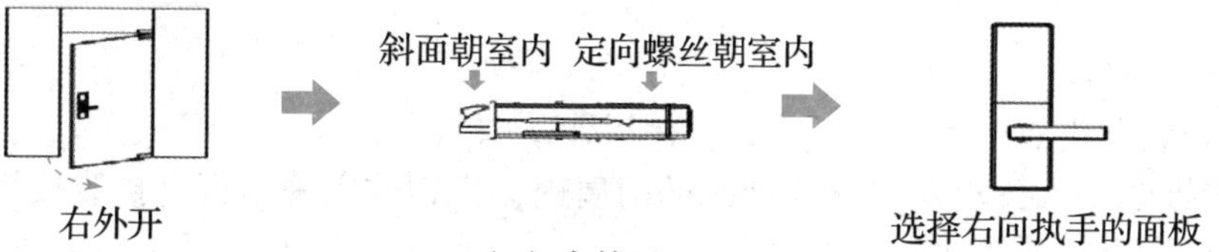

（d）右外开

图 4－32　门开方向的选择

（2）斜舌调整。

斜舌调整方法如图 4－33 所示，具体操作步骤为：

1）将“斜舌挡片”上推至顶；

2）按进斜舌并转动 180°，再拉出斜舌；

3）再将“斜舌挡片”下推至底。

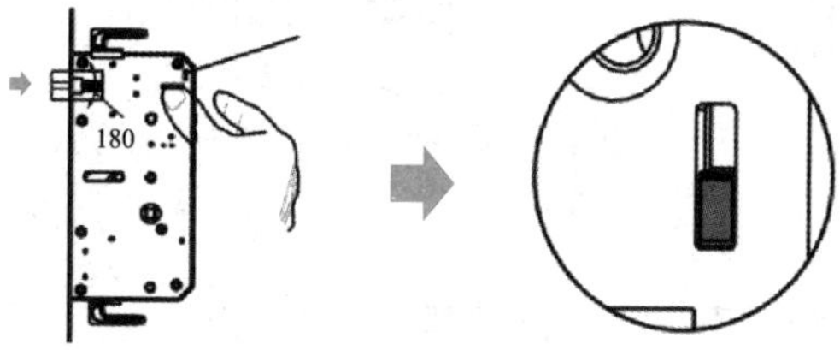

图 4－33　斜舌调整方法

（3）定向螺丝调整。定向螺丝调整方法如图 4－34 所示。

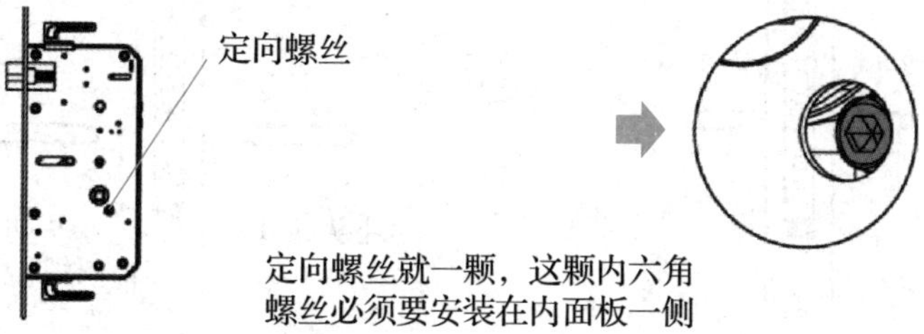

图 4－34　定向螺丝调整方法

（4）执手调整。

执手调整方法如图 4 - 35 所示，具体操作步骤为：

1）用 M4 内六角扳手拧出执手固定螺丝；

2）适度拉出执手，旋转 180° 至正确位置，再拧回执手固定螺丝；

3）再转动执手，查看执手是否固定牢固。

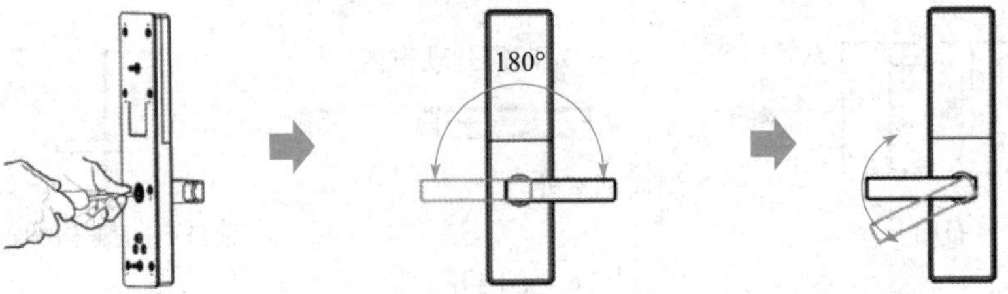

图 4 - 35　执手调整方法

（5）安装锁体。

锁体安装方法如图 4 - 36 所示，具体操作步骤为：

1）将锁体放入按规定尺寸处理好的门扇内，把锁体内外面板连接线按标签提示分别朝门两侧穿出，连接线有内外之分；

2）锁体插入时勾好上下天地杆；

3）旋紧锁体上的四颗固定螺丝。

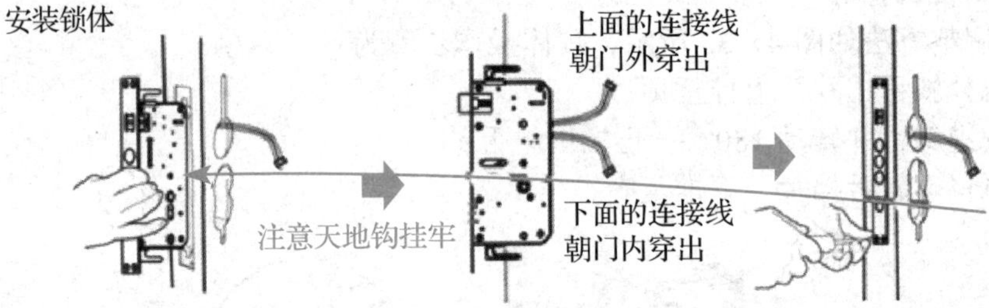

图 4 - 36　锁体安装方法

（6）插入方轴。

方轴插入方法如图 4 - 37 所示，具体操作步骤为：

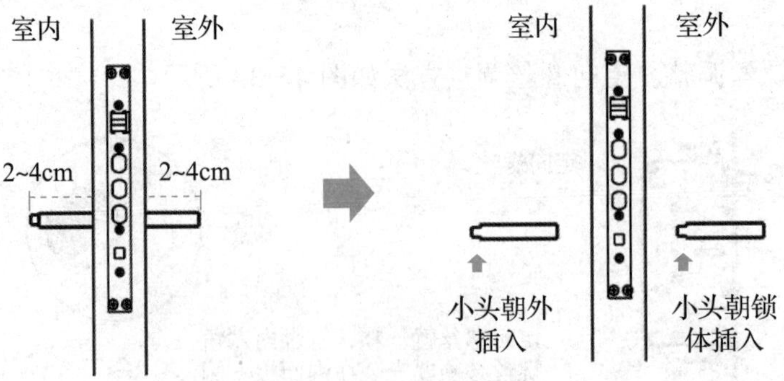

图 4 - 37　方轴插入方法

1）选择合适长度的大方轴（长度为方轴插入锁体后露出门面 2 ～ 4cm）；

2）朝正确的方向插入大方轴。

（7）安装外面板。

1）在外面板上旋好两条连接螺栓；

2）插好 4 × 4 机械钥匙小方轴并用紧固螺钉固定紧小方轴；

3）在执手方轴口放好方轴压簧（压簧小头朝外），如图 4 – 38 所示；

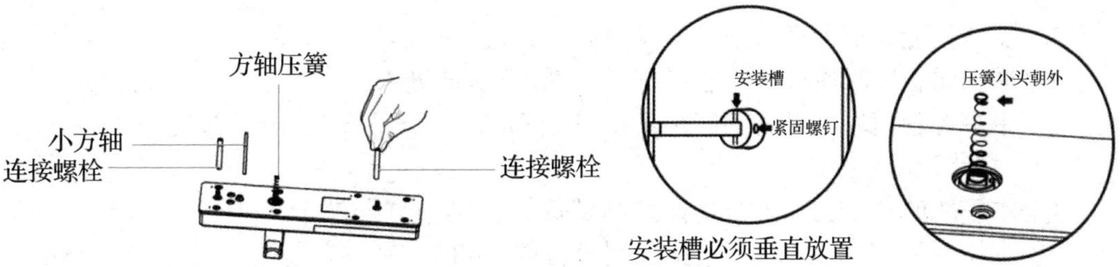

图 4 – 38　安装方轴压簧

4）将锁体外面板连接线插入外面板接口；

5）将外面板执手口对准大方轴，小方轴对准机械钥匙口一起插入，如图 4 – 39 所示。

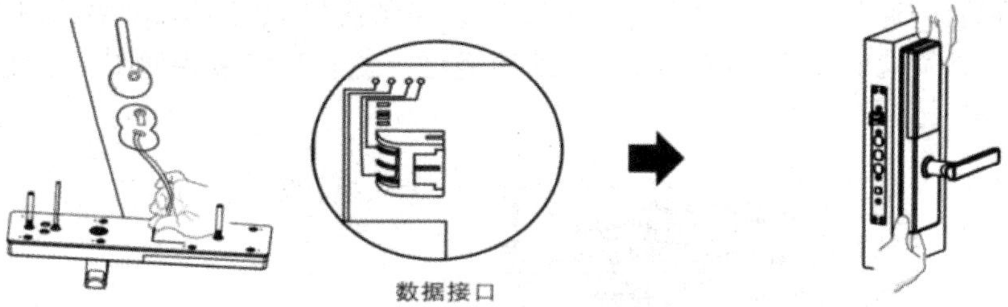

图 4 – 39　外面板安装方法

（8）安装内面板。

内面板安装方法如图 4 – 40 所示。

1）在内面板的执手方轴口放好压簧，压簧小头朝外；

2）将锁体内面板连接线插入内面板接口，连接固定后，再将内面板执手口对准锁体上的大方轴插入；

3）将内外面板与门贴紧，旋紧两颗内外面板连接螺丝。

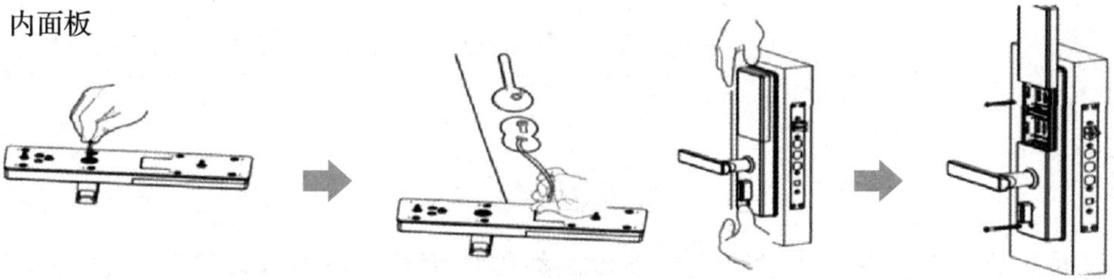

图 4 – 40　内面板安装方法

（9）完成安装。

拧动内外执手和保险旋钮、机械钥匙，检查各部件是否连接完好；装好电池，盖好电池盖，智能门锁安装完成。

2. HR－03KJ 中央控制模块的安装

（1）安装说明：

1）86 盒安装；

2）安装位置距地 2m 左右；

3）安装位置要求远离微波炉等强电磁干扰的设备；

4）周围无金属材质屏蔽，管线要求从 86 盒底部进入；

5）中央控制模块与设备的距离不超过 500m。

（2）接线说明：

1）本模块的“OUT－A”连接控制设备的“485－A”端子；

2）本模块的“OUT－B”连接控制设备的“485－B”端子；

3）本模块的“LOCK－IN GND”分别接门口机的“UL+”“UL－”；

4）本模块的“+12V GND”分别接 12V 电源线的“+”“－”。

注：智能终端控制时，须将本模块的“IN－A”“IN－B”连接到终端的家电控制相应的端子上。

3. 燃气套装的安装

燃气套装的通信控制器使用 HR03KJ 中央控制模块无线接入网关，可实现报警信息的推送、燃气阀的关阀控制、报警联动功能等。燃气套装接线如图 4－41 所示。

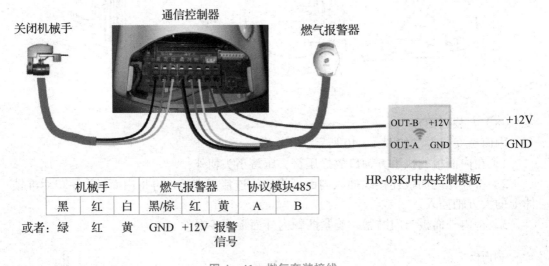

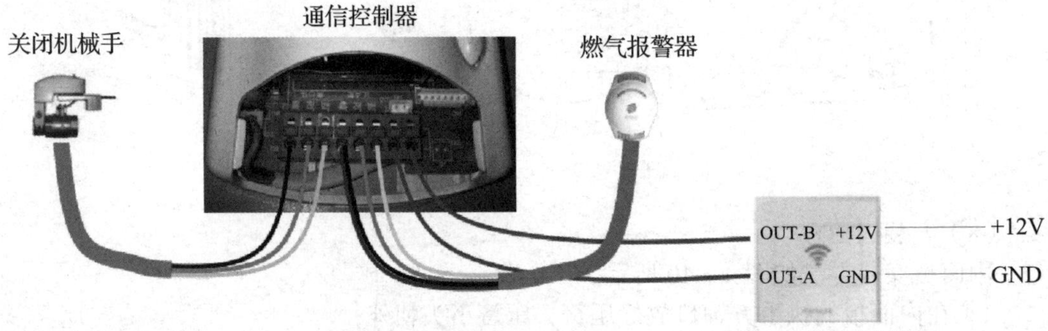

机械手			燃气报警器			协议模块485	
黑	红	白	黑/棕	红	黄	A	B

或者：绿　红　黄　GND　+12V　报警信号

图 4－41　燃气套装接线

四、考核评价

根据任务二考核评价表进行组内评价、教师评价及企业教师评价，见表 4－17。

表 4－17　任务二考核评价表

评价内容		分值	评分		
			组内评价	教师评价	企业教师评价
定位（20 分）	各传感器、摄像机、门锁套装、燃气套装安装位置合适，每错一处扣 2 分	15			
	插座位置安排合理、美观	5			
安装及布线（50 分）	各安防产品安装牢固，每一处不合格扣 2 分	10			
	智能门锁安装正确无误	20			
	燃气套装接线正确无误	20			
安全生产（10 分）	遵守安全生产文明规程	4			
	正确使用施工工具、合理用料	3			
	按照 6S 标准进行现场出清	3			
团队风貌（10 分）	团队成员之间相互配合、互相监督、在良好的沟通下合力完成任务	10			
用时（10 分）	在规定的时间内完成任务，每超时 5 分钟扣 5 分	10			
合计					

五、拓展学习

家庭安防系统（二）

六、课后练习

1. 总结思考：设备安装过程中遇到哪些问题？哪些设备的安装是需要特别注意的？

2. 智能门锁安装时，要求“三孔同心”，何谓三孔同心？

3. 门锁安装完成后遇到哪些故障？分别是如何解决的？

活页笔记

任务三 设备调试

一、学习目标

知识目标

（1）能进行上位机软件添加安防相关设备、网元的操作。
（2）能完成智能门锁系统的相关组网调试。
（3）能完成安防产品与网关的组网并能在手机 App 端进行安防设备的添加。

能力目标

（1）能对智能家居安防产品进行入网和验证操作，并与系统内其他设备进行联动。
（2）能跟客户讲解操作步骤及使用注意事项。

素养目标

（1）在施工业完成后能按 6S 要求清点、整理工具，收集剩余材料，清理工程垃圾。
（2）培养良好的团队合作精神并能对自我及小组成员做出合理的评价。

二、学习内容

学习内容见表 4－18。

表 4-18 学习内容

任务主题一	智能家居安防系统调试	建议学时	12 学时
任务内容	学习知识链接内容，按照选型方案，完成对案例选型设备的调试任务		
本节岗位场景再现	分别由一名同学饰演硬件工程师小智，一到两名同学饰演调试人员，模拟设备调试过程场景。 1. 调试人员需按照调试步骤进行调试，如出现故障，能根据现场情况进行故障排除。 2. 工程师角色需向调试人员讲解调试步骤，帮助调试人员排除故障。 3. 工程师角色需向客户讲解使用步骤及注意事项		

三、学习过程

案例 1

某家装公司业务部接到"××小区 2 号楼一单元 502 房间（一室一厅一厨一卫），需安装全屋智能家居"的装修任务，公司将其中的"智能家居安防系统的安装与调试"任务交给物联网安装与调试人员来完成。硬件工程师结合安防传感器、安防摄像机的选型与安装，对硬件安装人员进行技术指导，完成了安装任务。具体要求：根据智能控制设备选型方案进行调试，协助调试人员完成设备的调试任务。根据以上情景，填写如表 4-19 所示工作任务单。

表 4-19 工作任务单

工作任务	智能家居安防系统安装与调试	派工日期	年 月 日
任务三	智能家居安防系统调试	完工日期	年 月 日
工作人员		工作负责人	
签收人		签收日期	年 月 日
工作内容	根据客户需求（安装一套基本的智能家居安防报警系统，构建全屋基础安防体系），已完成智能家居安防系统的设备选型、安装工作，作为调试工程师，请根据场景设置，协助调试人员完成设备的调试任务		
项目负责人评价	负责人签字： 年 月 日		

（一）自主学习

（1）学习知识链接，简单描述 21 系列传感器的配网流程。

（2）学习知识链接，简单描述 22 系列传感器的配网流程。

（3）学习知识链接，简单描述摄像机的配网流程。

（二）课堂活动

1. 案例分析

前面已经进行了安防传感器及摄像机的选型与安装，针对案例 1，按照各设备的配网方法，进行设备调试。

2. 设备调试

（1）调试网关、路由器、手机或平板在同一个局域网络下，由于本案例中只涉及安防传感器及摄像机，所以不需要进行上位机软件的配置。

（2）根据知识链接，完成声光报警器、紧急按钮、水浸传感器、门磁传感器、红外传感器、烟雾感应探测报警器、可燃气体探测报警器与网关的组网。

（3）登录安住家庭 App，在 App 上完成网关、声光报警器、紧急按钮、水浸传感器、门磁传感器、红外传感器、烟雾感应探测报警器、可燃气体探测报警器、摄像机的添加，设备添加完成后如图 4－42 所示。

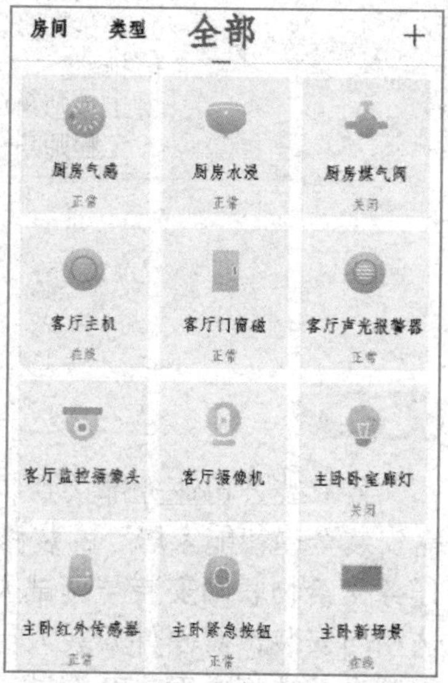

图 4－42　App 端添加设备

（4）根据用户要求，设置安防场景。

1）添加场景，分别添加手动场景“一键布防”“一键撤防”，设置成功后能够实现家中安防产品的一键布防与撤防，如图 4－43 所示。

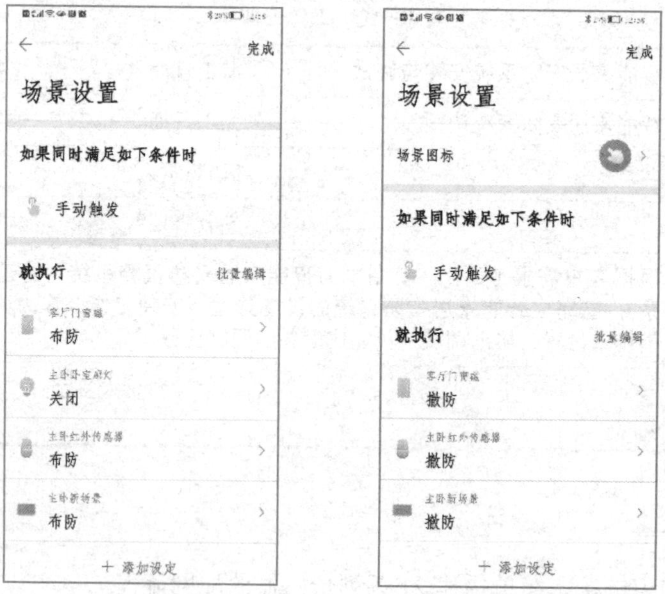

（a）一键布防　　（b）一键撤防

图 4－43　一键布防、一键撤防场景

2）设置自动场景“红外报警”，即当满足条件“布防时红外报警”时，执行“声光报警器打开”“监控摄像头拍照”，如图 4－44 所示。场景设置成功后，布防时，一旦红外传感器检测到有人非法入侵即可联动声光报警器发出声光报警、联动摄像机进行拍照，同时给用户手机发送报警信息。

3）设置自动场景“门磁报警”，即当满足条件“布防时门磁开启”时，执行“声光报警器打开”“监控摄像头拍照”。场景设置成功后，布防时，一旦门磁传感器检测到有人非法入侵即可联动声光报警器发出声光报警、联动摄像机进行拍照，同时给用户手机发送报警信息，如图 4－45 所示。

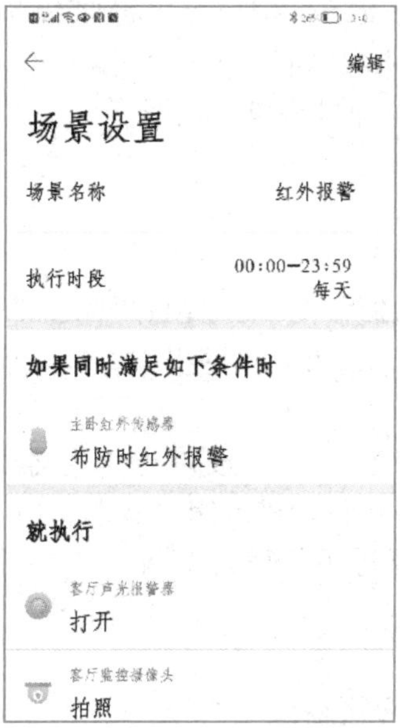

图 4－44　红外报警

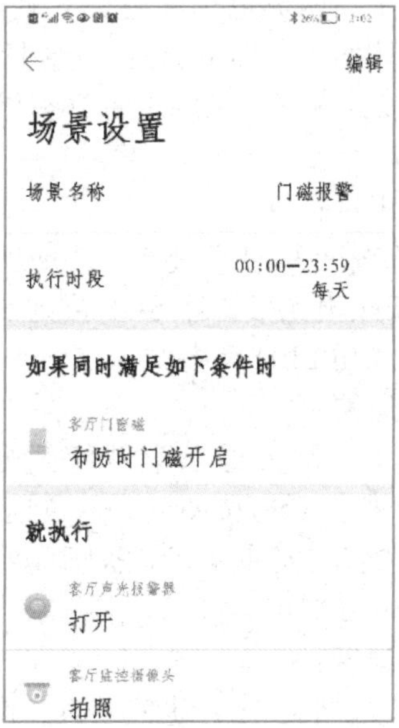

图 4－45　门磁报警

4）设置自动场景“水浸报警”，即当满足条件“漏水报警”时，执行“声光报警器打开”。场景设置成功后，布防时，一旦水浸传感器检测到漏水即可联动声光报警器发出声光报警，同时给用户手机发送报警信息，其场景设置可参考“门磁报警”。

5）设置自动场景“烟感报警”，即当满足条件“烟雾报警”时，执行“声光报警器打开”。场景设置成功后，一旦烟雾感应探测报警器感应到灾情即可联动声光报警器发出声光报警，同时给用户手机发送报警信息，其场景设置可参考“门磁报警”。

6）设置自动场景“燃气报警”，即当满足条件“燃气报警”时，执行“声光报警器打开”。场景设置成功后，一旦可燃气体探测报警器感应到灾情即可联动声光报警器发出声光报警，同时给用户手机发送报警信息，其场景设置可参考“门磁报警”。

7）设置自动场景“紧急报警”，即当满足条件“紧急按钮点击操作”时，执行“声光报警器打开”。场景设置成功后，一旦发生滑倒或老人身体不适等突发状况时，点击紧急按钮即可联动声光报警器发出声光报警，同时给用户手机发送报警信息，其场景设置可参考“门磁报警”。

3. 功能验证

场景设置完成后，小组互相监督验证客户要求的各安防功能是否实现。

（三）知识链接

1. HS－21ZA 声光报警器调试

（1）组网：

1）长按网关 SET 键 7s 进入准许入网状态下；

2）长按声光报警器 SET 按键 7s，松开后短按两下，LED 慢闪，即可启动入网，入网成功 LED 红灯常亮约 5s，入网失败 LED 熄灭，请重复入网操作。

（2）退网：

方式 1：网关退出配置模式处于正常工作状态下，长按声光报警器 SET 按键 7s，松开后短按两下，即可退网，退网后设备会自动进入组网状态，LED 慢闪。

方式 2：在安住家庭设备管理界面点击移除设备即可将设备退网。

2. HS－21ZJ 紧急按钮调试

（1）组网：

1）长按网关 SET 键 5 ～ 10s 进入准许入网状态下；

2）长按声光报警器 SET 按键 5 ～ 10s，松开后短按两下，LED 慢闪，即可启动入网，入网成功 LED 常亮约 5s，入网失败 LED 熄灭，请重复入网操作。

（2）退网：

方式 1：网关退出配置模式处于正常工作状态下，长按声光报警器 SET 按键 5 ～ 10s，松开后短按两下，即可退网，退网后设备会自动进入组网状态，LED 慢闪。

方式 2：在安住家庭设备管理界面点击移除设备即可将设备退网。

3. HS－22ZW 水浸传感器调试

（1）组网：

1）长按网关 SET 键 3 ～ 5s，网关进入准许入网状态；

2）长按水浸传感器测试按键，同时指示灯常亮，5s 后指示灯熄灭，指示灯熄灭后 5s 内松开按键。指示灯快闪表示正在入网，当指示灯常亮 5s，表示入网成功。

（2）退网：

方式 1：网关退出配置模式处于正常工作状态下，长按水浸传感器测试按键同时指示灯常亮，5s 后指示灯熄灭，指示灯熄灭后 5s 内松开按键设备退网，退网后设备会自动进入组网状态，LED 慢闪。

方式 2：在安住家庭设备管理界面点击移除设备即可将设备退网。

4. 其他 22 系列安防传感器调试

HS－22ZD 门磁传感器、HS－22ZH 红外传感器、HS－22ZY 烟雾感应探测报警器、HS－22ZR 可燃气体探测报警器的调试方法类似 HS－22ZW 水浸传感器的调试。

5. HCC－22B20－W 摄像机调试

（1）在安装家庭 App 首页或者设备页点击添加设备，选择对应的设备型号，如图 4－46 所示。

（2）手机连接 2.4G WiFi，长按摄像机 SET 键 3 ～ 5s 听到重置成功后松开，等待摄像机端语音提示“等待连接”后点击下一步，如图 4－47 所示。

（3）输入 WiFi 密码后点击生成二维码，如图 4－48 所示。

（4）生成二维码的手机距离摄像机镜头 15cm 左右让摄像机扫描二维码，听到摄像机语音提示“二维码扫描成功”后点击对应按键，如图 4－49 所示。如果扫码不成功可以查看摄像机镜头是否有遮挡，光线如果较暗也会影响扫码。

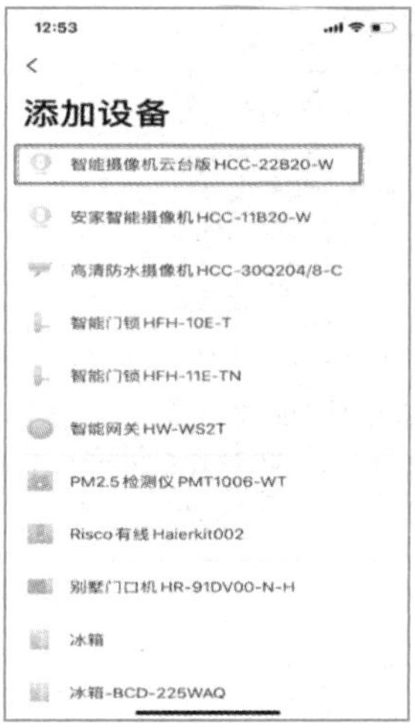

图 4－46　选择摄像机型号

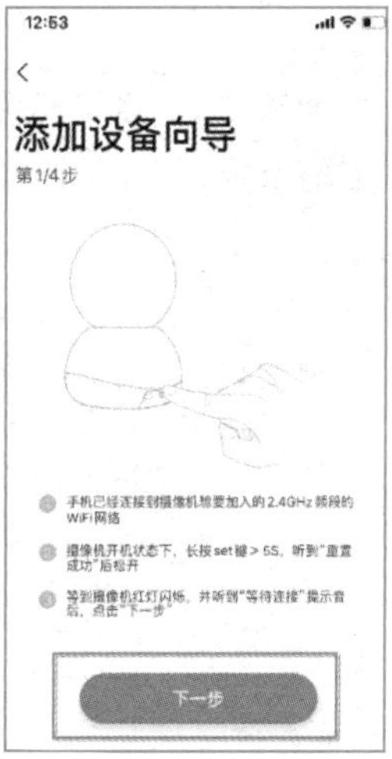

图 4－47　等待连接

图 4－48　生成二维码

图 4－49　摄像机扫描二维码

（5）组网成功后 App 会进入设备管理界面，设置摄像机名称和位置后点击保存。然后在 App 首页或者设备页就可以看到摄像机了。

案例 2

某家装公司业务部接到“A 小区 3 号楼一单元 501 房间（三室两厅一厨两卫），需安装全屋智能家居”的装修任务，公司将其中的“智能家居安防系统的安装与调试”任务交给物联网安装与调试人员来完成。硬件工程师小智在智能灯光的基础上，结合安防传感器、智能门锁、燃气套装，对硬件安装人员进行技术指导，已完成安装任务。

具体要求：下面根据智能控制设备选型方案进行调试，请协助调试人员完成设备的调试任务。根据以上情景，填写如表 4-20 所示工作任务单。

表 4-20　工作任务单

工作任务	智能家居安防系统安装与调试	派工日期	年　月　日
任务三	智能家居安防系统调试	完工日期	年　月　日
工作人员		工作负责人	
签收人		签收日期	年　月　日
工作内容	根据客户需求（对全屋安防进行高档装修设计，实现全天候立体式的安防守护，切实保障家庭的生命和财产安全），已完成智能家居安防系统的设备选型、安装工作，作为调试工程师，请根据场景设置，协助调试人员完成设备的调试任务		
项目负责人评价	负责人签字： 年　月　日		

（一）自主学习

（1）学习知识链接，简单描述智能门锁的调试过程。

（2）学习知识链接，简单描述智能门锁系统的配网流程。

（3）学习知识链接，简单描述中央控制模块的配网流程。

（二）课堂活动

1. 案例分析

前面已经进行了基本安防产品及智能门锁系统、燃气套装的选型与安装，针对案例 2，按照各设备的配网方法，进行设备调试。

2. 设备调试

（1）调试网关、路由器、电脑、手机或平板在同一个局域网络下。

（2）打开上位机软件，新建项目，并在系统设置中修改文件的保存路径。

（3）在设备树中添加设备，本案例重点突出安防系统训练，根据设备安装图，在设备树中添加两个分组“厨房”“主卧”，并在厨房添加“煤气阀”设备，在主卧添加“主卧廊灯”设备，如图 4-50 所示。

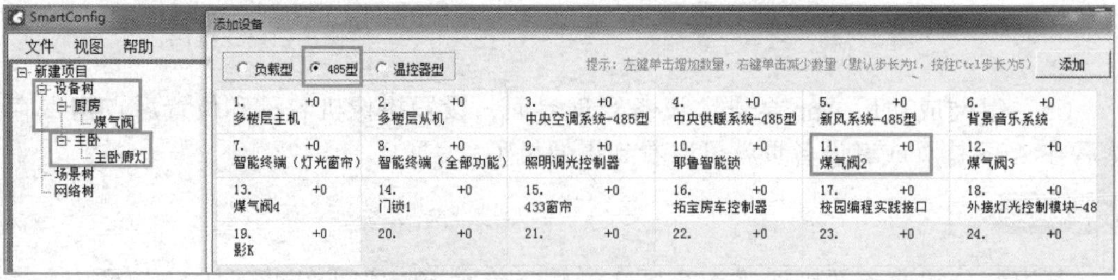

图 4-50　添加设备

（4）在网络树中添加网络，并在网络中添加面板——HK-60P4CW、网关、中央控制模块，如图 4-51 所示。

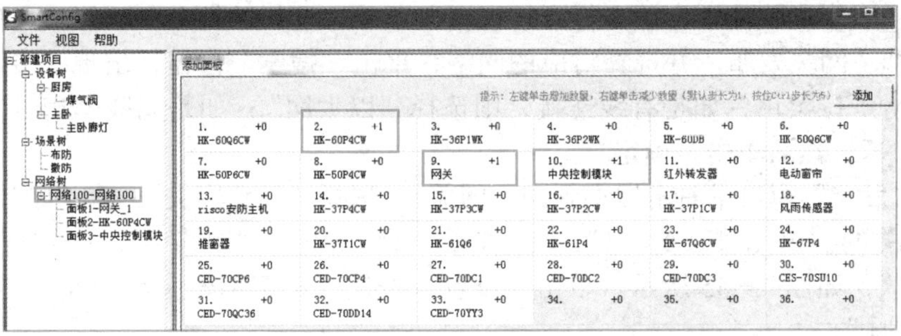

图 4－51 添加面板

（5）为 HK－60P4CW 面板添加负载，将主卧廊灯作为面板 2 的负载。中央控制模块添加负载，如图 4－52 所示，煤气阀作为面板 3 中央控制模块的负载。

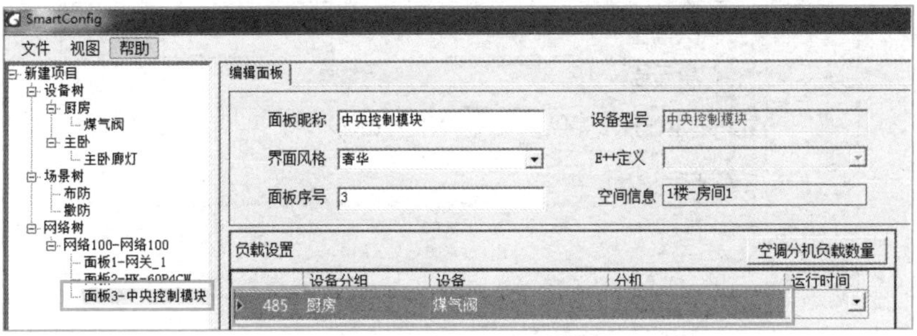

图 4－52 负载设置

（6）在场景树中添加“布防”“撤防”两个场景，以布防为例说明，如图 4－53 所示，设置“场景名”为“布防”，“类型”为“布防”，“负载设备”为“主卧廊灯”关（撤防时不需要主卧廊灯做出动作）。

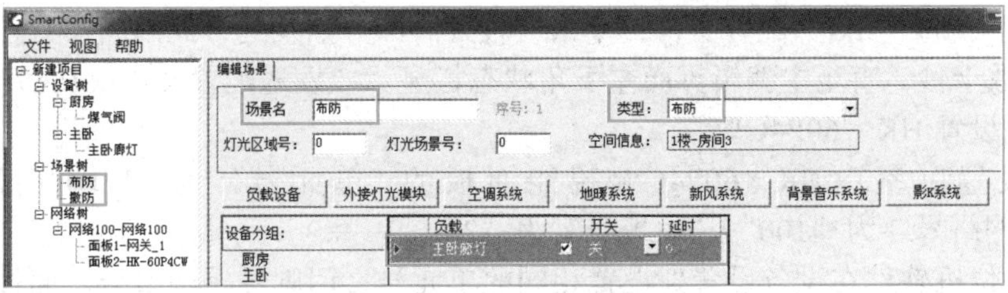

图 4－53 场景设置

（7）设置 HK－60P4 面板按键，如图 4－54 所示。

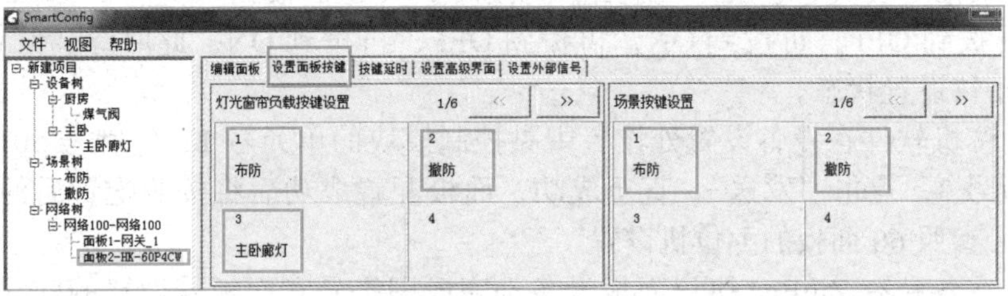

图 4－54 按键设置

（8）在上位机软件中，单击打开“视图”菜单，选择“发布”功能，出现“发布”界面。选择“网关发布”并选择对应的网络，单击“搜索”按钮，出现“多网卡选择”窗口，单击下拉菜单，如是有线连接，则选择“以太网”；如是无线 WiFi 连接，则选择“WLAN”，然后单击“确定”。

（9）“发布”窗口中右击搜索到的“网关”，选择“设置网关”，在“参数设置”窗口设置网关的“单元号”为“1”，“门牌号”为“501”，“网络号”为“100”，“面板号”为“1”，如图 4－55 所示。单击“设置”按钮，直至编辑主界面左下角显示“网关设置成功！”。

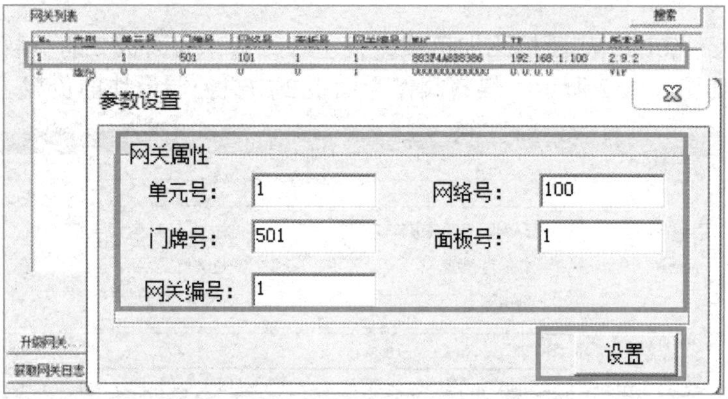

图 4－55　网关设置

（10）重复步骤（8）重新搜索网关，会自动显示当前网关设置的相关信息。

（11）单击“生成配置文件”按钮，直至左下角状态栏提示“执行成功”，配置文件保存在前期设置好的工程的保存路径中。

（12）单击“发送配置文件”按钮，进入前期设置的保存路径中 config 文件夹下，找到最新生成的“.txt”配置文件，单击“打开”即开始发送，此期间没有任何状态提示，等待数十秒，直至主编辑界面左下角状态栏显示“发送配置文件成功！”。

（13）设置 HK－60P4CW。

1）设置卧室中 HK－60P4CW 智能面板的“单元号”为“1”、“门牌号”为“501”、“网络号”为“100”、“面板号”为“2”。

2）上位机软件在设备设置处设置相同的单元号、门牌号、网络号、面板号，点击“发送”，直至成功。

（14）设置中央控制模块。

1）中央控制模块上电正常工作后，将拨码 1 从 OFF 拨到 ON，再拨到 OFF，再拨到 ON，再拨到 OFF，再拨到 ON，再拨到 OFF，再拨到 ON，此时绿、红色 LED 灯漫闪，处于待设置状态。

2）上位机软件在设备设置处设置中央控制模块的单元号 1、门牌号 501、网络号 100、面板号 3，点击“发送”，直至成功，面板配置成功后将按照配置后的面板号闪烁显示，可参照 60 面板的上位机设置。

（15）在各私有 ZigBee 协议面板设备都完成网络号和面板号设置的前提下，且处于“正常”状态而非“待配置”状态下，在上位机软件中单击“发布”将生成的“配置数据”通过网关一次性“发布”到各私有 ZigBee 协议面板设备中，发布过程中注意面板显示及中央控制模块指示灯的变化。

（16）所有数据发布成功后，检查 HK－60P4CW 面板按键显示，如图 4－56 所示，面板可实现对卧室廊灯的控制。

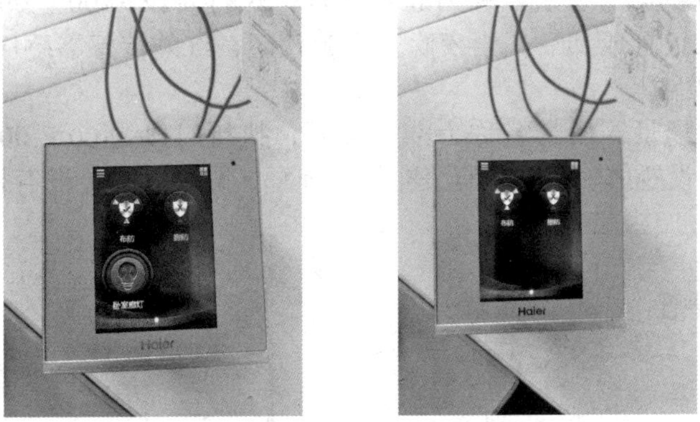

图 4－56 面板按键显示

（17）根据案例 1 与知识链接，完成智能家居安防传感器、摄像机、智能门锁、煤气阀在 App 端的设备绑定、添加。

（18）根据知识链接，完成智能门锁系统的入网及 App 端的设备绑定、添加，所有设备添加完成后，如图 4－57 所示。

（19）根据用户要求，设置安防场景。

1）设置自动场景“自动撤防”，即当满足条件“智能门锁开启”时，执行“门窗磁撤防、红外传感器撤防”，如图 4－58 所示。场景设置成功后，门锁正常开启时，家中相应安防产品自动撤防。

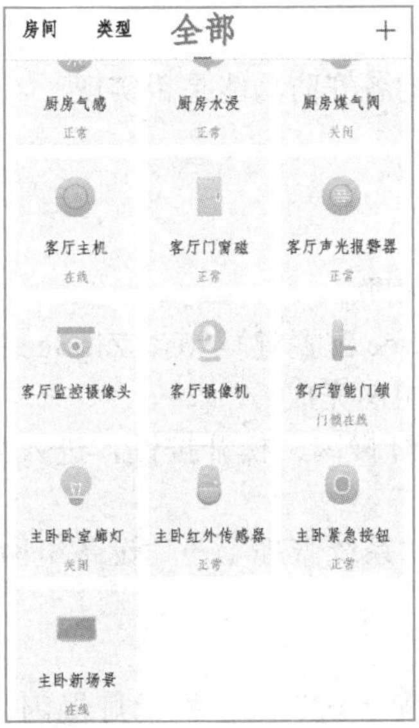

图 4－57 安防产品的添加

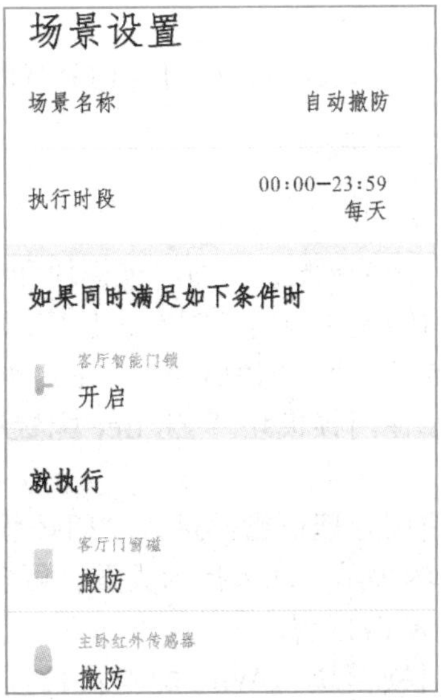

图 4－58 自动撤防

2）参照案例 1，完成手动场景“一键布防”“一键撤防”，场景设置成功后可实现全屋安防产品的手动布防与撤防。

3）参照案例 1，完成自动场景“红外报警”“门磁报警”“水浸报警”“紧急报警”“烟雾报警”“紧急报警”等。

4）设置自动场景，场景名称为起夜亮灯，执行时段为 00：00—06：00，如图 4－59 所示。场景设置成功后，当夜晚主人起夜时，红外传感器感应到人经过，将自动联动卧室廊灯开启。

5）设置自动场景，场景名称为漏气关阀，执行时段为 00：00—23：59，如图 4－60 所示。场景设置成功后，一旦发生燃气泄漏，立刻发出警报声并关闭燃气阀门。

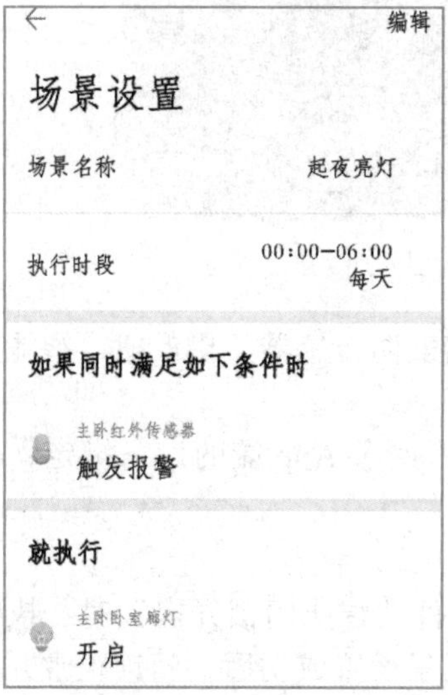

图 4－59　起夜亮灯

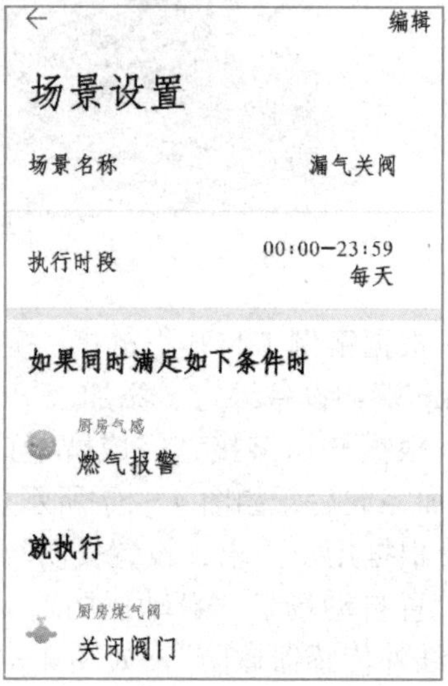

图 4－60　漏气关阀

3. 功能验证

场景设置完成后，小组互相监督验证客户要求的各安防功能是否实现。

（三）知识链接

1. 智能门锁系统入网

（1）ZigBee 配置，即门锁模块和智能门锁进行相联。

1）门锁模块与门锁配对：长按门锁模块“ZigBee 配置键”10s，ZigBee 指示灯由慢闪（0.5s 灯灭）变为快闪（0.1s 灯灭），表示清除组网完成。

2）按住门锁模块“ZigBee 配置键”5s，指示灯慢闪，松开按键，进入与门锁配置模式。

3）使用管理员密码进入“门锁管理”菜单→“系统管理”→“设备组网”，等待组网成功的提示，如果提示失败，可多试几次。

（2）WiFi 配置。

1）门锁模块与 WiFi 配对：长按模块“WiFi 配置键”5s，指示灯慢闪，松开按键，进入配置模式。

2）手机接入 WiFi，打开“安住家庭”App，选择“添加新设备”→“配置新设备”→“门锁网关”，按照提示输入 WiFi 密码，等待成功的提示。配置成功后 WiFi 指示灯常亮、自动退出配置状态；如果始终提示失败，可尝试切换为安卓或苹果客户端重试。

2. 中央控制模块调试

（1）中央控制模块上电。

刚上电时，红色和绿色指示灯同时快闪，然后进入正常工作状态，正常状态绿色指示灯闪烁，红色指示灯熄灭，如果绿色指示灯常亮，表示 ZigBee 模块的网络参数尚未设置。

（2）恢复中央控制模块的出厂设置。

先将拨码全部拨至 OFF，将第 4 位拨到 ON 位置，再拨到 OFF，再拨到 ON，再拨到 OFF，再拨到 ON，此时模块恢复出厂清除所有配置信息。没有配置过的面板，绿、红色 LED 灯常亮。如将拨码 1 拨到 OFF 超过 5s，中央控制模块将恢复正常工作状态。

（3）设置中央控制模块的“面板号”。

查询过中央控制模块的“面板号”之后，接着将拨码 1 从 OFF 拨到 ON，再拨到 OFF，再拨到 ON，再拨到 OFF，再拨到 ON，再拨到 OFF，再拨到 ON，此时绿、红色 LED 灯慢闪，处于待设置状态（如绿、红色 LED 灯一直快闪，表示 ZigBee 模块有问题）。

设置技巧：先将 4 位拨码都拨到 OFF，再将第 4 位来回拨 3 次左右，可以慢一点，当停留在 ON 状态时，指示灯会有反应。然后再来回拨动第 1 位，直到指示灯再次有反应，一般来回拨 4 次时停留在 ON 的时候，绿、红色 LED 灯慢闪。

（4）下发“面板号”给中央控制模块。

上位机软件中单击“设置”，填入单元号、门牌号、网络号、面板号后单击“发送”，中央控制模块接收到发来的组网参数设置指令，面板配置成功后将按照配置好的面板号闪烁显示。

（5）查询模块地址。

先将拨码 1 拨到 ON 位置，再拨到 OFF 位置，再拨到 ON 位置，模块进入待组网模式，此时通过指示灯不同点亮方式来表示此面板的面板号。

3. 燃气套装设备调试

（1）定义中央控制模块的 485 类型为煤气阀并设置地址。

（2）发布数据。

（3）发送配置文件到网关后重启网关。

（4）App 搜索网络中的设备，绑定燃气阀后即可控制。

注意：为了安全考虑，App 中只能关阀不能开阀。

四、考核评价

根据任务三考核评价表进行组内评价、教师评价及企业教师评价，见表 4－21。

表 4－21　任务三考核评价表

评价内容		分值	评分		
			组内评价	教师评价	企业教师评价
上位机软件（20 分）	能按控制方案正确建立设备树、场景树、网络树，每错一处扣 2 分	10			
	能正确设置设备参数并完成配网，每错一处扣 2 分	10			
	能按步骤正确发布数据，且发布成功、结果正确（视情况酌情扣分）	10			
App 调试（50 分）	所有设备能在手机 App 端添加成功，每不成功一处扣 2 分	10			
	场景设置合理、正确，能够覆盖用户需求，每不成功一处扣 2 分	20			
	手机 App 最终实现单品、场景的控制	10			
	能根据调试现象进行故障分析，并调试正确	10			
安全生产（10 分）	遵守安全生产文明规程	5			
	按照 6S 标准进行现场出清	5			
团队风貌（10 分）	团队成员之间相互配合、互相监督，在良好的沟通下合力完成任务	10			
用时（10 分）	在规定的时间内完成任务，每超时 5 分钟扣 5 分	10			
合计					

五、拓展学习

家庭安防系统（三）

六、课后练习

根据燃气套装的安装与调试，设置并完成场景“漏水关阀”，即当水浸感应器感应到漏水后，立即发出报警并关闭水阀。

活页笔记

岗位再现

本环节要求各小组编写剧本，小组成员饰演其中角色，运用所学的知识和技能，再现实际智能家居工程实施中各环节主要角色的工作场景，见表4－22。

表4－22 岗位再现

场景	针对岗位	岗位场景再现要求
场景一	售前工程师、客户	分别由一名同学饰演售前工程师小慧，一到两名同学饰演客户，模拟客户到店选型场景。 1. 客户角色需阐述自己户型情况及需求。 2. 售前工程师角色需把握客户的需求，根据客户诉求、产品功能和定位为客户介绍海尔各安防传感器、摄像机、智能门锁及燃气套装的特点，并建议客户合理选择设备
场景二	硬件工程师、硬件安装人员	分别由一名同学饰演硬件工程师小智，一到两名同学饰演安装人员，模拟硬件安装过程场景。 1. 安装人员需按照安防产品安装注意事项进行安装。 2. 硬件工程师角色需向安装人员讲解海尔安防产品的性能指标、接线注意事项，尤其是红外传感器、智能门锁及燃气套装的安装注意事项
场景三	调试工程师、调试施工人员、售后工程师	分别由一名同学饰演调试工程师小智，一到两名同学饰演客户，模拟调试完成后向客户讲解系统使用方法和实现功能。 1. 调试工程师需向调试施工人员讲解各安防产品的联动以及如何调试。 2. 调试施工人员需根据调试工程师讲解内容进行相应操作，针对讲解不足的方面提出进一步询问。 3. 售后工程师向客户展示安防产品的日常使用方法及注意事项，客户根据讲解进行相应操作，并针对问题进行进一步的询问

综合评价

按照综合评价表，完成对学习过程的综合评价，见表4－23。

表 4－23　综合评价表

<table>
<tr><td colspan="2">班级</td><td></td><td colspan="2">学号</td><td></td></tr>
<tr><td colspan="2">姓名</td><td></td><td colspan="2">综合评价等级</td><td></td></tr>
<tr><td colspan="2">指导教师</td><td></td><td colspan="2">日期</td><td></td></tr>
<tr><td rowspan="2">评价项目</td><td rowspan="2">评价内容</td><td rowspan="2">评价标准</td><td colspan="3">评价方式</td></tr>
<tr><td>自我评价</td><td>小组评价</td><td>教师评价</td></tr>
<tr><td rowspan="3">职业素养（30 分）</td><td>安全意识责任意识（10 分）</td><td>A 作风严谨、自觉遵章守纪、出色完成工作任务（10 分）
B 能够遵守规章制度、较好地完成工作任务（8 分）
C 遵守规章制度、没完成工作任务或完成工作任务但忽视规章制度（6 分）
D 不遵守规章制度、没完成工作任务（0 分）</td><td></td><td></td><td></td></tr>
<tr><td>学习态度（10 分）</td><td>A 积极参与教学活动、全勤（10 分）
B 缺勤达本任务总学时的 10%（8 分）
C 缺勤达本任务总学时的 20%（6 分）
D 缺勤达本任务总学时的 30% 及以上（4 分）</td><td></td><td></td><td></td></tr>
<tr><td>团队合作意识（10 分）</td><td>A 与同学协作融洽、团队合作意识强（10 分）
B 与同学能沟通、协同工作能力较强（8 分）
C 与同学能沟通、协同工作能力一般（6 分）
D 与同学沟通困难、协同工作能力较差（4 分）</td><td></td><td></td><td></td></tr>
<tr><td rowspan="2">专业能力（70 分）</td><td>任务主题一（20 分）</td><td>A 能根据客户诉求、产品功能和定位为客户介绍设备特点，正确引导客户进行设备选型，按时、完整地完成产品配置清单（20 分）
B 能根据客户诉求、产品功能和定位为客户介绍设备特点，正确引导客户进行设备选型，按时完成产品配置清单（17 分）
C 能根据客户诉求、产品功能和定位为客户介绍设备特点，正确引导客户进行设备选型，但不能按时完成产品配置清单（16 分）
D 不能根据客户诉求、产品功能和定位为客户介绍设备特点，不能正确引导客户进行设备选型（0 分）</td><td></td><td></td><td></td></tr>
<tr><td>任务主题二（20 分）</td><td>A 能够根据设计方案，向安装人员讲解海尔设备的性能指标、接线注意事项，对安装人员进行现场的技术指导工作（20 分）
B 能够根据设计方案，向安装人员讲解海尔设备的性能指标、接线注意事项，但不能对安装人员进行现场的技术指导工作（16 分）
C 能够根据设计方案，向安装人员讲解海尔设备的性能指标，不能对安装人员进行现场的技术指导工作（12 分）
D 能够根据设计方案，对安装人员进行现场的技术指导工作（10 分）</td><td></td><td></td><td></td></tr>
</table>

续表

评价项目	评价内容	评价标准	评价方式		
			自我评价	小组评价	教师评价
专业能力（70分）	任务主题三（30分）	A 能够按设计方案进行设备调试，对设备正确配网，一次性调试成功（30分） B 能够按设计方案进行设备调试，对设备正确配网，遇到故障，能根据典型故障分析表排除故障（28分） C 能够按设计方案进行设备调试，对设备正确配网，遇到故障，不能根据典型故障分析表排除故障，需要教师指点，排除故障（26分） D 能够按设计方案进行设备调试，配网步骤不够熟练，调试遇到故障，不能根据典型故障分析表排除故障，需要教师指点，排除故障（20分）			
创新能力		学习过程中提出具有创新性、可行性的建议	加分奖励：		

考证要点

一、单项选择题

1. 海尔智能门锁临时供电都采用什么方式？（　　）

A. 5V 电池　　B. 充电宝 Micro USB

C. 太阳能　　D. 其他弱电

2. 海尔智能门锁全系列门锁由（　　）V 供电。

A. 3.3　　B. 4.5　　C. 5　　D. 6

3. 对于海尔智能锁下列描述错误的是（　　）。

A. 门锁断电后指纹密码信息会丢失

B. 门锁没电后，可在室外进行紧急供电

C. 门锁外壳材质为锌合金

D. 锁舌为不锈钢材质

4. 智能锁核心部件不包含（　　）。

A. 前后面板　　B. 锁体

C. 指纹传感器　　D. 锁芯

二、多项选择题

1. 海尔智能门锁链接 App 有什么作用？（　　）

A. 远程管理　　B. 报警信息上报

C. 远程开锁提醒　　D. 远程发送临时密码

2. 智能门锁可以联动哪些产品？(　　)

A. 空调　　B. 灯光　　C. 窗帘　　D. 其他安防设备

三、判断题

1. 通过安住家庭或者智家 App 绑定门锁后，可以实现家庭成员多账号同时操作门锁。(　　)

2. 安装智能门锁前面板时，确保其紧贴门面，防撬开关处于受压状态。(　　)

3. 海尔智能门锁接入全屋智能系统后可以实现回家场景的联动，如打开灯光、窗帘、家电等。(　　)

4. 海尔全屋安防系统不仅支持全屋报警，也支持对用户手机 App 的远程报警信息推送。(　　)

\>\> 项目五

智能窗户

任务一 设备选型

一、学习目标

知识目标

（1）能描述智能开窗器、窗帘电机的作用。

（2）能描述智能开窗器、窗帘电机的优势和产品类型，并对比两种不同的窗帘电机，完成“设备功能及卖点”表格填写任务。

（3）能叙述风雨传感器的技术参数及功能。

能力目标

（1）在教师引导下，能根据案例描述，填写工作任务单。

（2）能根据客户诉求、预算、产品功能为客户介绍各型号智能开窗器、窗帘电机、风雨传感器特点，填写“海尔 U－home（智能家居）产品配置清单”及选型方案。

素养目标

（1）能与客户有效沟通，建议客户合理选择设备。

（2）在任务完成过程中，能与团队合作完成小组任务，并对自我及小组成员做出合理的评价。

二、学习内容

学习内容见表 5－1。

表 5－1　学习内容

任务主题一	智能开窗器、窗帘电机、风雨传感器选型	建议学时	6 学时
任务内容	学习知识链接内容，根据市场定位，客户诉求、预算，进行智能开窗器、窗帘电机选型，填写“海尔 U－home（智能家居）产品配置清单”中的“智能开窗器、窗帘电机”部分，并完成选型方案		

三、学习过程

案例

某家装公司业务部接到“A 小区 2 号楼一单元 602 房间（三室两厅两卫，户型图见图 5－1）需安装全屋智能家居”的装修任务，公司将其中的“智能窗户的安装与调试”任务交给物联网安装与调试人员来完成。具体要求：售前工程师小慧需根据客户需求（所有窗户安装智能开窗器，能自动打开窗户透风，并实现防雨 / 防大风这一需求，客厅及三室均安装窗帘电机），正确引导客户对智能开窗器、窗帘电机进行选型。

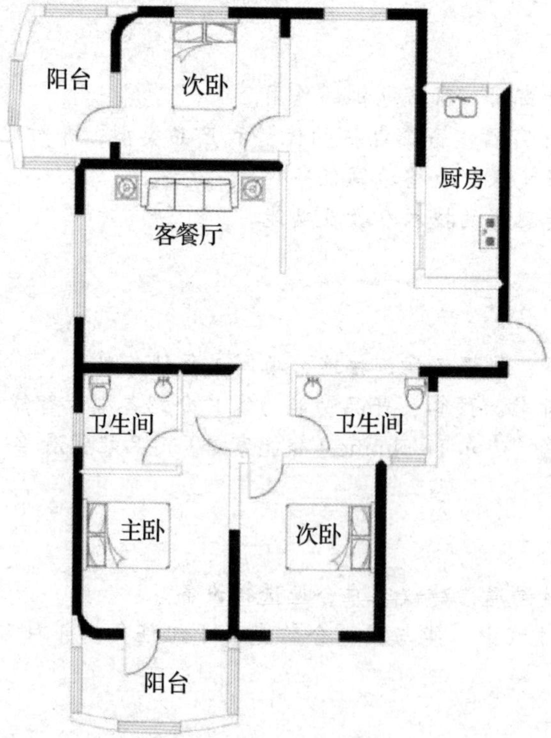

图 5－1　户型图

根据以上情景，填写如表 5－2 所示工作任务单。

表 5－2　工作任务单

工作任务	智能开窗器、窗帘电机的选型	派工日期	年　月　日
工作人员		工作负责人	
签收人		完工日期	年　月　日
工作内容	根据客户需求（所有窗户安装智能开窗器，客厅及三室均安装窗帘电机），正确引导客户对智能开窗器、窗帘电机进行选型		
项目负责人评价	负责人签字： 年　月　日		

（一）自主学习

1. 视频观看

扫码观看智能开窗器、电动窗帘工作视频，了解智能家居中智能窗户的工作原理及特点。

智能电动窗帘工作

2. 自主预习

自学知识链接内容，填写表 5－3。

表 5－3　设备功能及卖点

产品名称	产品功能	产品卖点
智能开窗器		
HK－55 系列窗帘电机		
HK－60 系列窗帘电机		

（二）课堂活动

1. 案例分析

考虑到市场定位，用户预算等，以中控面板为核心，实现大户型全屋安防、全屋照明、全网覆盖、全屋遮阳的全屋智能控制，所有窗户安装智能开窗器，能自动打开窗户透风，并在阳台外安装风雨传感器，在风雨天气自动关窗，实现防雨 / 防大风这一需求；客厅及三室均安装窗帘电机，结合智能面板的选型，考虑到 HK－60 系列窗帘电机无须接控制面板，直接插接电源，客厅使用 61Q6 智能场景面板，次卧室使用 37 系列智能开关面板，因此在客厅、次卧安装 HK－60 系列窗帘电机；考虑到 HK－55 系列窗帘电机需要接控制面板，主卧室使用 61P4 智能场景面板与 37P2 智能开关面板，因此在主卧室与书房的 37P2 智能开关面板上各安装 HK－55 系列窗帘电机。

2. 设备选型

各小组分演客户、销售角色，从市场定位、用户预算等方面进行考虑，以中控面板为核心，实现大户型全屋安防、全屋照明、全网覆盖、全屋遮阳的全屋智能控制，所有窗户安装智能开窗器，客厅及三室均安装窗帘电机。现需对智能开窗器、窗帘电机的型号进行选择，结合用户对智能面板的选择，推荐合适的窗帘电机，并填写表 5－4。

表 5－4　海尔 U－home（智能家居）产品配置清单

序号	产品名称	品牌	规格型号	单位	数量	功能简介
家庭网关（网络控制中心）－需接入外网（根据户型大小配置网络环境）						
家庭智能中继		U－home	HW－WZ6JC	台	1	
智能开窗器、电动窗帘系统						
1.	智能开窗器					
2.	55 系列窗帘电机					
3.	60 系列窗帘电机					
4.	风雨传感器					
.						
价格汇总						
		设备合计				
		安装调试费	设备 *15%			
		工程造价				
备注：本清单为设备预算清单，数量根据实际情况来定						

3. 选型设计

根据以上产品清单，结合智能面板的选型进行选型设计，填写表 5－5。

表 5－5　智能开窗器、窗帘电机、风雨传感器选型设计

任务主题			
班级		组别	
组内成员			
客厅	开窗器型号		
	窗帘电机型号		
	风雨传感器		
	与智能面板的连接		
	场景设置		

续表

主卧室	开窗器型号	
	窗帘电机型号	
	与智能面板的连接	
	场景设置	
次卧室	开窗器型号	
	窗帘电机型号	
	与智能面板的连接	
	场景设置	
次卧室	开窗器型号	
	窗帘电机型号	
	与智能面板的连接	
	场景设置	
厨房	开窗器型号	
餐厅	开窗器型号	
主卧卫生间	开窗器型号	
卫生间	开窗器型号	

（三）知识链接

普通窗户在家中燃气泄漏时不能自动打开，在下雨或刮大风、沙尘天气也不能自动关闭，智能推窗器与安防产品结合使用，即可实现以上功能。在现代家装中，安装智能开窗器将会成为一种趋势。

窗帘在我们生活中扮演着重要角色，具有挡风保暖、遮阳避暑、保护隐私、减少噪音等功能。随着智能电子技术在生活中的广泛应用，窗帘的智能化进程在智能家居中起着重要的作用，给家居生活带来更多的方便性和舒适感。智能窗帘已经成为未来家居装饰潮流发展的最新方向，是未来窗帘的发展趋势。

1. 智能开窗器（见图 5－2）

图 5－2　智能开窗器

（1）市场需求：

1）风雨传感器与无线开窗器的组合，可实现防雨 / 防大风这一需求，如图 5－3 所示。

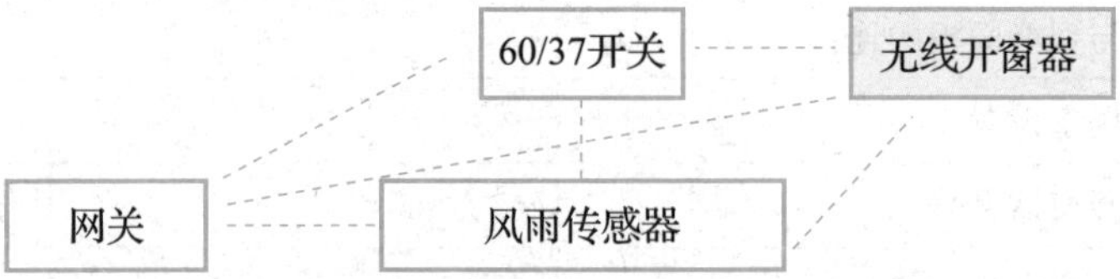

图 5－3　风雨传感器与无线开窗器的组合

2）家庭联动，比如家里过热，关窗户开空调等的联动，实现室温调节；比如家里空气差，实现换风透气等。

3）预约时段开关窗户。

（2）市场应用：

1）高位窗户，窗户的安装位置较高或过远，单靠人力触及不到。

2）窗户太重，开启或关闭费力，手动开关使用不便。

3）对室内有恒温要求。

4）楼宇自动控制，智能家居控制等。

（3）功能参数：

1）功能：24V 直流 /220V 交流，静音直流电机，额定 300W，推力 100 ～ 300N 可调节。

2）优势：带组网按键、开关按键；带双色指示灯，无线 ZigBee 组网，通过网关与海尔智能家居系统组网使用，也可以与 60 智能面板直接互联；支持开合功能；60 面板支持 7 挡开合度调节。

3）离机可用：机身自带开合 / 复位物理按键，方便特定时候直接用手控制。

4）上下端双电源插口，布线更方便美观。

5）材料：链条碳钢镀镍，长度分 30cm、50cm 或者可调节；铝合金材料。

6）机身：6061 航空铝。

7）安装方式：外装。

8）尺寸：（向下兼容，如 AH－50 可以支持开合距离 50cm 以内的窗户）。

- AH－30 尺寸：宽度 43mm、高度 33mm、长度 420mm。
- AH－50 尺寸：宽度 43mm、高度 33mm、长度 524mm。

（4）智能控制：

1）远程开关窗，手机远程开关窗户和查看状态。

2）定时开关窗，设置定时时段，保持室内空气清新。

3）下雨大风自动关窗，通过风雨传感器，联动窗户。

4）智能遇阻停止，首次开合自动计算距离。

5）多重过载保护，保证工作稳定性。

（5）领先功能：

1）工艺卓越、体积小巧。

2）超低噪音设计。

3）多种控制方式，且任意走线，语音、手机、开关遥控，自带按键。

4）智能场景联动，与全屋产品联动。

注意事项：智能开窗器适用于前后推拉窗户，不适合左右滑动窗户，如图 5－4 所示。

图 5－4　智能开窗器应用

2. 窗帘电机

电动窗帘的基本作用包括：

- 自动调节光线。利用窗帘，根据需要采光或遮光。如休息时要求光线较暗，工作、学习时要求光线较亮；如白天打开窗帘，夜晚关闭窗帘。
- 隐私保护。采用窗帘可起到遮挡外来视线、增强私密性的作用。
- 调节室内温度。夏季选择能遮光和防辐射的窗帘布料可以避免阳光辐射的热量通过窗户进入室内。冬季选择用羊毛等自然纤维的较厚的窗帘可以阻止热量通过窗户散至室外，抵抗寒冷，从而达到调节室内温度的作用。

（1）HK－55 系列窗帘电机。

HK－55DB 窗帘电机如图 5－5 所示。

1）产品主要功能：

轻触启动功能；停电手拉功能；电子记忆行程限位功能；遥控功能；安全电压功能；超长寿命，经久耐用。

2）核心技术点：

支持 App、面板、开关、遥控器多种方式控制；产品开关轻开轻合，提升用户体验，提高产品使用寿命；轻简机身，可承重 50kg；直流供电，运行更安静；温升、过载、超时多重保护功能。

（2）HK－60 系列窗帘电机。

HK－60DBA 窗帘电机如图 5－6 所示。

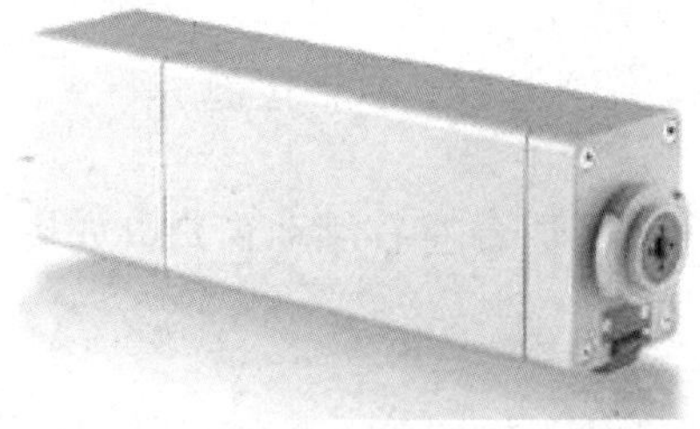

图 5－5　HK－55DB 窗帘电机

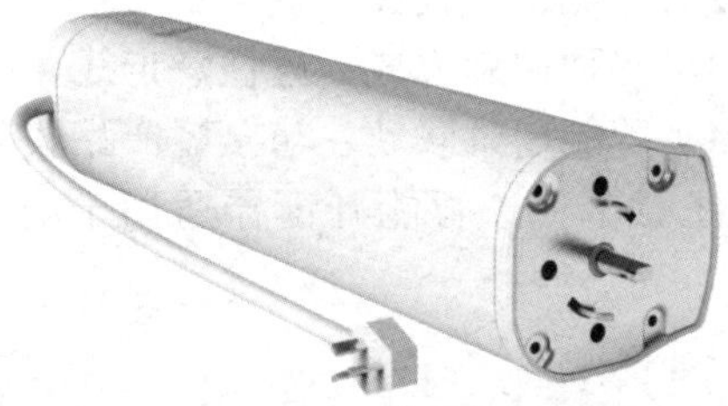

图 5－6　HK－60DBA 窗帘电机

1）产品主要功能：

支持 App 控制及场景联动；支持专用遥控器控制；支持通过 61 面板，37 开关控制电机；具备轻开轻合功能；支持遇阻停止功能；支持停电手拉功能；具有升温、过载、超时多重保护功能。

2）核心技术点：

- 多设备控制一个窗帘，如图 5－7 所示，与智能面板组网，安装维护方便，随时添加升级，无须一次购置。
- ZigBee 技术，无线控制，如图 5－8 所示，一个设备可以控制很多窗帘。
- 全无线控制，如图 5－9 所示，ZigBee 智能窗帘可以更方便地进行远程控制，状态实时反馈，轻松实现网内任何一个智能开关对 ZigBee 窗帘的无线控制。
- 手机远程，状态反馈，如图 5－10 所示，准确控制开合度，开合尺度状态同步。

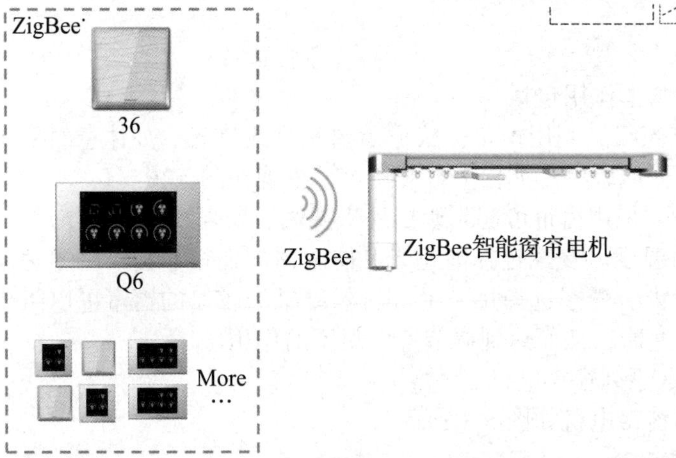

图 5－7　多设备控制一个窗帘

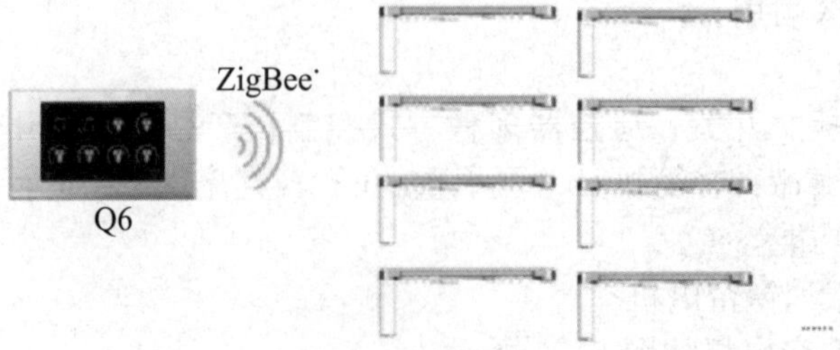

图 5－8　ZigBee 技术

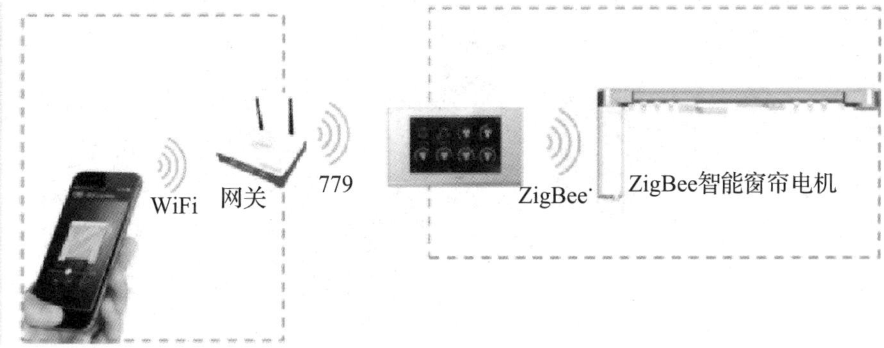

图 5-9　全无线控制

图 5-10　手机远程

3. 风雨传感器

风雨传感器与无线开窗器组合，实现防雨/防大风这一需求，如图 5-11 所示，在家庭设备中可与智能开窗器进行联动：风雨传感器将即时天气变化通知网关，网关执行已经设置的场景。

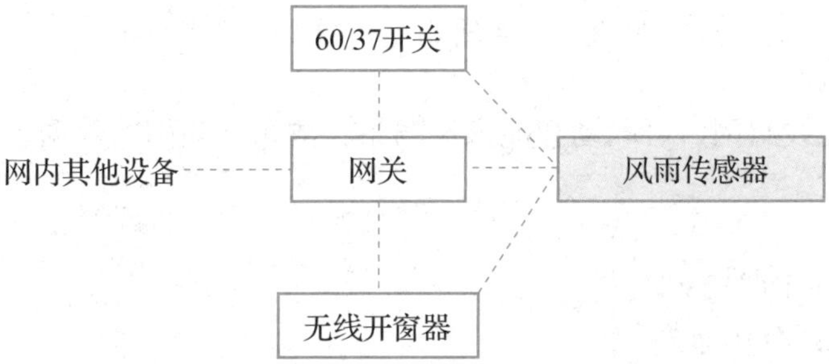

图 5-11　风雨传感器与其他设备的关系

风雨传感器如图 5-12 所示。

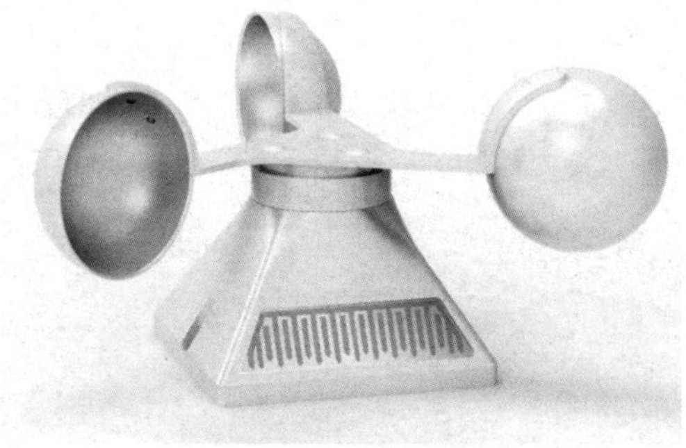

图 5－12　风雨传感器

（1）系统架构。

智能开窗器系统架构（私有协议 ZigBee），如图 5－13 所示。

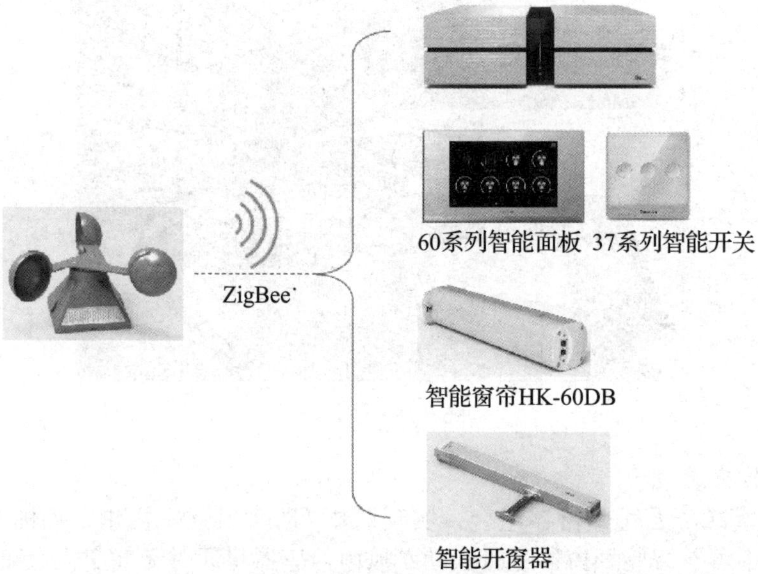

图 5－13　智能开窗器系统架构（私有协议 ZigBee）

智能开窗器系统架构，如图 5－14 所示。

（2）功能参数。

1）功能：无线组网，可联动智能家居场景；测风、测雨，数据上传，手机可查看状态。

2）参数：

- 工作电压：DC 12V。
- 通信方式：ZigBee。
- 风速测试范围：0 ～ 25m/s。
- 风感响应时间：<10s。
- 雨感响应时间：<10s。

- 工作环境：0℃～60℃。
- 湿度≤90%RH。
- 防护等级：IP45。
- 功耗：<1W。
- 材料：铝合金材料。
- 机身：三防底盒设计。
- 安装方式：外装。
- 尺寸：196mm 直径，高 84mm。

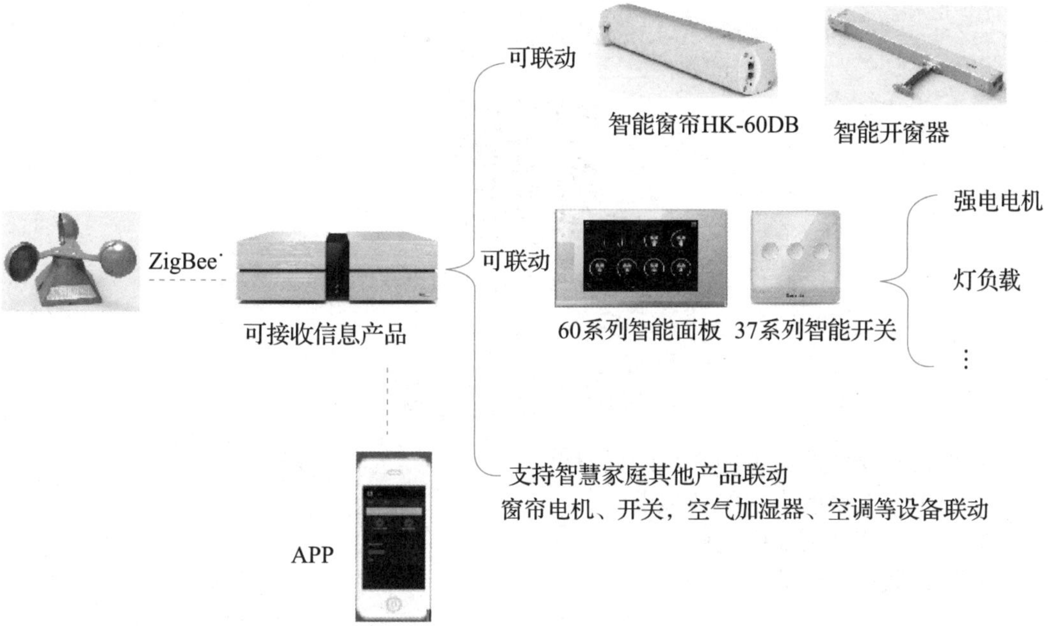

图 5－14　智能开窗器系统架构

四、考核评价

依据任务一评分标准进行自我评价、小组评价及教师评价，见表 5－6。

表 5－6　任务一评分标准

评价内容	分值	自我评价	小组评价	教师评价
客户角色是否阐述清自己户型情况、需求、预算	10			
售前工程师角色是否了解客户的需求	10			
售前工程师角色能否根据客户诉求、产品功能和定位为客户介绍各型号智能开窗器、窗帘电机特点，并建议客户合理选择设备	30			
方案设计是否合理	30			

续表

评价内容	分值	自我评价	小组评价	教师评价
方案设计是否全面、完善	10			
剧本编写是否顺畅，能否顺利饰演各个角色	10			
合计				

五、拓展学习

不同窗帘电机的特点及技术参数

六、课后练习

1. 根据需要修改本组的产品配置清单。
2. 根据需要修改本组的选型设计。
3. 简述智能开窗器的功能。
4. 简述风雨传感器的功能。

活页笔记

任务二 设备安装

一、学习目标

知识目标

（1）通过对窗帘电机轨道结构的学习，能正确说出各部分组成的名称。
（2）查阅相关学习资料，能正确掌握智能开窗器、窗帘电机的安装方式。
（3）查阅相关学习资料，能正确说明不同类型窗帘电机的接线方法。
（4）查阅相关学习资料，能正确掌握风雨传感器的安装方法。

能力目标

（1）在教师引导下，能根据案例描述，填写工作任务单。
（2）能与小组成员合作完成工作计划的填写任务。
（3）能对硬件安装人员进行技术指导，协助安装人员完成设备安装任务。

素养目标

（1）实训完成后，能按规定进行工具整理、剩余材料收集、工程垃圾清理。
（2）在任务完成过程中，能与团队合作完成小组任务，并对自我及小组成员做出合理的评价。

二、学习内容

学习内容见表 5－7。

表 5－7　学习内容

任务主题二	智能开窗器、窗帘电机安装	建议学时	6 学时
任务内容	学习知识链接内容，根据设备清单、选型方案及工作计划，指导现场安装人员完成硬件安装任务		

三、学习过程

案例

某家装公司业务部接到“A 小区 2 号楼一单元 602 房间（三室两厅两卫），需安装全屋智能家居”的装修任务，公司将其中的“智慧窗户的安装与调试”任务交给物联网安装与调试人员来完成。售前工程师小慧已根据客户需求、成本，向其推荐了AH－50智能开窗器、HK－55系列窗帘电机、HK－60系列窗帘电机、风雨传感器。具体要求：下面实施工程师小智将结合设备选型，在智能灯光及智能安防的基础上，根据选型方案，对硬件安装人员进行技术指导，协助安装人员完成设备安装任务。根据以上情景，填写如表5－8所示工作任务单。

表5－8　工作任务单

工作任务	智能开窗器、窗帘电机的安装	派工日期	年　月　日
工作人员		工作负责人	
签收人		完工日期	年　月　日
工作内容	根据客户需求（所有窗户安装智能开窗器，客厅及三室均安装窗帘电机），对硬件安装人员进行技术指导，协助安装人员完成设备安装任务		
项目负责人评价	负责人签字： 年　月　日		

窗帘轨道组装

（一）自主学习

1. 视频观看

扫描二维码，观看窗帘电机轨道组装视频，了解窗帘电机轨道的结构，如图5－15所示。

2. 预习知识链接，完成以下填空

风雨传感器在安装时应保持＿＿＿＿＿＿＿＿，不能＿＿＿＿＿＿＿＿，配网按键位于产品＿＿＿＿＿＿＿＿。

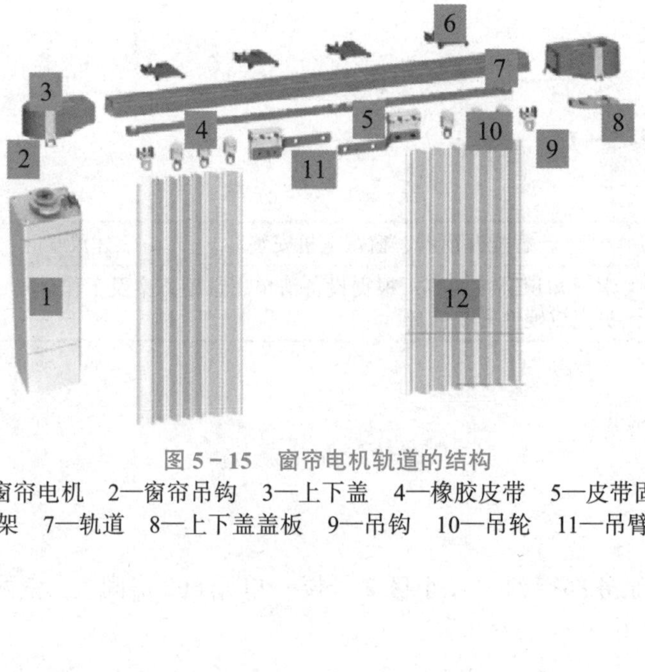

图5－15　窗帘电机轨道的结构

1—窗帘电机　2—窗帘吊钩　3—上下盖　4—橡胶皮带　5—皮带固定扣
6—轨道支架　7—轨道　8—上下盖盖板　9—吊钩　10—吊轮　11—吊臂　12—窗帘

（二）课堂活动

1. 案例分析

根据案例的设备选型情况，按照设计位置安装，在装修过程中的水电改造环节注意提前预留插座，安装前阅读相应设备的安装说明，按相应规范要求进行安装施工。

2. 设备安装

各组成员合理分工，填写表 5－9，通过学习知识链接，按照工作计划，合作完成设备安装任务。

表 5－9　工作计划

<table>
<tr><td>任务主题</td><td colspan="5"></td></tr>
<tr><td>班级</td><td colspan="2"></td><td>组别</td><td colspan="2"></td></tr>
<tr><td>组内成员</td><td colspan="5"></td></tr>
<tr><td colspan="6">工作计划</td></tr>
<tr><td rowspan="5">人员分工</td><td colspan="2">小组负责人</td><td colspan="3"></td></tr>
<tr><td>小组成员及分工</td><td></td><td>姓名</td><td colspan="2">分工</td></tr>
<tr><td></td><td></td><td colspan="2">安全员</td><td></td></tr>
<tr><td></td><td></td><td colspan="2">安装</td><td></td></tr>
<tr><td></td><td></td><td colspan="2">安装</td><td></td></tr>
<tr><td colspan="6">工具及材料清单</td></tr>
<tr><td rowspan="10">工具及材料清单</td><td>序号</td><td>工具或材料名称</td><td>单位</td><td>数量</td><td>用途</td></tr>
<tr><td></td><td></td><td></td><td></td><td></td></tr>
<tr><td></td><td></td><td></td><td></td><td></td></tr>
<tr><td></td><td></td><td></td><td></td><td></td></tr>
<tr><td></td><td></td><td></td><td></td><td></td></tr>
<tr><td></td><td></td><td></td><td></td><td></td></tr>
<tr><td></td><td></td><td></td><td></td><td></td></tr>
<tr><td></td><td></td><td></td><td></td><td></td></tr>
<tr><td></td><td></td><td></td><td></td><td></td></tr>
<tr><td></td><td></td><td></td><td></td><td></td></tr>
<tr><td rowspan="3">工序及工期安排</td><td colspan="4">工作内容</td><td>完成时间</td></tr>
<tr><td colspan="4"></td><td></td></tr>
<tr><td colspan="4"></td><td></td></tr>
<tr><td colspan="6">安全防护措施</td></tr>
</table>

（三）知识链接

1. 智能开窗器的安装

智能开窗器安装示意图如图 5－16 所示。

（1）安装步骤：

1）斟酌位置：将链条完全伸出，拿主机在窗户上对比一下，找到合适的安装位置。

2）安装座子：先关闭窗户确定安装座子的位置，然后锁上 B 螺丝。

3）安装插销：把链条头对准座子的插孔，然后放入插销。

4）安装支架：把链条收紧并关紧窗户，拿主机和支架对比，确定支架安装位置，半拧 A1 螺丝，最后确认位置没问题再拧紧 A2 螺丝并拧紧 A1 螺丝。

5）接上主机：将主机放在两个支架中间并拧入两端的半牙螺丝。

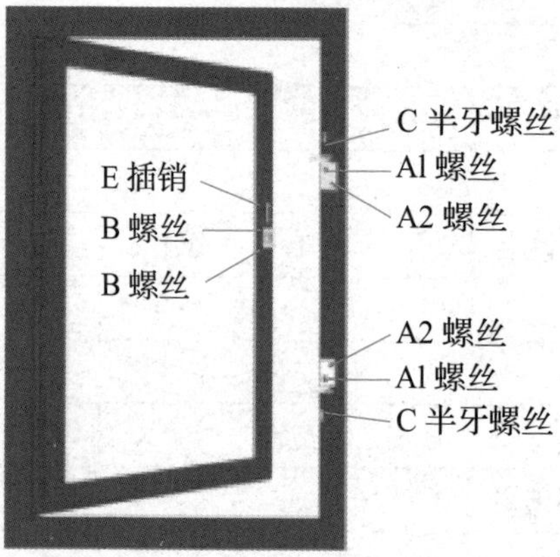

各部件安装位置

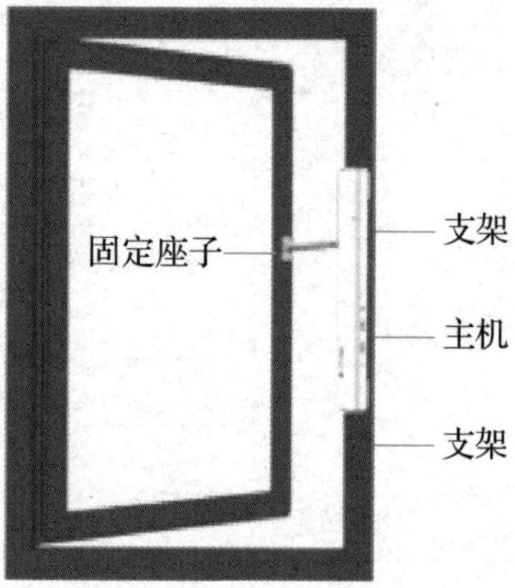

安装主机后效果

图 5－16　智能开窗器安装示意图

（2）注意事项：

1）安装座子时，一定要先关闭窗户确定座子的位置，安装的座子一定跟窗框平行。本产品不能侧装，亦不可用于天窗。

2）注意出链口不要装反，否则不能正常出链。

3）链条与窗框之间要留有距离，以保证出链正常，链条太靠近窗框会卡链。

4）窗户上如有把手，安装位置足够时跳过把手位置安装，安装位置不够时可移动把手位置或拆卸把手。

5）拧支架螺丝时先半拧 A1 螺丝，微调支架的位置，以支架侧边为参考线，确保在两个支架同一水平线上并水平出链顺利，然后再拧紧 A2 螺丝，最后拧紧 A1 螺丝。

6）链条每个季度应用软布与 WD－40 除锈润滑剂或同类产品擦拭一次。

7）主机外壳可以溅水，但是不可被雨水直接淋到，请勿直接使用于室外或暴露在室外。

8）因手机 App 发送的指令都需要经网络传输到云服务器，因此发送指令时出现延时 2 ～ 5s 是正常现象。请不要连续发送开窗、关窗或拖动开关指令，建议每条指令之间间隔 5s 以上再进行操作，在 App 上连续地快速点击只会造成延时更加严重。

9）如给产品断电后再上电，请用 App 执行一次操作，使 App 显示状态与实际一致。

2. 窗帘电机的安装

窗帘电机是电动窗帘的核心部件，对电动窗帘的控制是通过窗帘电机来实现的，如图 5－17 所示。窗帘电机主要分为 55 系列和 60 系列两大类。

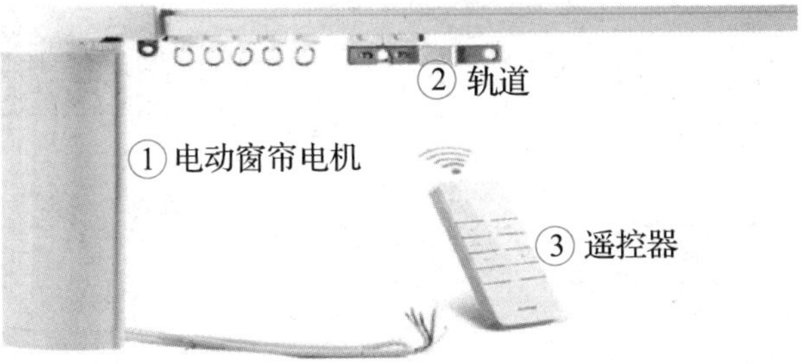

图 5－17　窗帘电机与窗帘导轨

（1）窗帘电机的控制方式。

1）继电器控制。通过控制系统的交流电开关量输出来控制电机启、停和转向控制。以铝百叶窗 DV24DS 电机为例，如图 5－18 所示。

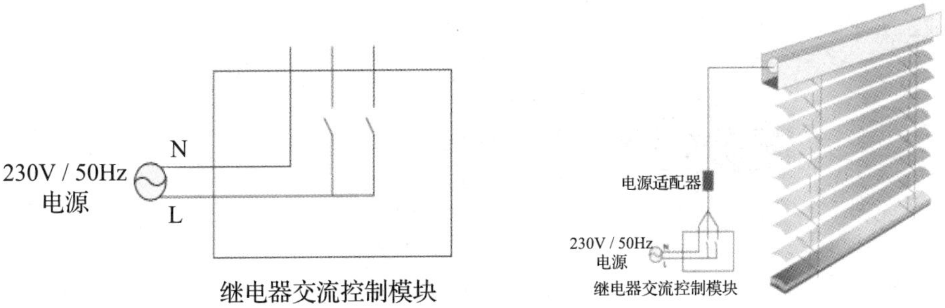

图 5－18　继电器控制

2）干触点控制。通过控制系统的干触点接口模块实现电机启、停和转向控制，以管状电机 DM35R 电机为例，如图 5－19 所示。

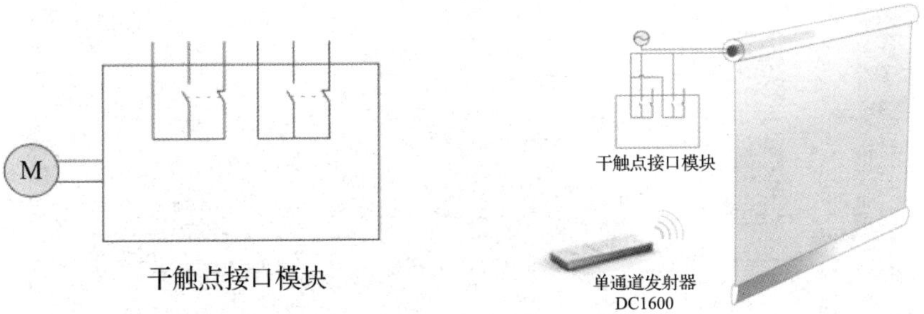

图 5－19　干触点控制

（2）窗帘电机组成及运行方式。

海尔电动窗帘采用进口板材，先进的制作工艺，以及前沿的电动窗帘技术，其安装简单、实用安全，在运行方式上，根据需求的不同分为单开和双开两种，如图 5－20 所示。

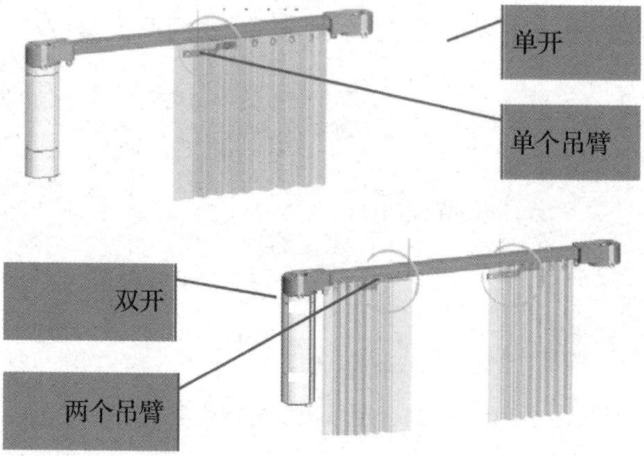

图 5－20　电动窗帘类型

（3）轨道拼接安装方法请扫描前面的“窗帘电机轨道组装”二维码。

（4）HK－55DX 窗帘电机接线如图 5－21 所示。电机安装完成后效果图如图 5－22 所示。

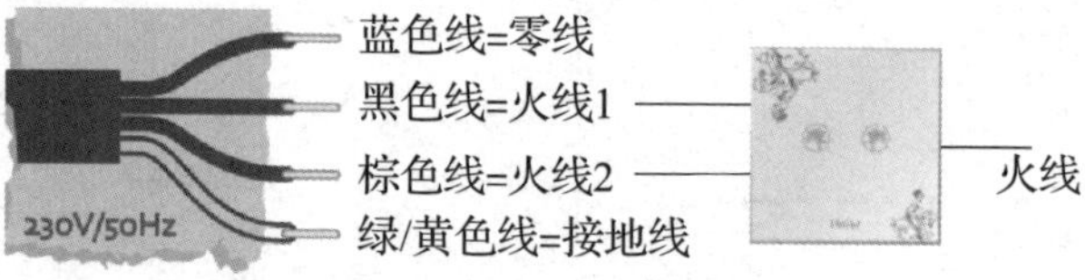

图 5－21　HK－55DX 窗帘电机接线

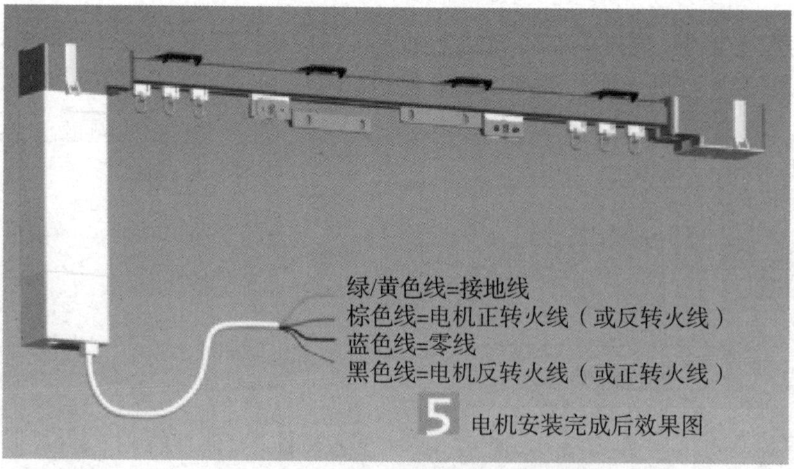

图 5－22　电机安装完成后效果图

（5）HK－60系列窗帘电机轨道安装方法同样请扫描前面的“窗帘电机轨道组装”二维码，将安装好的导轨固定到墙顶，将电机插入主传动箱，电源线引至插座。

3. 风雨传感器的安装

风雨传感器在安装时应保持底座面尽可能水平，不能侧装，配网按键位于产品底部，如图5－23所示。本产品如需延长电源接线，需在专业人员指导下进行。风雨传感器底部为两芯防水线电源输入，线序分别为红色——电源正极，黑色——电源负极。

图5－23　风雨传感器安装示意图

四、考核评价

依据任务二评分标准进行组内评价、教师评价及企业教师评价，见表5－10。

表5－10　设备安装评分标准

评价内容		分值	评分		
			组内评价	教师评价	企业教师评价
定位（20分）	智能开窗器安装位置合适	6			
	窗帘电机安装位置合适	6			
	插座位置合适	6			
	风雨传感器安装位置合适	2			
安装及布线（62分）	智能开窗器安装牢固	10			
	窗帘电机安装方法正确，安装牢固	9			
	电动窗帘轨道安装正确	30			
	安装强电电机时符合强电规范	10			
	风雨传感器安装牢固	3			
用时（5分）	能在规定时间内完成任务	5			
	超时5min以内扣2分				
	超时5～10min扣5分				
	超时10～15min扣10分				
	超时15～20min扣20分				
安全文明生产（13分）	遵守安全文明生产规程	3			
	正确使用施工工具，合理用料	7			
	任务完成后认真清理现场	3			
合计		100			

五、拓展学习

HK－60 系列窗帘电机轨道安装

六、课后练习

1. 窗帘电机的控制方式有哪几种？
2. 简述 HK－55 系列窗帘电机的接线方法。

活页笔记

任务三 设备调试

一、学习目标

知识目标

（1）能复述智能开窗器的组网方法。
（2）能总结出不同系列窗帘电机的组网方法及区别。
（3）掌握风雨传感器组网方法。

能力目标

（1）能与小组成员合作完成工作计划的填写任务。
（2）能对智能开窗器、窗帘电机、风雨传感器进行入网和验证操作，并与其他设备进行联动。

素养目标

（1）实训完成后，能按规定进行工具整理、剩余材料收集、工程垃圾清理。
（2）能对自我及小组成员做出合理的评价。
（3）能跟客户讲解操作步骤及使用注意事项。

二、学习内容

学习内容见表 5-11。

表 5-11　学习内容

任务主题三	智能开窗器、窗帘电机调试	建议学时	4 学时
任务内容	学习知识链接内容，按照选型方案，完成对案例选型设备的调试任务		

三、学习过程

案例

某家装公司业务部接到“A 小区 2 号楼一单元 602 房间（三室两厅两卫），需安装全屋智能家居”的装修任务，公司将其中的“智慧窗户的安装与调试”任务交给物联网安装与调试人员来完成。实施工程师小智在智能灯光、智能安防的基础上，结合 AH－50 智能开窗器、HK－55 系列窗帘电机、HK－60 系列窗帘电机、风雨传感器，对硬件安装人员进行技术指导，完成了安装任务。在项目经理确认用户的现场硬件安装完成，并达到工艺标准后，下达调试任务。具体要求：下面将根据智能控制设备选型方案进行调试，请协助调试人员完成设备的调试任务。根据以上情景，填写如表 5－12 所示工作任务单。

表 5－12 工作任务单

工作任务	智能开窗器、窗帘电机的调试	派工日期	年 月 日
工作人员		工作负责人	
签收人		完工日期	年 月 日
工作内容	根据客户需求（所有窗户安装智能开窗器，客厅及三室均安装窗帘电机），对硬件安装人员进行技术指导，协助安装人员完成设备调试任务		
项目负责人评价	负责人签字： 年 月 日		

（一）自主学习

（1）学习知识链接，简单描述智能开窗器的组网方法。

（2）简述 HK－55 系列电机的组网方法。

（二）课堂活动

1. 案例分析

在智能开窗器、窗帘电机、风雨传感器全部安装完成后，先不要直接调试，需首先对照设计，进行硬件安装检查，检查是否完全按照设计进行安装，安装工艺是否符合规范要求。进行调试前，请仔细阅读调试所涉及设备的说明书，确保已经完全了解设备的规格参数和注意事项后再进行调试。

2. 设备调试

各组成员合理分工，结合智能面板与安防产品的选型，按照选型方案，填写表 5－13，通过学习知识链接，完成设备调试任务。

表 5－13 控制方案

场所	设备型号	数量	面板号	连接设备	控制设备
玄关	61P4	1			
客厅	HK－61Q6	1			
	AH－50	1			
	HK－60	1			
	声光报警器	1			
	摄像头	1			
	风雨传感器	1			

续表

场所	设备型号	数量	面板号	连接设备	控制设备
餐厅	HK－37P2	1			
厨房	HK－37P3	1			
	AH－50	1			
	水浸	1			
	燃气三件套	1			
主卧室	HK－61P4	1			
	AH－50	1			
	HK－55	1			
次卧室	HK－61P4	1			
	AH－50	1			
	HK－60	1			
卧室卫生间	HK－37P3	1			
	AH－50	1			
	水浸	1			
书房	HK－61P4	1			
	AH－50	1			
	HK－55	1			
卫生间	HK－37P1	1			
	AH－50	1			
	水浸	1			

（三）知识链接

1. 智能开窗器的配置

（1）智能开窗器的组网流程。

设备出厂默认网络号 250，面板号 31，单元号 1，门牌号 10。

1）设备上电，蓝灯慢闪。

2）在正常模式下长按按键 3s，指示灯显示开关当前网络配置（即面板号）。

3）组网分两步：第一步下发地址，如图 5－24 所示；第二步下发配置信息（正常工作状态时下发即可），如图 5－25 所示。配置过的开关按照配置后的开关面板号闪烁，并按周期循环显示；没有配置过的开关按默认面板号 31 周期循环闪烁。指示灯循环显示面板号：不同面板号指示灯循环间隔 0.5s，指示灯两次循环的间隔是 2s；指示灯交替闪：蓝红灯以 0.5s 的间隔交替闪循环不停。

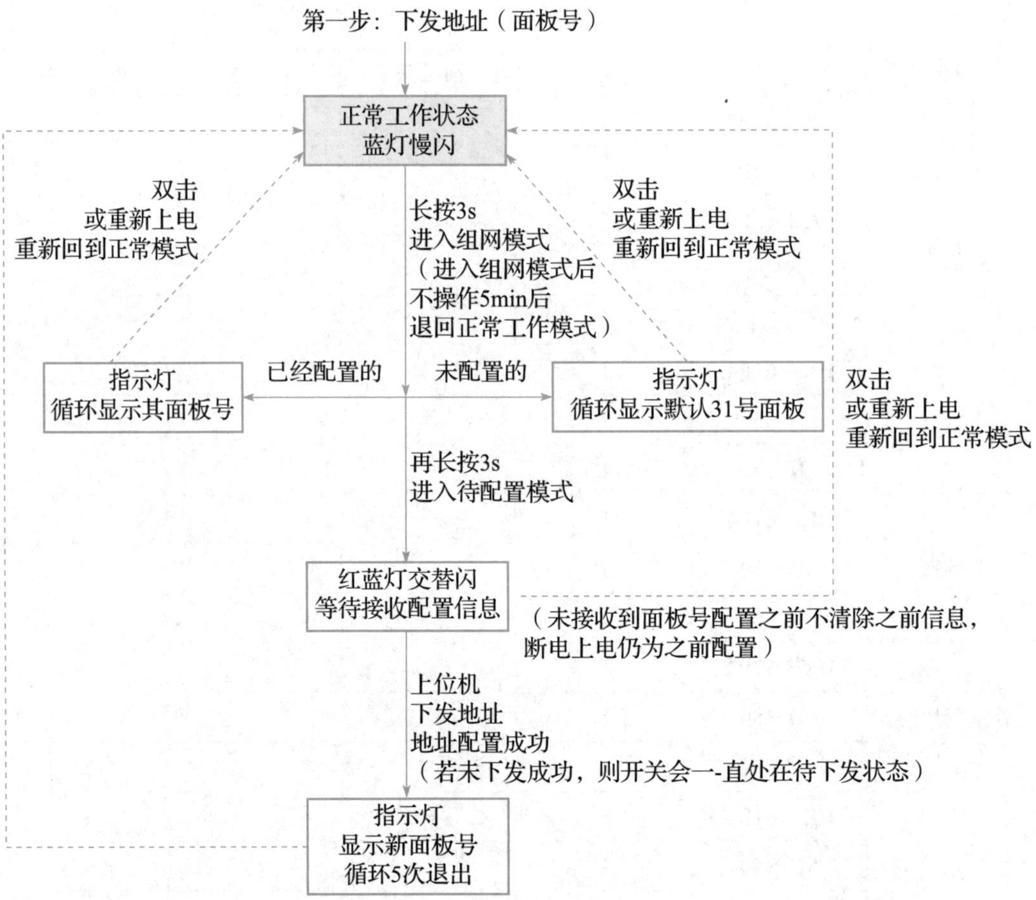

图 5－24　下发地址

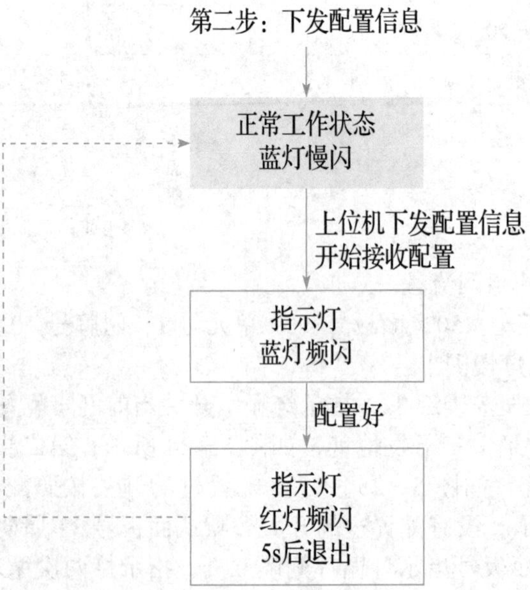

图 5－25　下发配置信息

4）若已经配置成功面板号，而负载类型属性信息没有进行配置，断电重启后显示新面板号，在正常状态下随时可以接收信息配置。

5）上位机端配置好后会显示成功。

6）任何状态下，断电重新上电，都可以退出当前模式，返回到正常使用状态。

（2）指示灯闪烁规则见表 5－14。

1）信号灯闪烁时，间隔 0.5s，都显示完毕后熄灭 2s 再进入下一次循环闪烁；双色灯都闪的时候，先闪红灯，红灯闪后再闪蓝灯。

2）红灯闪 1 表示数字 5，蓝灯闪 1 表示数字 1，设备号等于蓝红灯所代表的数字之和。

3）0.2s 左右间隔的不间断闪烁为频闪。

表 5－14　指示灯闪烁规则

设备号	指示灯		设备号	指示灯	
1		蓝灯闪 1	17	红灯闪 3	蓝灯闪 2
2		蓝灯闪 2	18	红灯闪 3	蓝灯闪 3
3		蓝灯闪 3	19	红灯闪 3	蓝灯闪 4
4		蓝灯闪 4	20	红灯闪 4	
5	红灯闪 1		21	红灯闪 4	蓝灯闪 1
6	红灯闪 1	蓝灯闪 1	22	红灯闪 4	蓝灯闪 2
7	红灯闪 1	蓝灯闪 2	23	红灯闪 4	蓝灯闪 3
8	红灯闪 1	蓝灯闪 3	24	红灯闪 4	蓝灯闪 4
9	红灯闪 1	蓝灯闪 4	25	红灯闪 5	
10	红灯闪 2		26	红灯闪 5	蓝灯闪 1
11	红灯闪 2	蓝灯闪 1	27	红灯闪 5	蓝灯闪 2
12	红灯闪 2	蓝灯闪 2	28	红灯闪 5	蓝灯闪 3
13	红灯闪 2	蓝灯闪 3	29	红灯闪 5	蓝灯闪 4
14	红灯闪 2	蓝灯闪 4	30	红灯闪 6	
15	红灯闪 3		31	红灯闪 6	蓝灯闪 1
16	红灯闪 3	蓝灯闪 1	32	红灯闪 6	蓝灯闪 2

2. HK－55 窗帘电机（电动窗户）的调试方法

（1）控制方式。

使用 HK－55 电机前需在设备树下添加电动窗帘（电动窗户），如图 5－26 所示，然后将窗帘定义到面板的按键上，这样才能在手机端查找到设备。

将强电电机作为负载挂接在智能面板上，要注意必须挂接在奇数位上，偶数位则默认为反转。例如使用 37P4 面板时，将电机设置在 L1 上，即正转；设置在 L2 上则默认为反转，如图 5－27 所示。

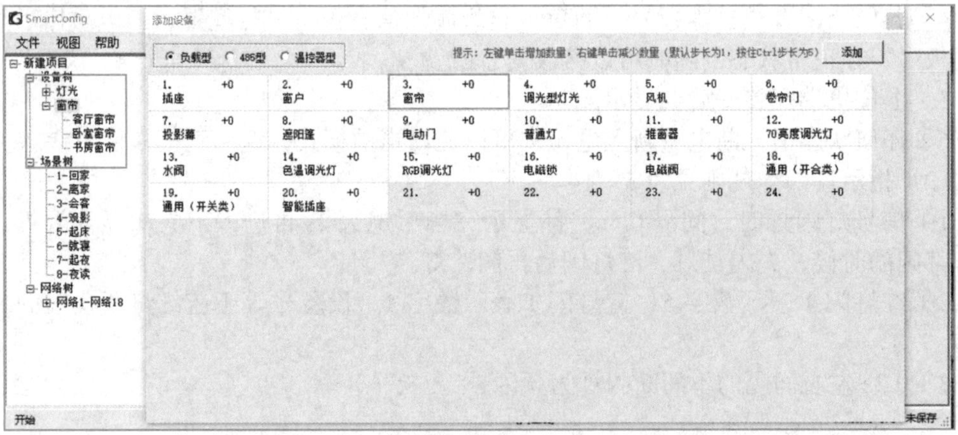

图 5－26　添加电动窗帘（电动窗户）

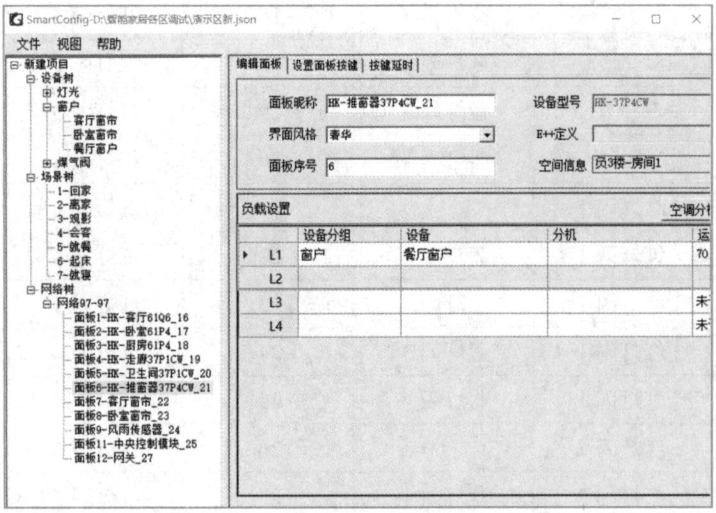

图 5－27　电动窗帘（电动窗户）的挂接

（2）场景设置。

按照选型方案对窗帘设备进行场景控制。

步骤 1：在相应场景中设置窗帘的状态，如图 5－28 所示。

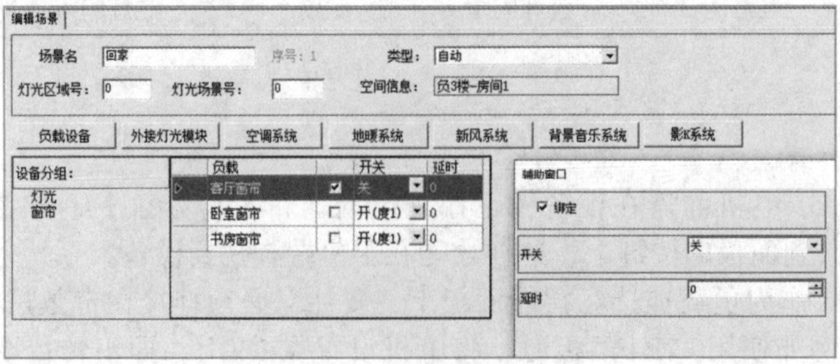

图 5－28　设置窗帘状态

步骤 2：在上位机软件场景树中加入相应场景，在网络树下的相应面板中的“设置面板按键”中设置相应的场景，如图 5－29 所示。

（3）联动设置。

按照设计方案对设备进行联动设置，在相应智能面板的“设置面板按键”中进行设置，如图 5－30 所示。

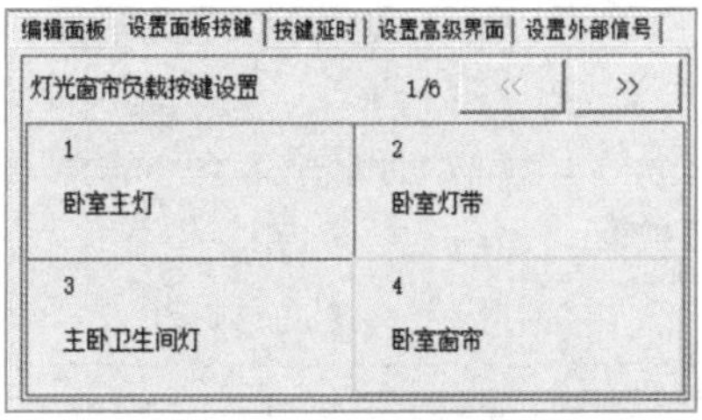

图 5－29　设置面板按键

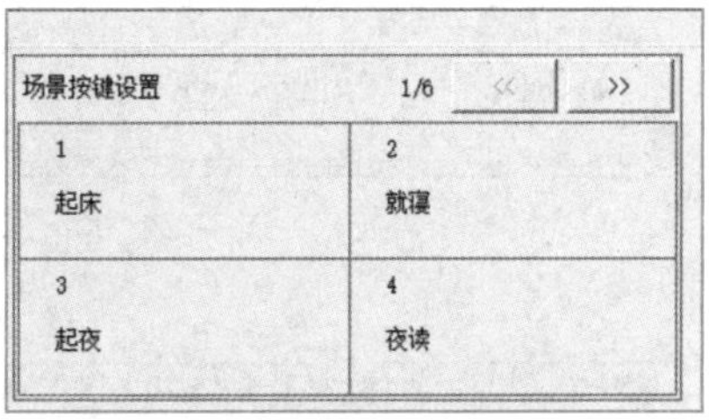

图 5－30　场景按键设置

（4）组网流程。

在上位机软件的相应智能面板中进行面板号设置即可，具体见项目三中的 37 系列智能面板的组网方法。

3. HK-60 窗帘电机的调试方法

使用 HK-60 电机前需先在设备树下添加窗帘，然后在网络树下添加电动窗帘，进行负载设置时再挂接设备树下的窗帘即可，如图 5-31 所示。

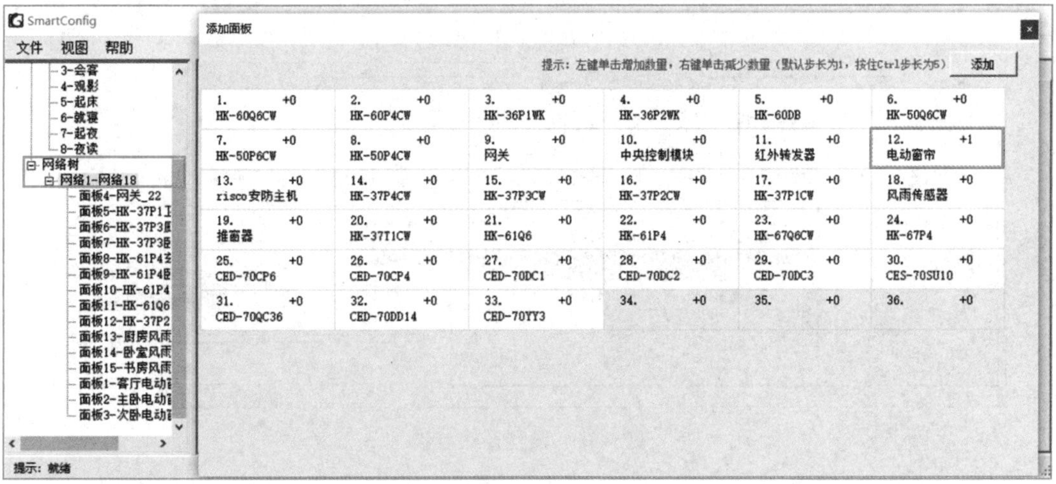

图 5-31　上位机软件添加窗帘

（1）联动设置。

按照设计方案对设备进行联动控制，在相应智能面板的“设置面板按键”中进行设置，如图 5-32 所示。

（2）场景设置。

按照选型方案对窗帘设备进行场景控制。

步骤 1：在上位机软件场景树中加入相应场景，在网络树的相应面板的“设置面板按键"中设置相应的场景，如图 5-33 所示。

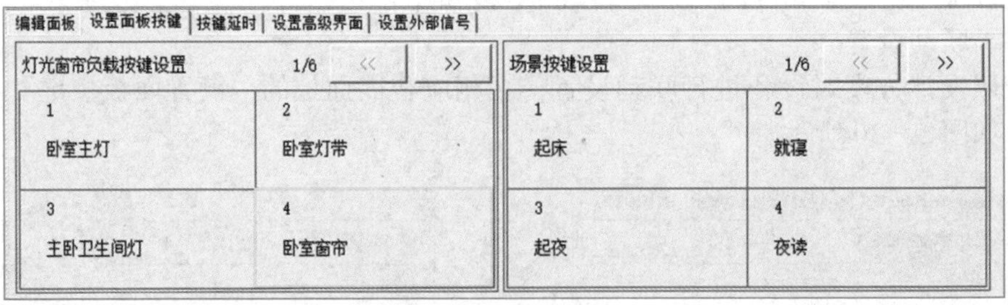

编辑面板	设置面板按键	按键延时	设置高级界面	设置外部信号

灯光窗帘负载按键设置	1/6 << >>	场景按键设置	1/6 << >>
1 卧室主灯	2 卧室灯带	1 起床	2 就寝
3 主卧卫生间灯	4 卧室窗帘	3 起夜	4 夜读

图 5-32 设置面板按键

编辑面板	设置面板按键	按键延时	设置高级界面	设置外部信号

灯光窗帘负载按键设置	1/6 << >>	场景按键设置	1/6 << >>
1 卧室主灯	2 卧室灯带	1 起床	2 就寝
3 主卧卫生间灯	4 卧室窗帘	3 起夜	4 夜读

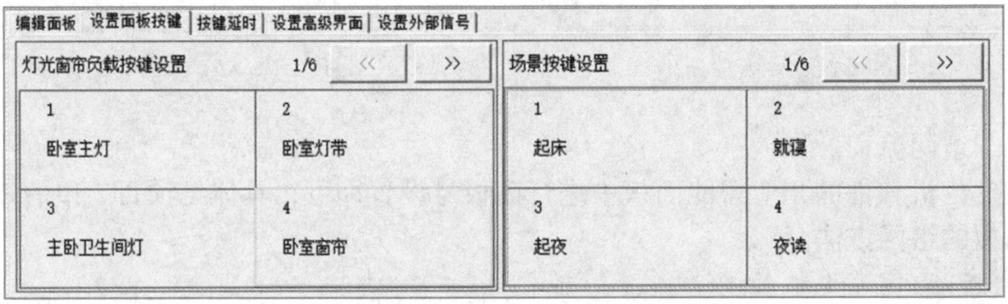

图 5-33 场景设置

步骤 2：在相应场景中设置窗帘的状态，如图 5-34 所示。

编辑场景				
场景名 起床	序号：5	类型：自动		
灯光区域号：0	灯光场景号：0	空间信息：负3楼-房间1		

负载设备	外接灯光模块	空调系统	地暖系统	新风系统	背景音乐系统	影K系统

设备分组	负载	开关	延时		辅助窗口	
灯光 窗帘	客厅窗帘	□	开(度1) ▾ 0		☑ 绑定	
	卧室窗帘	☑	开度3 ▾ 0			
	书房窗帘	□	开(度1) ▾ 0		开关	开度3 ▾
					延时	0

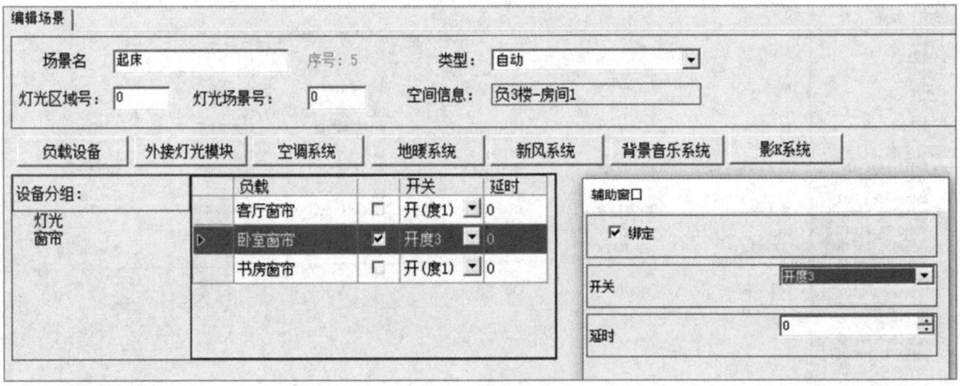

图 5-34 设置窗帘状态

（3）上电自检。

步骤 1：给窗帘电机上电，观察状态是否与以下描述相同。

窗帘电机上电后，电机进行自检，绿色 LED 灯进行间隔 0.5s 闪烁，自检完毕后灯灭。正常模式下，指示灯呈关闭状态。

步骤 2：验证行程指示功能。

通电后，让窗帘完全打开、闭合一次，电机自动获取轨道行程长度后，切入正常使用状态。

注意：上电后电机进行自检，在已有行程情况下，电机运行，绿色指示灯常亮，电机停止时，绿灯先灭后闪一下。

（4）组网，具体流程如图 5-35 所示。

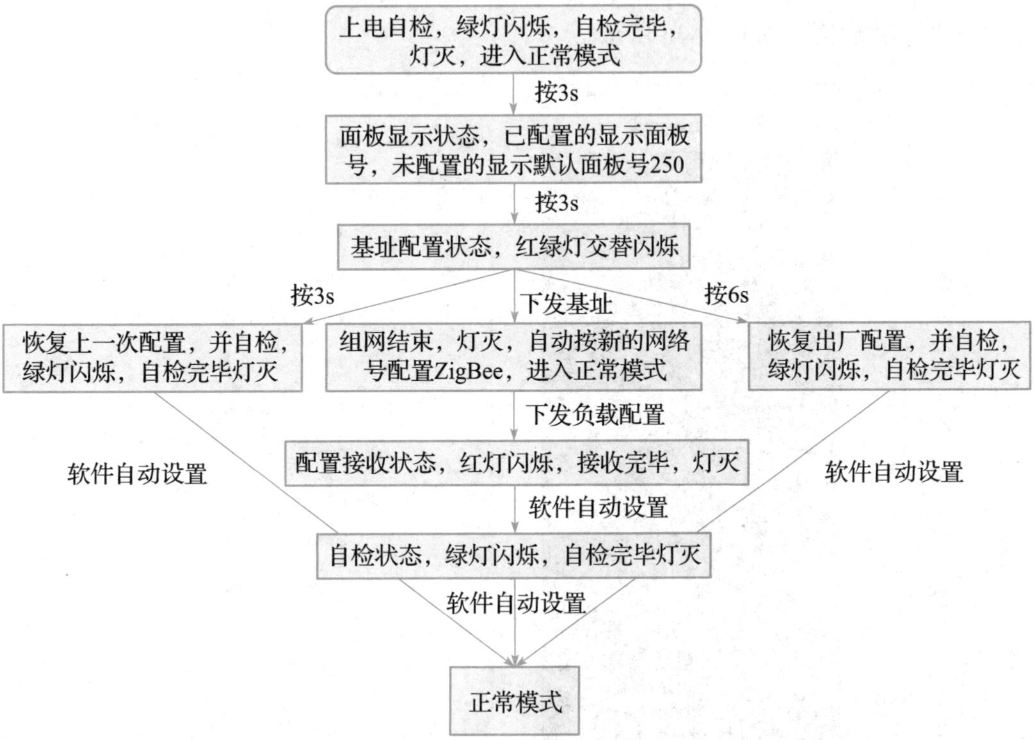

图 5-35　窗帘电机组网流程图

步骤 1：在正常模式下长按电机配网按键 3s，显示电机当前网络配置（即面板号），配置过的电机显示配置后的电机地址，并按照周期循环显示；没有配置过的电机按默认网络号 250 周期循环闪烁。

步骤 2：显示电机当前面板号的情况下，再长按电机配网按键 3s，进入网关地址配置模式，红绿灯交替闪烁，上位机下发面板号，发送接收，自动熄灭。

步骤 3：上位机发布数据，接收状态时红灯闪烁，电机接收到主机发来的组网参数设置指令后，自动熄灭。电机自动进入自检模式（绿灯闪烁），自检完毕后灯灭，进入正常模式。

步骤 4：通过 App 添加设备。打开安住家庭 App，依次点击“设备”→“+”，搜索窗帘设备，点击“开始添加”，编辑设备名称和所在房间，点击“保存”完成设备添加。

注意：若窗帘开合状态与控制面板不一致，可通过以下方法配置：

1）长按按键 3s，显示原面板号。

2）长按按键 6s 以上，窗帘电机状态反转，并进入轨道自检，自检完毕进入正常模式，以实现面板控制状态与窗帘开合状态同步。

（5）退网。

步骤 1：在正常模式下，长按电机配网按键 3s，显示电机当前网络配置（即面板号)；再长按电机配网按键 3s，红绿灯交替闪烁；最后长按电机配网按键 6s，恢复出厂设置，并切入自检模式（绿灯闪烁），自检完毕后灯灭，进入正常模式。

步骤 2：在安住家庭 App 的设备管理界面，进入窗帘的控制页面点击，“设置”→“解除绑定”，如图 5-36 所示。

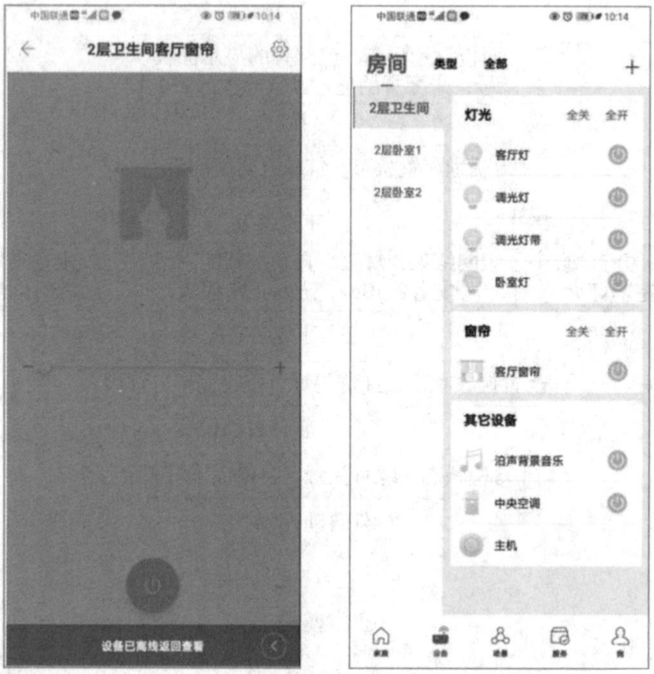

图 5-36　安住家庭 App 设备管理

提示：

（1）以上任何状态下，断电重新上电都可以退出当前模式，返回正常使用状态。

（2）电机配置完成后，在使用过程中断电重新上电，电机会重新自检。

（3）电机在不连接轨道的状态下，处于上电自检状态时，可以长按按键 3s 停止进入正常模式，此方式可以用于技术人员在不接触轨道的状态下下发基址。(注意，此方式由于没有正常自检行程，进入正常模式后不能用于窗帘正常控制开合)

（4）建议窗帘最大负载 50kg，一般结构的直轨不超过 12m。

信号灯指示说明：

信号灯闪烁间隔为 0.5s，都显示完毕后熄灭 2s 再进入下一次循环闪烁。

双色灯都闪烁时，先闪红灯，再闪绿灯。

红灯闪 1 代表数字 5，绿灯闪 1 代表数字 1，面板号等于红绿灯所代表的数字之和。

4. 风雨传感器配网流程

（1）设备上电，蓝灯慢闪。

1）长按配置键 3s，如果未组过网，通过指示灯显示默认的 31 号面板号；如果组过网，显示已经配置过的面板号（此状态时，双击或者重新上电，退回正常工作模式）。

2）再长按配置键 3s，红蓝灯交替闪烁，准备接收配置地址信息（双击或者重新上电，进入正常工作模式），接收到上位机下发的地址之后，指示灯循环显示面板号 5

次，自动退回到正常工作模式。在正常工作状态时，上位机可随时下发配置信息指令，下发配置后设备蓝灯快速闪烁，接收配置完成后，红灯快速闪烁 5s，退回正常工作模式。

（2）指示灯闪烁规则同开窗器指示灯闪烁规则（见表 5－14）。

四、考核评价

依据任务二评分标准进行组内评价、教师评价及企业教师评价，见表 5－15。

表 5－15　设备调试评分标准

评价内容		分值	评分		
			组内评价	教师评价	企业教师评价
上位机软件（60 分）	能按控制方案正确建立设备树、场景树、网络树	20			
	能正确设置设备参数，完成配网	20			
	能按步骤正确发布数据	20			
调试（30 分）	能按控制方案进行调试	15			
	能根据调试现象进行故障分析，并调试正确	15			
用时（5 分）	能在规定时间内完成任务	5			
	超时 5min 以内扣 2 分				
	超时 5 ～ 10min 扣 5 分				
	超时 10 ～ 15min 扣 10 分				
	超时 15 ～ 20min 扣 20 分				
	超时 20min 以上扣 50 分				
安全文明生产（5 分）	遵守安全文明生产规程	3			
	任务完成后认真清理现场	2			
合计		100			

五、拓展学习

电动晾衣架

六、课后练习

1. 简述 HK－60 系列电机的配网方法。
2. 简述风雨传感器的配网方法。

活页笔记

岗位再现

本环节要求各小组编写剧本，小组成员饰演其中角色，运用所学的知识和技能，再现实际智能家居工程实施中各环节主要角色的工作场景，见表 5－16。

表 5－16　岗位再现

场景	针对岗位	岗位场景再现要求
场景一	售前工程师	分别由一名同学饰演售前工程师小慧，两名同学饰演客户，模拟客户到店选型场景。 1. 客户角色需阐述自己户型情况。 2. 售前工程师角色需了解客户的需求，根据客户诉求、产品功能和定位为客户介绍各型号智能开窗器、窗帘电机的特点，并建议客户合理选择设备
场景二	硬件工程师、硬件安装人员	分别由一名同学饰演硬件工程师小智，一到两名同学饰演安装人员，模拟硬件安装过程场景。 1. 安装人员需按照电机安装注意事项进行安装。 2. 硬件工程师角色需向安装人员讲解海尔各型号窗帘电机性能指标、接线注意事项
场景三	调试工程师、售后工程师	分别由一名同学饰演工程师小智，一到两名同学饰演调试人员，模拟设备调试过程场景。 1. 调试人员需按照调试步骤进行设备，如出现故障，能根据现场情况进行故障排除。 2. 工程师角色需向调试人员讲解调试步骤，帮助调试人员排除故障。 3. 工程师角色需向客户讲解使用步骤及注意事项

综合评价

按照综合评价表 5－17，完成对学习过程的综合评价。

表 5－17 综合评价表

评价项目	评价内容	评价标准	评价方式		
			自我评价	小组评价	教师评价
职业素养（30 分）	安全意识、责任意识（10 分）	A 作风严谨、自觉遵章守纪、出色完成工作任务（10 分） B 能够遵守规章制度、较好地完成工作任务（8 分） C 遵守规章制度、没完成工作任务或完成工作任务但忽视规章制度（6 分） D 不遵守规章制度、没完成工作任务（0 分）			
	学习态度（10 分）	A 积极参与教学活动、全勤（10 分） B 缺勤达本任务总学时的 10%（8 分） C 缺勤达本任务总学时的 20%（6 分） D 缺勤达本任务总学时的 30% 及以上（4 分）			
	团队合作意识（10 分）	A 与同学协作融洽、团队合作意识强（10 分） B 与同学能沟通、协同工作能力较强（8 分） C 与同学能沟通、协同工作能力一般（6 分） D 与同学沟通困难、协同工作能力较差（4 分）			
专业能力（70 分）	任务主题一（20 分）	A 能根据客户诉求、产品功能和定位为客户介绍设备特点，正确引导客户进行设备选型，按时、完整地完成产品配置清单（20 分） B 能根据客户诉求、产品功能和定位为客户介绍设备特点，正确引导客户进行设备选型，按时完成产品配置清单（17 分） C 能根据客户诉求、产品功能和定位为客户介绍设备特点，正确引导客户进行设备选型，但不能按时完成产品配置清单（16 分） D 不能根据客户诉求、产品功能和定位为客户介绍设备特点，不能正确引导客户进行设备选型（0 分）			
	任务主题二（20 分）	A 能够根据设计方案，向安装人员讲解海尔设备的性能指标、接线注意事项，对安装人员进行现场的技术指导工作（20 分） B 能够根据设计方案，向安装人员讲解海尔设备的性能指标、接线注意事项，但不能对安装人员进行现场的技术指导工作（16 分） C 能够根据设计方案，向安装人员讲解海尔设备的性能指标，但不能对安装人员进行现场的技术指导工作（12 分） D 能够根据设计方案，对安装人员进行现场的技术指导工作（10 分）			

续表

评价项目	评价内容	评价标准	评价方式		
			自我评价	小组评价	教师评价
专业能力（70分）	任务主题三（30分）	A 能够按设计方案进行设备调试，对设备正确配网，一次性调试成功（30分） B 能够按设计方案进行设备调试，对设备正确配网，遇到故障，能根据典型故障分析表排除故障（28分） C 能够按设计方案进行设备调试，对设备正确配网，遇到故障，不能根据典型故障分析表排除故障，需要教师指点，排除故障（26分） D 能够按设计方案进行设备调试，配网步骤不够熟练，调试遇到故障，不能根据典型故障分析表排除故障，需要教师指点，排除故障（20分）			
创新能力		学习过程中提出具有创新性、可行性的建议	加分奖励：		
班级			学号		
姓名			综合评价等级		
指导教师			日期		

考证要点

一、选择题

1. 下列哪一项不是海尔电动窗帘的功能？（　　）
   A. 遇阻自动停止　　B. 自动感应功能
   C. 停电手拉功能　　D. 手动牵引功能
2. 关于电动窗帘的表述，下列哪一项是错误的？（　　）
   A. HK－60DR 是强电电机　　B. 窗帘控制器可以与 HK－55DX 对接
   C. HK－55DB 带有 485 接口　　D. 433 遥控器可对 HK－55DB 直接遥控
3. 60DR 窗帘电机不具有（　　）。
   A. 行程限位　　B. 遇阻停止　　C. 停电手拉　　D. 超静音运行
4. 55DX 电机窗帘的进线分别有（　　）。
   A. 485 线、火线、零线
   B. 正转火线、反转火线、零线、地线
   C. 485 线、正转火线、反转火线、零线
   D. 火线、零线
5. 海尔 60DR 弱电窗帘电机使用下列哪种无线通信方式？（　　）
   A. WiFi 通信　　B. ZigBee 通信　　C. 485 通信　　D. 779 通信

二、判断题

1. 窗帘电机上电后需要轨道自检完毕后才进入正常模式。(　　)

2. 配置 ZigBee 窗帘电机的按键在电机尾部。(　　)

3. 正常模式下的 ZigBee 窗帘电机进入配置模式，需要对配置按键进行长按 3s 后再按 3s 的操作。(　　)

4. 正常模式下的 ZigBee 窗帘电机进入显示地址模式，需要对配置按键进行长按 3s 的操作。(　　)

5. 更改 ZigBee 窗帘电机的开合状态，需要对配置按键进行长按 3s 后再按 6s 的操作。(　　)

6. 将 ZigBee 窗帘电机恢复出厂设置，需要对配置按键进行长按 3s 后再按 3s、再按 6s 的操作。(　　)

7. HW－WG2J 控制 55DB 电机需要增加并升级的模块名称为中央控制模块。(　　)

8. ZigBee 窗帘电机显示面板号时，红灯闪烁代表 5，绿灯闪烁代表 1。(　　)

9. 制作 Zigbee 窗帘电机轨道皮带时，皮带穿过轨道一周，一端对齐，另一端应留出 12cm。(　　)

10. 强电窗帘电机的面板在接线时需要接 2 路负载。(　　)

11. Zigbee 窗帘电机能够超静音运行的原因是采用了直流电机和静音吊臂。(　　)

>> 项目六

智能背景音乐系统

任务一 设备选型

一、学习目标

知识目标

（1）能概述什么是智能背景音乐系统。

（2）能比较背景音乐中央主机和单体机的功能特点及区别。

（3）能归纳说明常用喇叭的功能特点。

（4）能归纳说明智能音箱的功能特点。

能力目标

能根据用户诉求、预算等，为用户介绍背景音乐系统的设备特点，并帮助用户合理选择设备。

素养目标

（1）提升审美水平，能够为客户推荐合适的音乐系统。

（2）培养学生团结协作，互帮互助的工作作风。

二、学习内容

学习内容见表 6－1。

表 6-1　学习内容

任务主题一	背景音乐系统选型	建议学时	2 学时
任务内容	学习知识链接内容，根据市场定位，用户诉求、预算等，进行背景音乐系统设备选型，填写“海尔 U-home（智能家居）产品配置清单预算”中的“背景音乐系统”部分		

三、学习过程

案例

某家装公司业务部接到 A 小区 4 号楼一单元 502 房间（三室两厅两卫）智能家居装修任务，公司将其中的“背景音乐系统的安装与调试”任务交给物联网安装与调试人员来完成。本次任务用户的户型图如图 6-1 所示。具体要求：售前工程师小慧需根据用户需求在客厅、卧室、餐厅、书房等多个独立空间安装背景音乐系统，正确引导用户对背景音乐系统设备进行选型。根据以上情景，填写如表 6-2 所示工作任务单。

图 6-1　户型图

表 6－2 工作任务单

工作任务	引导用户背景音乐系统的选型	派工日期	年 月 日
工作人员		工作负责人	年 月 日
签收人		完工日期	
工作内容	根据用户预算及需求，帮助用户选择合适的背景音乐系统设备		
项目负责人评价	负责人签字： 年 月 日		

（一）自主学习

预习知识链接，填写表 6－3。

表 6－3 设备功能及特点

产品名称	产品功能	产品卖点
背景音乐中央机 UM－60Z6		
喇叭 BA－C5108		
智能音箱 HSPK－X30UD		

（二）课堂活动

1. 案例分析

根据用户的前期预算及整体诉求，为该用户制定整体智能家装设计理念如下：

（1）全智能、全场景、全语音的便捷生活。

（2）满足多个功能区的居家需求。

（3）生活的实用性及个性化。

（4）家的舒适性及安全性。

在背景音乐系统选型时，对于中等以上大户型或高端用户，需提前准备装修设计图纸及方案，考虑到市场定位、用户预算等，以中控面板为核心，结合其他智能系统方案及个性化需求，为用户提供完整的智能背景音乐系统解决方案。

客户要求在客厅、卧室、儿童房、书房、餐厅、厨房多个房间实现背景音乐效果；希望能够实现与其他智能家居系统联动；场景设置回家、离家、起床、就寝等模式。该用户适合背景音乐中央主机。为更好地实现个性化语音交互，还应配有智能音箱。为了全屋能听到悦耳的音效，建议同时选择美观大方、安装方便，且提供高质音效的喇叭。

2. 设备选型

根据上述思路，建议选型方案见表 6－4。

表 6－4　用户背景音乐系统选型方案

设备名称	品牌	型号	数量	备注
背景音乐中央主机	Uhome	UM－60Z6	1	
喇叭	泊声	BA－C5108	10	
智能音箱	海尔	HSPK－X30UD	1	

（三）知识链接

1. 背景音乐系统概述

（1）什么是背景音乐？

背景音乐英文为 Back Ground Music，缩写为 BGM。其又称公共广播系统，英文为 Public Address System，缩写为 PA。它的基本功能是对商场、广场、宾馆、大厅、餐厅、小区等公众场所提供音乐或一些必要信息，掩盖环境噪声，创造一种轻松和谐的气氛。背景音乐一般采用低声压级的平面声，无须声场定位，让人们不易感知声源的位置，不需要立体声效果，使音乐与和环境融为一体，真正成为“背景”音乐。

（2）什么是智能家居背景音乐系统？

智能家居背景音乐系统又称为中央音乐系统、中央音响系统，是智能家居的组成部分。它是在公共背景音乐的基本原理基础上，结合家庭生活的特点发展而来的新型背景音乐系统，即在任何一间屋子里，包括客厅、卧室、厨房及卫生间等，均可布上音响线，通过一个或多个音源，让人在每个房间里都能听到动听的背景音乐。

2. 家庭智能背景音乐系统方案设计的基本原则

（1）了解用户住宅的基本布局，根据不同户型选择不同产品。

（2）与用户进行充分沟通，了解用户的基本要求。

（3）每一个独立控制点需要配置 1 个终端控制面板、2 个扬声器。

（4）家庭影音室或者装有家庭影院的房间可以考虑不安装背景音乐，对于较大空间、相通空间或者同一私密空间，可以采取并联技术。

3. 背景音乐系统如何选择

背景音乐的选择要求与背景环境和谐一致，要根据不同场合和时间播放不同的节目。家庭背景音乐系统一般都有多种音源可以选择，智能化及人性化设计程度要求高，以满足家人对不同音乐的需求。

（1）音源部位的选择。

音源就是声音的源头，可简单理解为记录声音的载体，家庭背景音乐系统可以自由选择音源，电脑、电视、MP3、U 盘、云音乐等都可以作为音源。

（2）控制器部分的选择。

家庭背景音乐系统的控制器分为中央式和分体式两种。

1）功能不同：

中央式控制器主要功能在主机上，一台主机可连接 6 ～ 8 个房间，分区面板上的功能仅对分区的音源、音效、音量等控制。

分体式控制器相当于把中央式的功能集合到分区控制器，主要功能都在分区控制器上。

2）功率不同：

中央式控制器功率相比较大，分体式控制器功率相比较小。

3）节能环保不同：

中央式控制器功率较大，耗电量也相对较大。

分体式控制器功率较小，耗电量也较小。

4）价格性价比不同：

中央式控制器的背景音乐系统价格昂贵，一般较同档次分体式产品价格高。

分体式控制器的背景音乐系统价格适中，符合大众消费理念，性价比较高。

（3）音箱部分的选择。

1）吸顶喇叭：吸顶喇叭是目前使用比较多的一种音箱，它分为普通、同轴和高低音可调试这三种。从音质上看同轴和高低音可调试喇叭效果要好很多，价格也相应贵些。吸顶喇叭品牌众多，安装比较方便。

注意：吸顶喇叭的深度在 10 ～ 80mm，吊顶时需要考虑以上数据，但如果房间没有吊顶，则无法使用吸顶喇叭。

2）壁挂音箱：以前的壁挂音箱因为体积较大，而且颜色单一，与房间协调性不好，所以使用较少。嵌入式壁挂音箱的出现解决了这个问题。目前壁挂音箱颜色多为白色，与墙壁搭配和谐。更重要的是这种音箱在音质上比吸顶喇叭更好，受到很多高要求客户的欢迎。另外，壁挂音箱解决了没有吊顶的问题。但由于其安装需要在墙上开口，导致工程量增大。

3）平板音箱：是目前比较新的产品，采用平面发音，可以个性化定制箱面，把环境与音箱完美结合到一起。在音质效果上，它的声压分布很平衡、声场均匀，比吸顶喇叭音色好，在安装上也很简单，直接挂在墙面合适的位置即可。但其价格上相对比吸顶与壁挂音响要高，目前市场普及率还不高。

4. 背景音乐中央主机

背景音乐中央主机 UM－60Z6 如图 6－2 所示。

图 6－2　背景音乐中央主机 UM－60Z6

（1）产品主要功能及特点：

- 一套系统满足 4 ～ 8 个房间独立音乐需求。
- 爆棚音质，每通路功率高达 100W。
- 接入 Uhome 智能家居，支持场景控制和联动控制。
- 一键 party 功能，支持主机级联，满足大项目需求。
- 支持手机 App 近程 / 远程控制，智能便捷。
- 自带海量网络音乐，支持在线搜索即时播放。
- 支持手机 AirPlay/DLNA/QPlay 推送功能。
- 支持内存卡 /U 盘 / 电视 /DVD 等多路音源接入播放。

（2）产品参数：

- 产品尺寸（长 × 宽 × 高）：380mm × 430mm × 115mm。
- 额定功率：Z4－400W、Z6－600W、Z8－800W。
- 工作电压：220V ～，50Hz。
- 工作温度：－10℃～ 40℃。

5. 喇叭

喇叭 BA－C5108 如图 6－3 所示。

图 6－3　喇叭 BA－C5108

（1）产品特点：

- 阻燃高强度，高适应性工程塑料，防水防潮不易变色。
- 全新的开孔模板设计，安装简单准确。
- 美观大方且提供完美的语音清晰表现。
- 高音采用天然丝振膜，功率承受能力强。
- 镀金全铜接线端子，提供优良的可靠性。
- 平整的频率响应曲线，声音表现超然脱俗，平衡性佳。
- 同轴高低音分频。

（2）技术参数见表 6－5。

表 6－5　技术参数

功率	额定阻抗	频率范围	灵敏度（SPL）	安装开口尺寸
10 ～ 50W	8Ω	50Hz~20kHz	86dB	185mm

6. 智能音箱

（1）智能音箱 HSPK－X20UD/HSPK－X30UD 如图 6－4 所示。

图 6－4　智能音箱 HSPK－X20UD/HSPK－X30UD

（2）产品主要功能及特点。

- 智能家居中控，无须动手，语音交互，轻松指挥智慧家电。
- 不断升级的生活服务技能。

四、考核评价

依据任务一评分标准进行自我评价、小组评价及教师评价，见表 6－6。

表 6－6　任务一评分标准

评价内容	分值	自我评价	小组评价	教师评价
用户角色是否阐述清自己户型情况、需求、预算	10			
售前工程师角色是否了解用户的需求	10			
售前工程师角色能否根据用户诉求、产品功能和定位为用户介绍背景音乐中央主机 UM－60Z6 和单体机 E7Plus 的区别、喇叭 BA－C5108 及智能音箱 HSPK－X30UD 功能特点，帮助客户合理选择设备	30			
选型是否合理	30			
情景再现过程，各角色阐述是否清晰流畅、售前工程师角色是否注意了沟通技巧	20			
合计				

五、拓展学习

背景音乐系统单机体

六、课后练习

1. 简述家庭智能背景音乐系统方案设计的基本原则。

2. 通过网络学习、小组讨论等形式对智能音箱 HSPK－X30UD 的功能进行拓展体验实践。

活页笔记

任务二 设备安装

一、学习目标

知识目标

（1）能说出背景音乐中央主机的结构，并说明其系统接线原理。
（2）能根据背景音乐系统原理进行背景音乐中央主机安装。
（3）能掌握喇叭的接线方法和注意事项。

能力目标

（1）有自主学习和团队协作的能力。
（2）有对硬件安装人员进行技术指导，协助安装人员完成设备安装任务的能力。
（3）有自我评价及对小组成员评价的能力。

素养目标

（1）实训完成后，能按规定进行工具整理、剩余材料收集、工程垃圾清理。
（2）养成安全文明的工作习惯。
（3）树立工匠精神和团队合作的意识。

二、学习内容

学习内容见表 6－7。

表 6－7 学习内容

任务主题二	背景音乐系统安装	建议学时	2 学时
任务内容	学习知识链接内容，根据设备清单、选型方案及工作计划，指导现场安装人员完成硬件安装任务		

三、学习过程

案例

某家装公司业务部接到 A 小区 4 号楼一单元 502 房间（三室两厅两卫），进行全屋智能家居装修的任务，公司将其中“背景音乐系统的安装与调试”任务交给物联网安装与调试人员来完成。售前工程师小慧已根据客户需求、预算成本，向其推荐了中央机 UM－60Z6、喇叭 BA－C5108、智能音箱 HSPK－X30UD。具体要求：下面技术工程师小智将根据设备选型，结合其他智能设备安装的基础上，对硬件安装人员进行技术指导，协助安装人员完成设备安装任务。根据以上情景，填写如表 6－8 所示工作任务单。

表 6－8 工作任务单

工作任务	背景音乐系统的安装	派工日期	年 月 日
工作人员		工作负责人	年 月 日
签收人		完工日期	
工作内容	根据用户诉求及设备选型，技术工程师对硬件安装人员进行技术指导，协助安装人员完成设备安装任务		
项目负责人评价	负责人签字： 年 月 日		

（一）自主学习

预习知识链接，回答以下问题：

（1）简述背景音乐中央主机、单体机、喇叭安装位置的设计思路。

（2）简述背景音乐中央主机的安装流程。

（二）课堂活动

1. 案例分析

案例的设备选型情况为：背景音乐中央机 UM－60Z6、喇叭 BA－C5108、智能音箱 HSPK－X30UD，按照图 6－5 设计的位置安装。在装修过程中注意提前预留接线，在吊顶处提前开好孔洞（该喇叭预留孔洞直径为 185mm）。安装前阅读相应设备的安装说明，按相应规范要求进行安装施工。

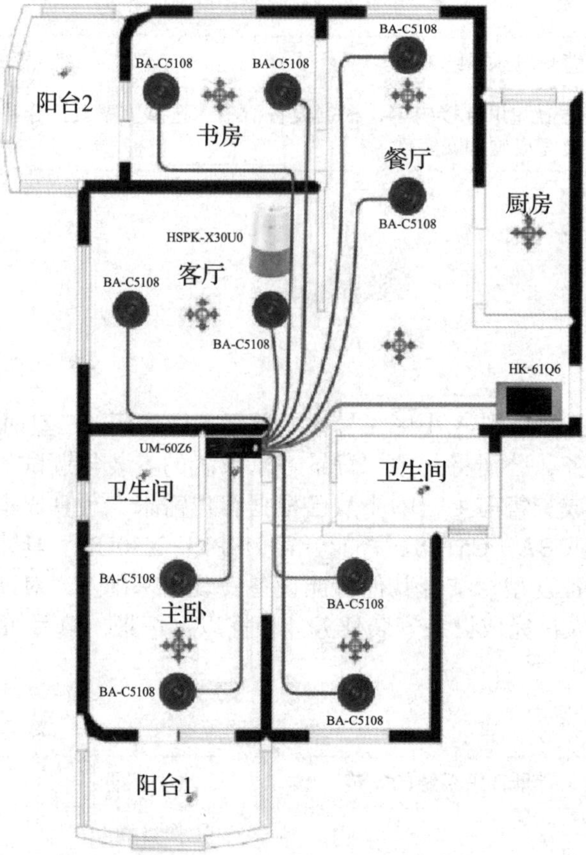

图 6－5　安装位置及布线

2. 设备安装

各组成员合理分工，填写表 6－9，通过学习知识链接，按照工作计划，合作完成设备安装任务。

表 6－9　工作计划

任务主题			
班级		组别	
组内成员			
工作计划			
人员分工	小组负责人		
	小组成员及分工	姓名	分工
			安全员
			安装
			安装

续表

<table>
<tr><th colspan="6">工具及材料清单</th></tr>
<tr><td rowspan="5">工具及
材料清单</td><td>序号</td><td>工具或材料名称</td><td>单位</td><td>数量</td><td>用途</td></tr>
<tr><td></td><td></td><td></td><td></td><td></td></tr>
<tr><td></td><td></td><td></td><td></td><td></td></tr>
<tr><td></td><td></td><td></td><td></td><td></td></tr>
<tr><td></td><td></td><td></td><td></td><td></td></tr>
<tr><td rowspan="5">工序及
工期安排</td><td colspan="4">工作内容</td><td>完成时间</td></tr>
<tr><td colspan="4"></td><td></td></tr>
<tr><td colspan="4"></td><td></td></tr>
<tr><td colspan="4"></td><td></td></tr>
<tr><td colspan="4"></td><td></td></tr>
<tr><td colspan="6">安全防护措施</td></tr>
</table>

（三）知识链接

1. 背景音乐中央主机、单体机、喇叭安装位置的设计思路

主机安装的位置可以根据房屋布局的实际情况布置，一般较大的别墅可以考虑放置在影音室，也可以考虑把设备统一放在机房；较小的别墅及高档公寓可以考虑放在客厅、电视柜、书桌等。另外，选择单体式产品的客户要考虑到单体机安装的位置，单体机的尺寸较小，一般安装在客厅墙面上。

为了保证立体声效果，安装喇叭的时候需要考虑人在房间的活动特点。例如，在客厅，将喇叭安装在沙发两侧；在卧室，将喇叭安装在床头两侧；在书房，将喇叭安装在书桌两侧；在餐厅，可以考虑将喇叭安装在餐桌两侧等。一般情况下，喇叭之间的距离保持在层高的 1.5 倍左右就会有比较好的立体声效果。

2. 背景音乐系统结构图（见图 6-6）

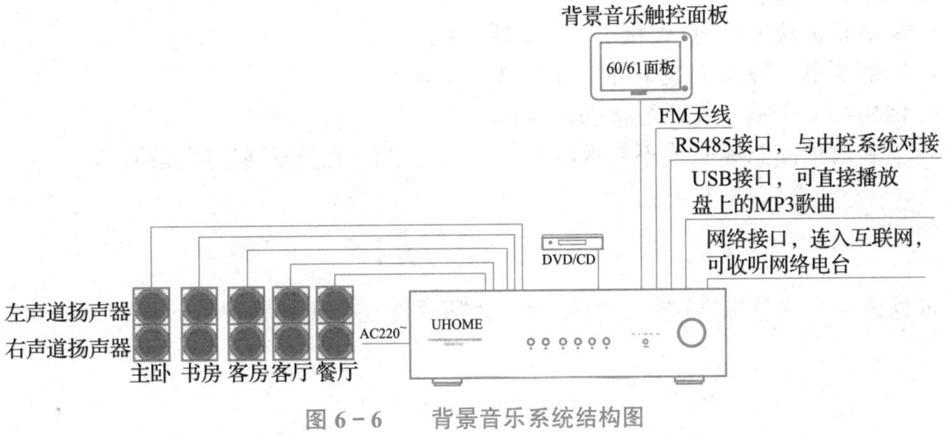

图 6-6　背景音乐系统结构图

3. 背景音乐系统接线图（见图 6－7）

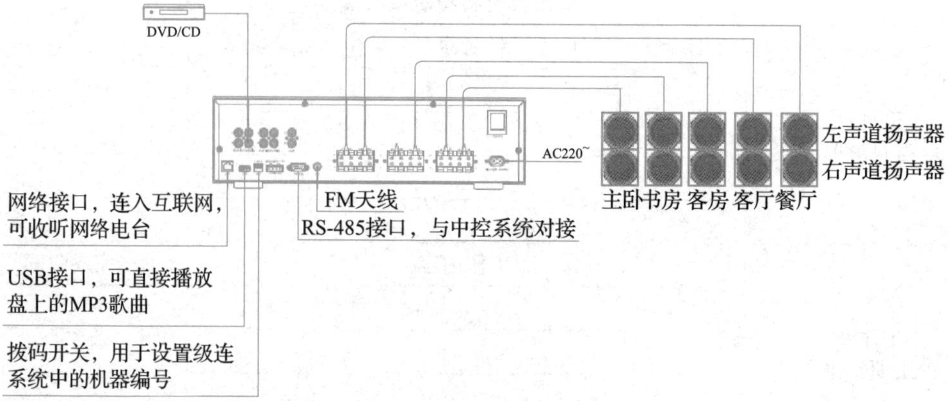

图 6－7　背景音乐系统接线图

4. 背景音乐中央主机安装流程

步骤 1：确定好主机与喇叭的安装位置，预留布线、喇叭孔洞（每种喇叭型号不同，预留孔洞直径也不同）。

步骤 2：安装连接喇叭。

步骤 3：供电线与主机连接，并用电工胶布包好。

步骤 4：将各接线柱插入主机相对应的接口。

步骤 5：整理好线束，安装完毕。

步骤 6：记录对应区域线序，便于编程使用。

（1）接线要求：

- 电源线：主机处预留，AC 220V。
- 控制线：用 PVVP2*1.0 线连接从主机到 61Q6 面板。
- 音源输入线：预埋 3 芯带屏蔽线至外部设备处（如电视机等）。
- 音响线：从喇叭位置布 1 根音响线（200 芯以上金银线）到主机位置。
- FM 天线：预埋有线电视电缆 SYV75－5 线至室外。
- Fire Alarm 接口线：直接将提供的火警线接入此接口即可。

（2）接线注意事项：

- 喇叭正极接 L+，负极接 L－，不要接反。
- 如需断电，建议火线上外加开关进行控制。
- 请勿将 2 个喇叭并联后接功放输出。
- 安装时请注意喇叭线不要裸露在外，以免线间毛刺短路导致无声。

四、考核评价

依据任务二评分标准进行组内评价、教师评价及企业教师评价，见表 6－10。

表 6-10　设备安装评分标准

评价内容		分值	评分		
			组内评价	教师评价	企业教师评价
定位（30 分）	背景音乐中央主机安装位置合适	10			
	各房间喇叭安装位置合适	20			
安装及接线（50 分）	安装流程合理	15			
	中央主机和其他设备接线规范	20			
	喇叭接线规范	15			
用时（5 分）	能在规定时间内完成任务	5			
	超时 5min 以内扣 2 分				
	超时 5 ～ 10min 扣 5 分				
	超时 10 ～ 15min 扣 10 分				
	超时 15 ～ 20min 扣 20 分				
安全文明生产（15 分）	遵守安全文明生产规程	5			
	正确使用施工工具、合理用料	8			
	任务完成后认真清理现场	2			
合计		100			

五、拓展学习

安装 E7 Plus

六、课后练习

1. 一般情况下，喇叭之间的距离保持在层高的多少米会有比较好的立体声效果？
2. 背景音乐主机电源线应预留多少伏？
3. 音箱线如何选择？

活页笔记

任务三 设备调试

一、学习目标

知识目标

（1）掌握背景音乐中央主机上位机软件的添加方法。
（2）掌握背景音乐系统的场景设置。
（3）掌握背景音乐系统 App 端的操作。
（4）掌握背景音乐系统和语音控制的配置与验证方法。

能力目标

（1）有背景音乐系统组网、调试的操作能力，可实现语音交互的能力。
（2）有自主学习、不断创新和团队协作的能力。
（3）有自我评价及对小组成员评价的能力。

素养目标

（1）建立工匠的责任感。
（2）树立精益求精和团队合作的意识。
（3）提高客户服务意识。

二、学习内容

学习内容见表 6－11。

表 6－11　学习内容

任务主题三	背景音乐系统调试	建议学时	8 学时
任务内容	学习知识链接内容，根据案例设计规划，通过上位机软件对背景音乐系统下发网络配置数据，完成组网；完成背景音乐系统 App 端的操作；完成语音交互的实现，解决选型设备调试中遇到的故障		

三、学习过程

案例

某家装公司业务部接到 A 小区 4 号楼一单元 502 房间（三室两厅两卫）全屋智能家居装修任务，公司将其中“背景音乐系统的安装与调试”任务交给物联网安装与调试人员来完成。售前工程师小慧根据客户诉求、预算成本，向其推荐了背景音乐中央机 UM－60Z6、喇叭 BA－C5108、智能音箱 HSPK－X30UD；技术工程师小智已根据选型设备，对硬件安装人员进行技术指导，完成了安装任务。具体要求：下面请技术工程师小智协助调试人员完成背景音乐系统设备的调试任务。根据以上情景，填写表 6－12 所示工作任务单。

表 6－12　工作任务单

工作任务	背景音乐系统的调试	派工日期	年　月　日
工作人员		工作负责人	年　月　日
签收人		完工日期	
工作内容	根据用户诉求、背景音乐系统选型设备的技术说明，对调试人员进行技术指导，协助调试人员完成背景音乐系统设备的调试任务		
项目负责人评价	负责人签字： 年　月　日		

（一）自主学习

1. 视频观看

扫码观看智能音箱配网绑定视频，掌握智能音箱配网绑定的方法。

智能音箱配网绑定

2. 自主预习

预习知识链接，回答以下问题。

（1）简述背景音乐系统 App 端场景创建、场景执行的方法。

（2）App 端无线组网，如果手机未自动连接，找不到对应的图标，把手机的________功能关闭再打开，或者把手机 App________。

（3）背景音乐系统创建场景，触发条件有________和________。

（二）课堂活动

1. 案例分析

本案例用户要求在主卧、客厅、儿童房、餐厅、书房共5个房间实现背景音乐效果，通过一个或多个音源在每个房间里都能听到动听的音乐。场景设置有回家、会客、就餐、就寝、离家模式。同时用户希望背景音乐系统还能与其他智能家居设备联动，在不同的时间和场景下，有不同的体验。此时背景音乐系统的调试就需要非常细致地针对每个场景完成细节体验的优化。举例说明：晨起场景，当晨起场景触发时（智慧窗帘开启），用户希望听到自己喜欢的歌曲，而且音量是缓缓增大，直到一个舒适的音量把自己从睡梦中唤醒。这就要求背景音乐具备场景音量的设定功能，而且音量是渐入式，给用户从睡梦中醒来有一个缓冲时间，让其在渐入式的音乐中慢慢苏醒，而不是粗暴地突然发声把用户惊醒。又如，智能音箱可以通过WiFi、手机App进行语音交互，如“小优小优，提醒我30分钟后出门。”“好的，烤箱还在运行，出门别忘了关闭”“小优小优，空调别朝我吹”“好的，风向已调整”……（具体背景音乐系统的调试，需依据具体智能家居设备及用户的诉求或设计师的设计进行联动调试）。各成员按照选型设备，进行设备的组网、基本场景的调试。

2. 设备调试

各组成员合理分工，按照客户对背景音乐场景设置的要求，结合背景音乐系统选型方案，填写表6－13，通过学习知识链接，完成设备调试任务。

表6－13　调试方案

场所	设备型号	数量	面板号	连接设备	控制设备
客厅	UM－60Z6	1			
	BA－C5108	2			
	HSPK－X30UD	1			
	联动设备 **				
主卧	BA－C5108	2			
	联动设备 **				
儿童房	BA－C5108	2			
	HSPK－X30UD	1			
	联动设备 **				
书房	BA－C5108	2			
餐厅	BA－C5108	2			
使用灯光安装的HK－61Q6面板的485接口对接UM-60Z6的485接口					

（三）知识链接

1. 背景音乐中央机 UM－60Z6 的调试

（1）上位机调试（网络定义、负载定义、背景音乐定义）。

步骤 1： 打开上位机软件，新建项目名称，在“名称”栏输入：“UM－60Z6 调试”，如图 6－8 所示。

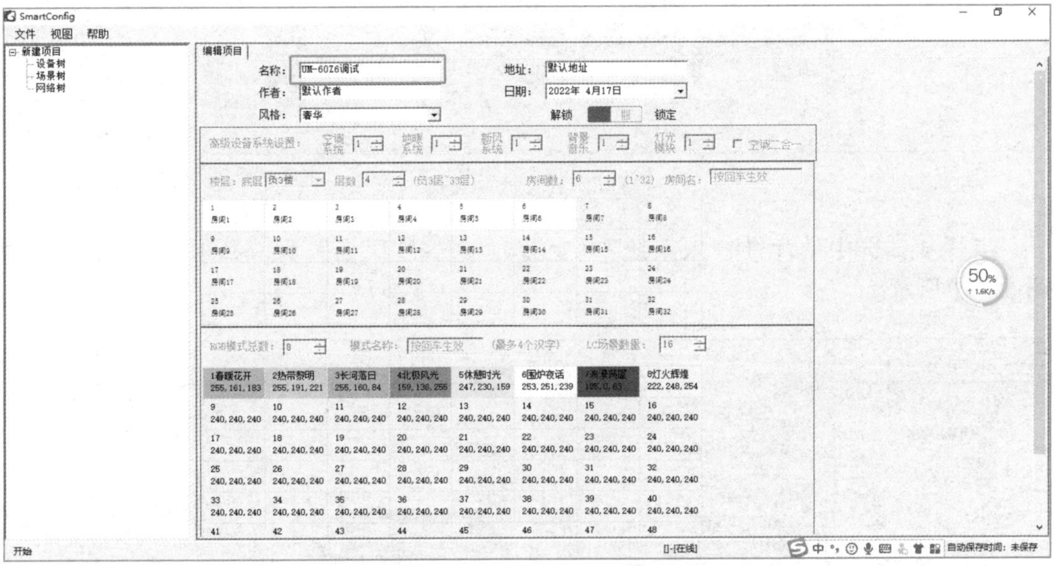

图 6－8 新建项目名称

步骤 2： 单击面板左侧“设备树”，右击添加“设备分组”，输入“客厅”区域名称，同理添加“餐厅”及其他房间区域名称，按回车键确定，如图 6－9 所示。

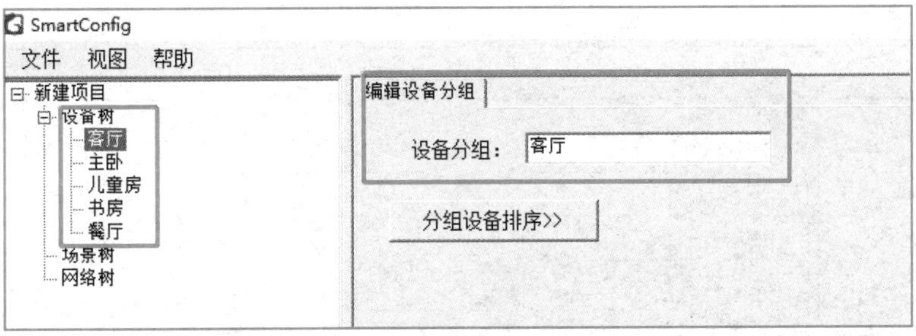

图 6－9 编辑设备分组

步骤 3： 选中“客厅”，右击后选择“添加设备”，选 485 型，如图 6－10 所示第一步，单击“背景音乐系统”，如图 6－10 所示第二步，单击“添加”按钮，如图 6－10 第三步。

提示：左键单击是增加数量，右键单击是减少数量。

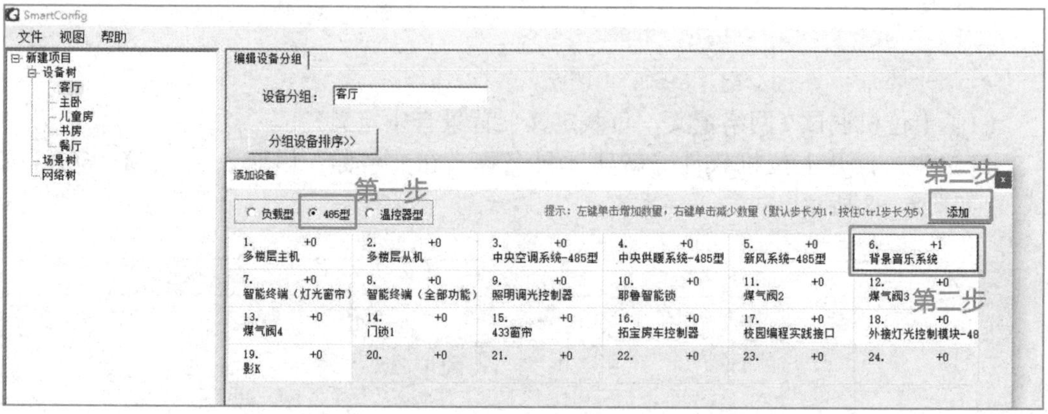

图 6-10 添加设备

步骤 4：选中“背景音乐系统”（变蓝），选择“厂商”为“海尔 UHOME”，如图 6-11 所示。

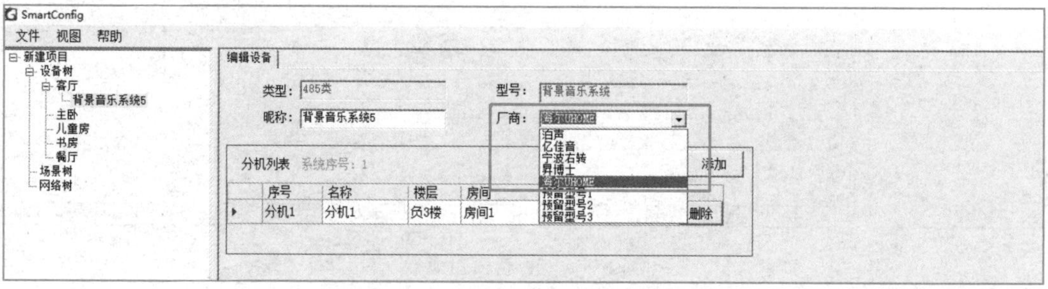

图 6-11 选择厂商

步骤 5：在“编辑设备”界面，添加分机，命名“客厅”等房间名，如图 6-12 所示。

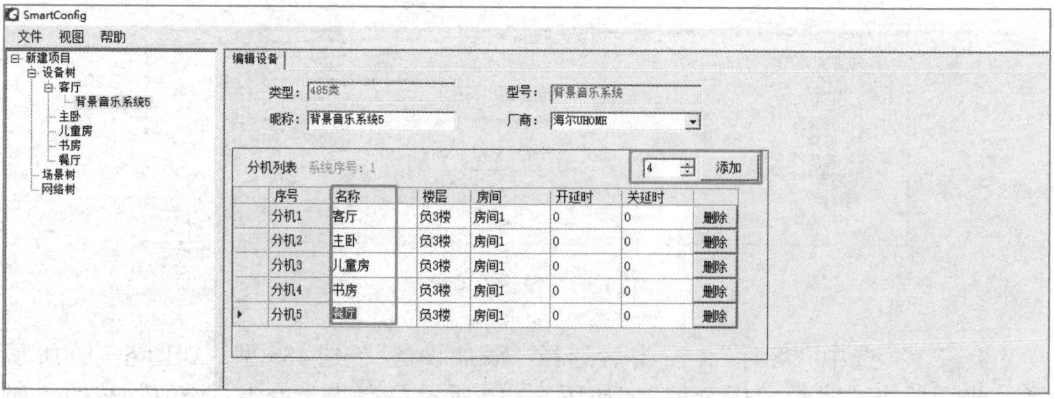

图 6-12 添加分机

步骤 6：添加网络，选中“网络树”，右击后选择“添加网络”（变蓝），在网络名称中输入“背景音乐调试”，如图 6-13 所示。

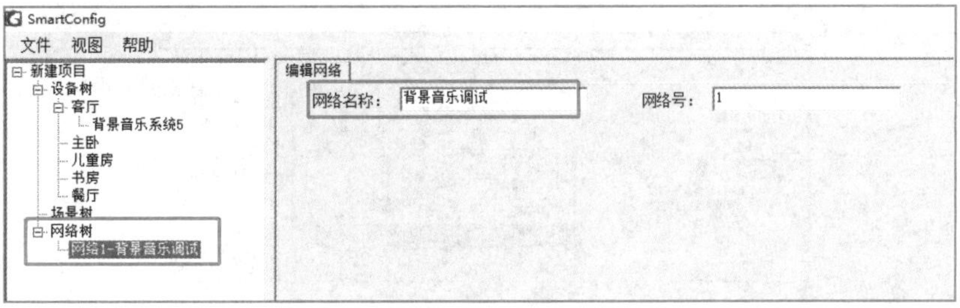

图 6-13 添加网络

步骤 7：右击“网络”，添加“网关”和“面板（HK-61Q6）”，如图 6-14 所示。

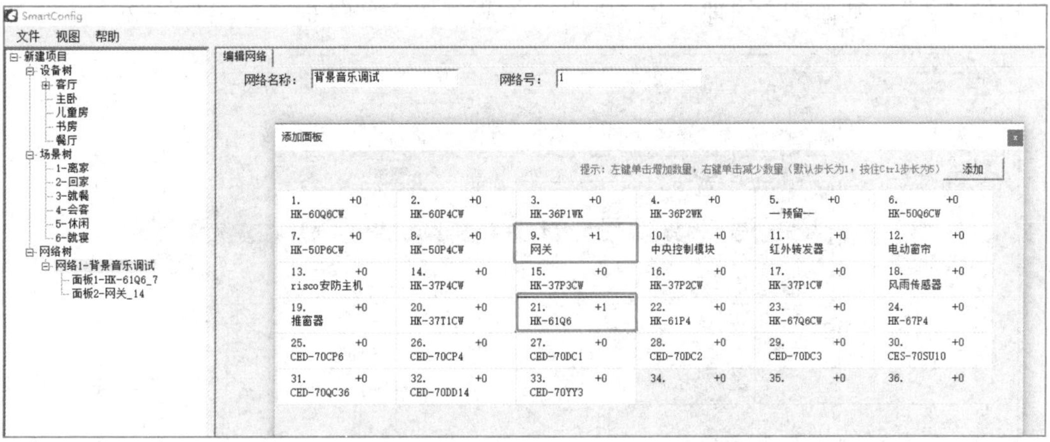

图 6-14 添加网关和面板

步骤 8：负载设置里选择 485 端口（变蓝），双击 485 左侧空白区域，弹出“辅助窗口”，双击“背景音乐系统”，如图 6-15 所示。

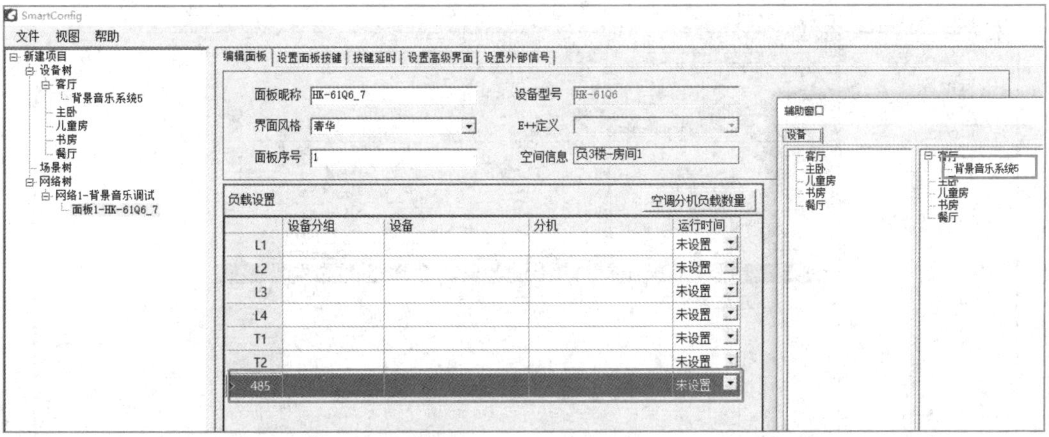

图 6-15 辅助窗口

步骤 9：设置高级界面，选定区域名称：在“客厅”“餐厅”等后打“√”，如图 6-16 所示。

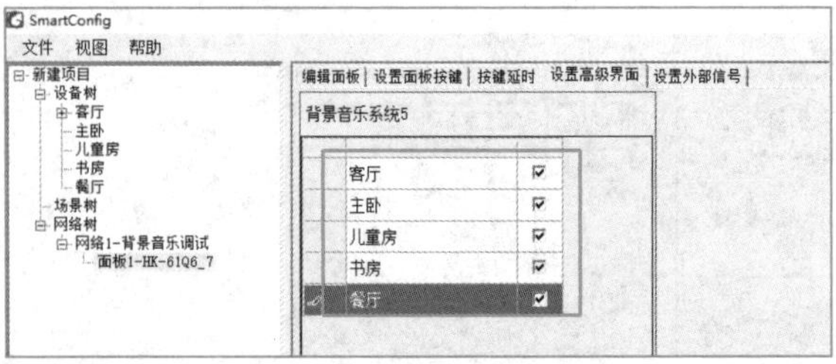

图 6－16　设置高级界面

步骤 10：在面板左侧单击“场景树”，添加场景名为“离家”。以“离家”场景为例，单击“背景音乐系统”，双击区域名称左侧，弹出“辅助窗口”，勾选“绑定”，开关选择“关”。其他场景同理，上位机调试完成。（按序见图 6－17 ～图 6－20）。

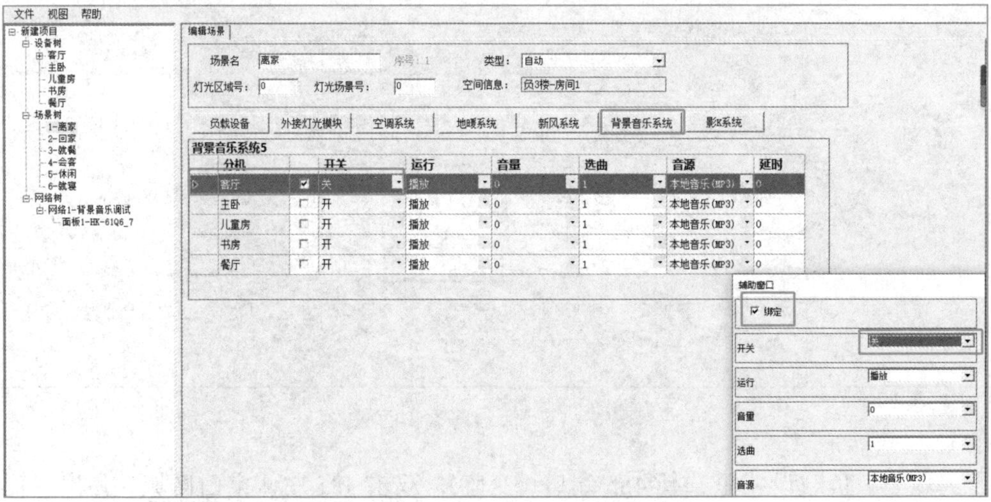

图 6－17　离家场景客厅设置

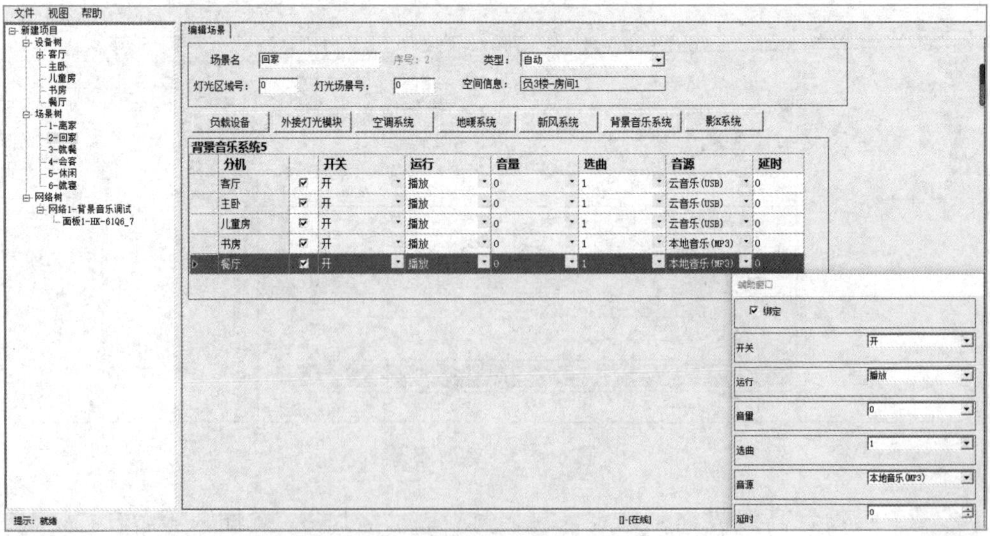

图 6－18　回家场景餐厅设置

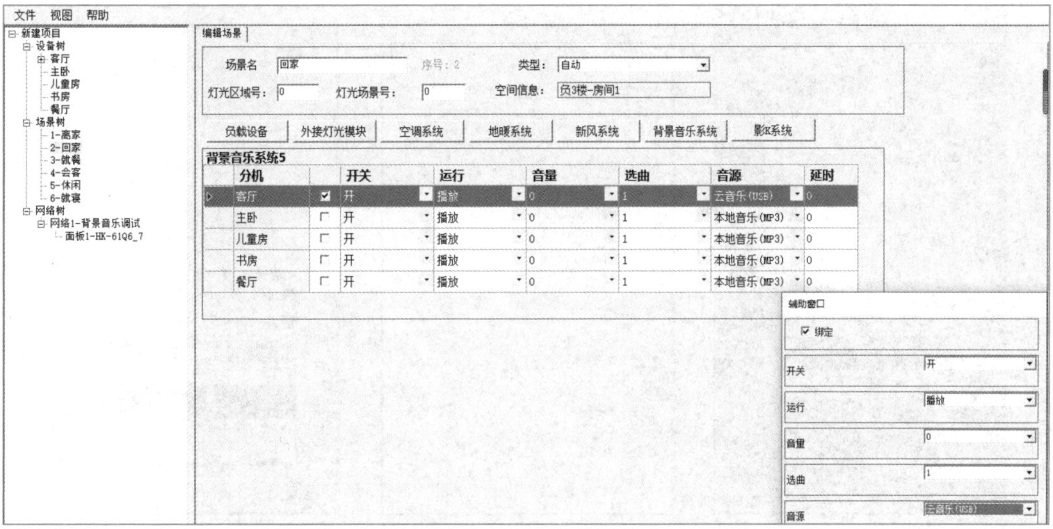

图 6－19　回家场景客厅设置一

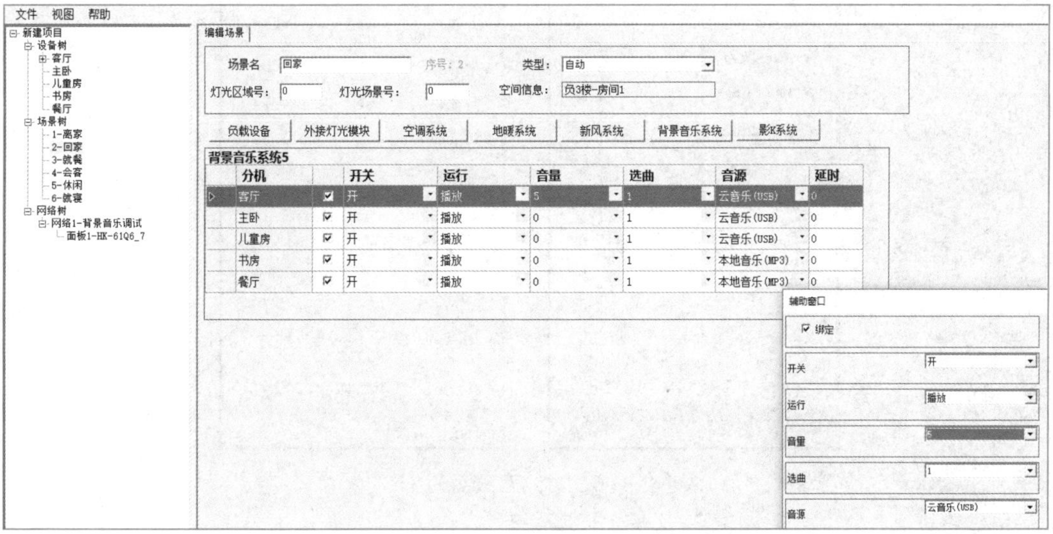

图 6－20　回家场景客厅设置二

（2）App 端操作。

1）有线组网（见图 6－21）。

步骤 1：手机和设备连接到同一网络下，添加设备，进入添加设备页面，弹窗中单击“没有我想要的设备”链接，进入添加设备页。

步骤 2：添加设备页面，单击“Uhome 背景音乐”，进入添加设备向导页。

步骤 3：添加设备向导页面，单击“网线连接，去添加”按钮，进入选择通道页。

步骤 4：选择通道页面，选择要接入的通道后，单击“保存”按钮。

步骤 5：选择房间页面，选择房间后，单击“保存”按钮，设备添加成功。

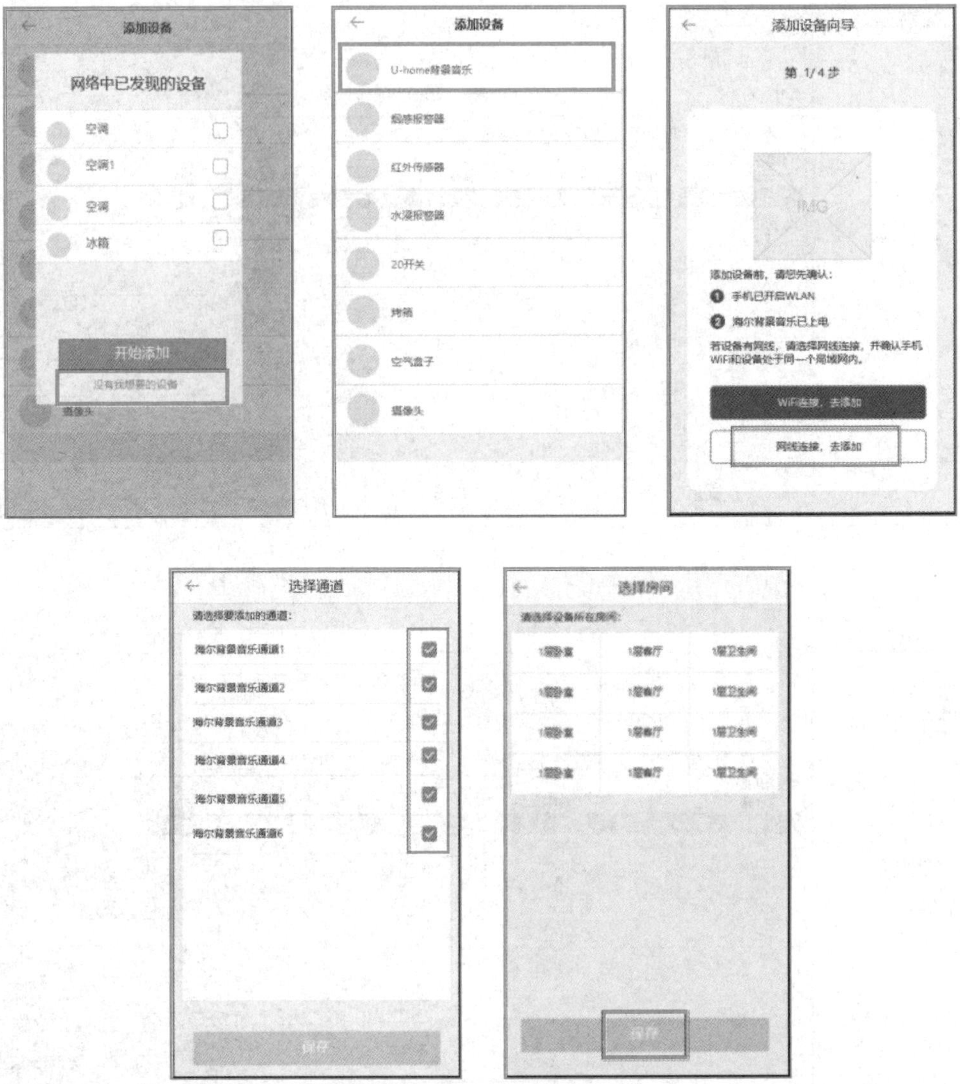

图 6－21　有线组网

2）无线组网（图略）。

步骤 1：添加设备，进入添加设备页面，弹窗中单击“没有我想要的设备”链接，进入添加设备页。

步骤 2：添加设备页面，单击“Uhome 背景音乐”，进入添加设备向导页。

步骤 3：添加设备向导页面，单击“WiFi 连接，去添加”按钮，进入输入 WiFi 密码页。

步骤 4：输入 WiFi 密码页，输入 WiFi 密码后，单击“连接网络”按钮，进入请选择设备 WiFi 页。

步骤 5：请选择设备 WiFi 页，单击“去连接”按钮，手机连接设备 WiFi 后返回 App。

步骤 6：尝试与设备建立连接页面，组网倒计时结束后，连接成功，进入选择通道页。

步骤 7：选择通道页面，选择要接入的通道后，单击"保存"按钮。

步骤 8：选择房间页面，选择房间后，单击"保存"按钮，设备添加成功。

注意：如果手机未自动连接，找不到对应的图标，把手机的 WiFi 功能关闭再打开，或者将手机 App 重启重试。

3）App 控制。

● 设备通道列表页，如图 6 - 22 所示。

单击 Uhome 背景音乐，进入 Uhome 背景音乐通道列表页，显示 Uhome 背景音乐下的所有通道；单击"●"按钮，控制通道开关；单击"▶"按钮，控制音乐播放或暂停；单击通道名称或歌曲名称，进入通道详情页。

● 通道详情页，对单独的通道进行控制，如图 6 - 23 所示。

单击"⏻"按钮，控制通道开关；单击"⚙"按钮，进入设置页面；单击"搜索"图标，弹出搜索框，输入歌曲名称，搜索歌曲；单击"音量"图标，进行音量调节▬▬▬▬；单击"云音乐"链接，进入云音乐页；单击"收藏列表"链接，进入收藏列表页；单击"本地歌曲"链接，进入本地歌曲页；单击"FM"链接，进入 FM 页；单击"AUX"链接，进入 AUX 页；对讲功能暂未实现；单击"歌曲名称"链接，进入播放歌曲详情页；单击"▶"按钮，播放或暂停歌曲；单击"▸▸"按钮，播放下一首歌曲；单击"≡"按钮，弹出播放列表弹窗，如图 6 - 24 所示。

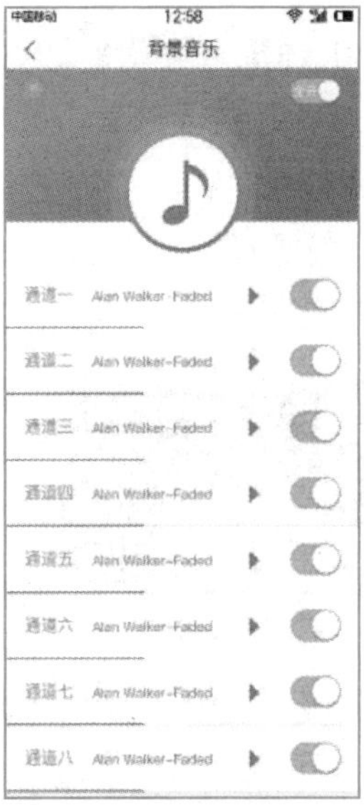

图 6 - 22　设备通道列表页　　图 6 - 23　通道详情页　　图 6 - 24　播放列表

● 云音乐页面，选择云音乐歌曲播放，如图 6 - 25 所示。

单击"热门榜"，显示所有热歌榜单，选择后可以进入歌曲列表；单击"热门标签"，显示热门标签，如图 6 - 26 所示。选择后，进入歌曲列表。

● 收藏列表，显示所有收藏歌曲，单击歌曲进行播放，如图 6 - 27 所示。

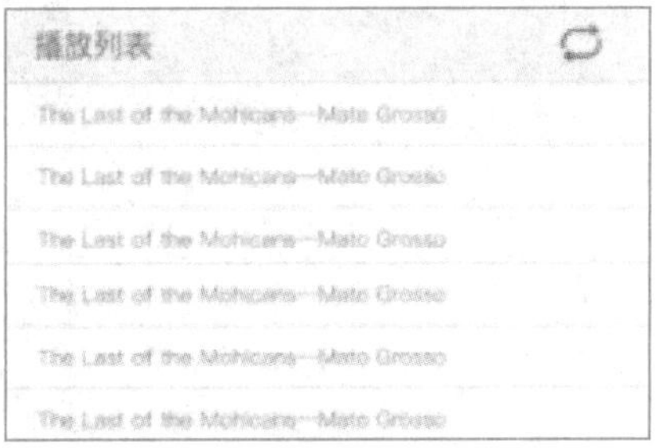

图 6－25　云音乐页面

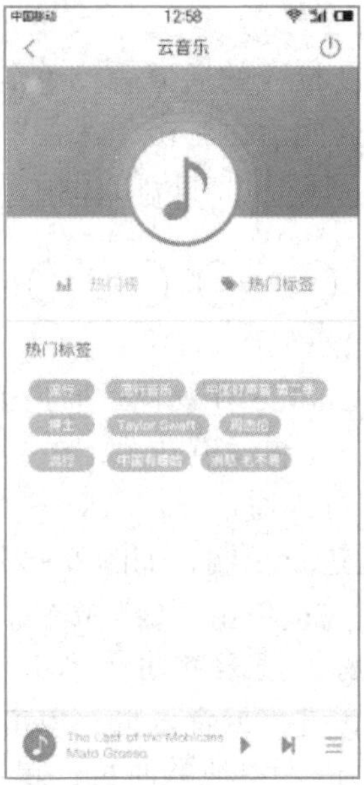

图 6－26　热门标签

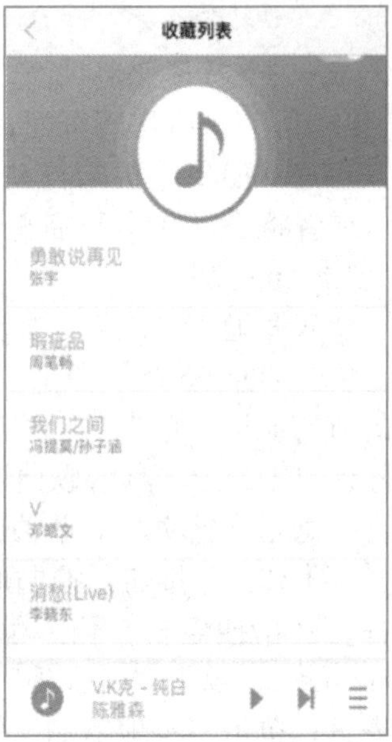

图 6－27　收藏列表

● 本地歌曲，显示本地歌曲列表，单击歌曲进行播放，如图 6－28 所示。

● FM：单击“”，切换上一台；单击“”切换下一台，如图 6－29 所示。其他功能与播放音乐详情页相同。

● 播放音乐详情页，如图 6－30 所示，显示播放的音乐，单击音量“”“”调节音量；单击“”设定时间；单击“”设置播放方式，单曲循环、循环；单击“”，切换上一首；单击“”切换下一首；单击“”弹出播放列表。

● AUX：同播放音乐详情页。

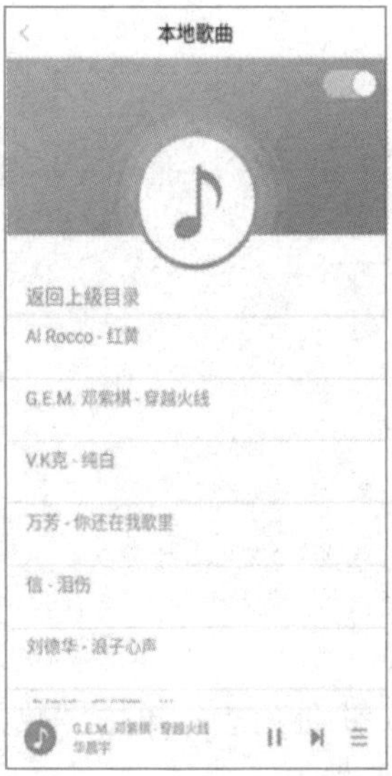

图 6－28　本地歌曲列表

图 6－29　FM

图 6－30　播放音乐详情页

4）创建场景，如图 6－31 所示。

单击场景按键，进入场景页面，单击右上角“加号”创建场景。

5）选择触发条件，如图 6－32 所示。

● 手动触发：即一键场景，例如常用的回家模式、离家模式等，需要我们打开 App 手动去点执行按钮来执行场景。

背景音乐可选择执行结果为：开关状态、音源、报警音。

定时：即定时场景，可以设定某个时间点来作为触发的场景。

● 设备触发：即联动场景，可以设置当某个设备发生动作时，来联动其他设备的执行。

选择 Uhome 背景音乐做场景执行：单击“开关状态”，选择开启 / 关闭；单击“音源”，选择云音乐，点击选择云音乐、本地歌曲、FM 、AUX、报警音。

6）场景执行，如图 6－33 所示。

场景创建完成后，场景名称后方的开关按钮可以设置此场景是否有效；当开关为“关闭”时：此场景无效，不会被触发；当开关为“开启”时，此场景有效，会被触发。

图 6－31 创建场景

图 6－32 选择触发条件

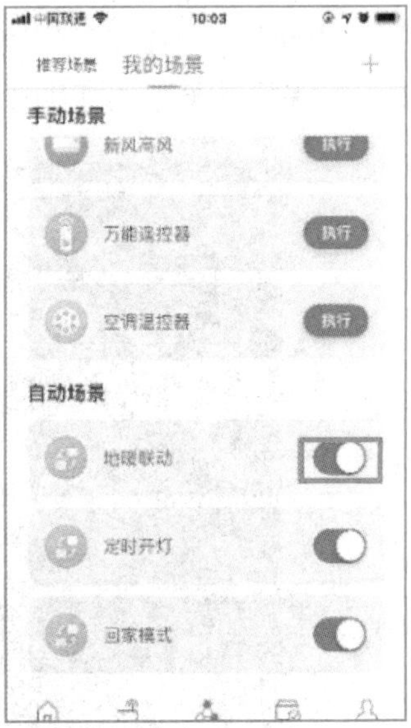

图 6－33 场景执行

注意：背景音乐中央主机无法抢绑，如果已经被用户绑定，其他用户再次绑定会绑定失败，必须解绑后才可再次绑定。

2. 小优智能音箱的连接与使用

（1）准备工作。

扫描包装盒或者说明书中二维码，下载并安装海尔智家 App，或者直接在手机软件下载 App 中直接搜索下载安装即可。

海尔音箱需要和智能网关连接同一个路由器。在安住家庭 App 绑定家庭设备，将设备名字同步到网关中，此时设备会同步到海尔智家 App。

（2）配网绑定。

步骤 1：打开海尔智家 App，登录成功后单击右上角“+”，单击搜索附近家电。

步骤 2：长按小优智能音箱顶部唤醒键 5s，直至小优音箱出现配网提示，橙灯长闪即进入配网模式，等待设备被发现。

步骤 3：单击小优音箱图标，单击连接网络，等待设备连接成功。

步骤 4：连接成功后，选择与音箱交互频繁的设备位置，比如客厅，绑定完成，设置所在位置单击“立即使用”，等待初始化，完成后即绑定成功。

添加完设备后即可通过语音控制设备，每种设备的具体指令可以通过单击设备图标进入详情页查看。

（3）交互入口。

- 语音音箱。你可以对小优说：“小优小优，关灯；小优小优，打开客厅灯”“小优小优，关上窗户”“小优小优，插座断电”“小优小优，智能门锁怎么购买”“小优小优，明天 7 点叫我起床”“小优小优，唱首歌”“小优小优，拨打海尔客服”“小优小优，1+1 等于几”“小优小优，今天天气怎么样？”等等。

注意：控制智能家居产品时，必须是海尔智家已经绑定该产品。

- 海尔智家 App。打开海尔智家→登录并绑定设备→打开语音助手发号施令。
- 微信小程序（小优语音助手）：打开微信搜索小程序“小优语音助手”→登录海尔智家账号→单击语音助手→发号施令，如图 6－34 所示。

图 6－34　小优语音助手

- 语音交互控制其他海尔电器，绑定到海尔智家 App 同一账号下，如图 6－35 所示。

（4）语音控制场景。

场景商店下载回家、离家、起床、就寝等场景，如图 6－36 所示。

场景定制自定义触发条件、执行动作，如图 6－37 所示。

编辑“我的场景”配置触发条件、执行动作等，如图 6－38 所示。

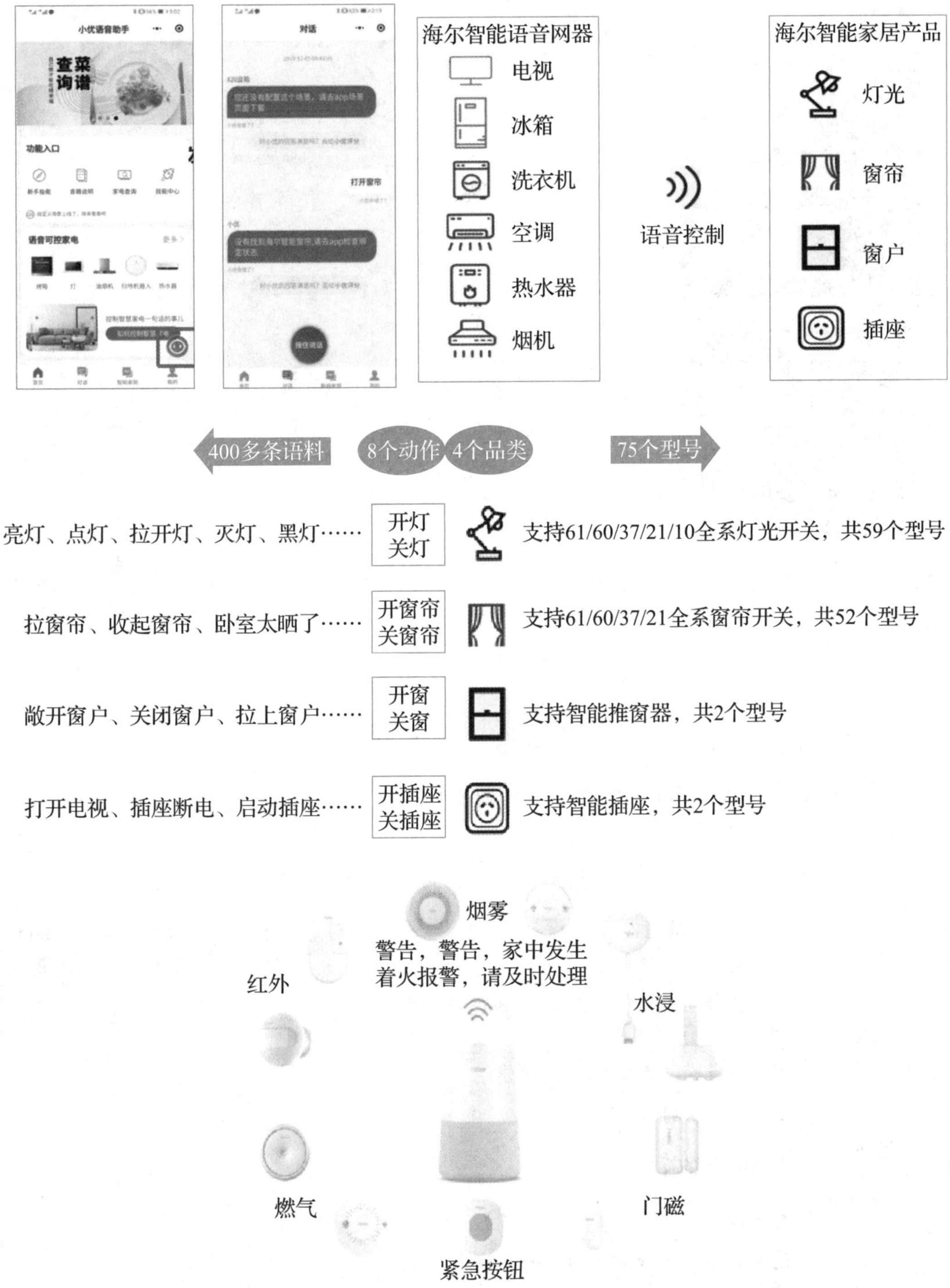

图 6－35　交互控制其他海尔电器

语音控制场景通过各种语音交互入口，发号控制施令。丰富的语料库，让交互更自然，让小优更懂你。

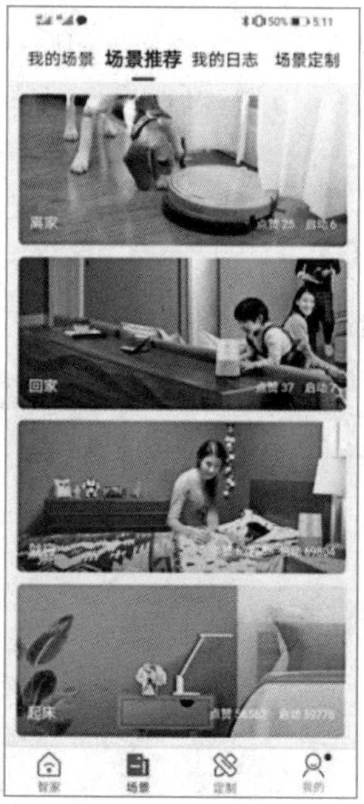

图 6－36　场景下载

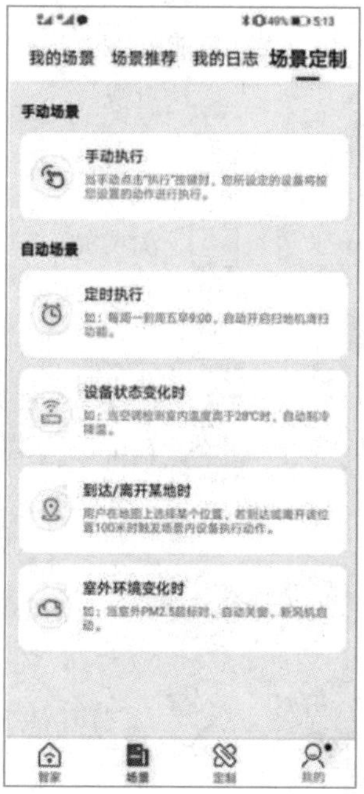

图 6－37　场景定制

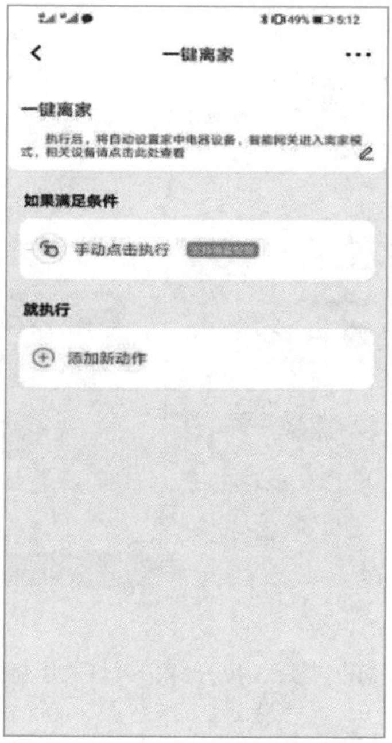

图 6－38　编辑我的场景

四、考核评价

依据任务三评分标准进行组内评价、教师评价及企业教师评价，见表 6－14。

表 6－14　设备调试评分标准

评价内容		分值	评分		
			组内评价	教师评价	企业教师评价
上位机软件（40 分）	能按控制方案正确建立设备树、场景树、网络树	15			
	能正确设置设备参数，完成配网	15			
	能按步骤正确发布数据	10			
组网（5 分）	在 App 端的操作	5			
调试（40 分）	App 控制	5			
	能用 App 创建场景、选择触发条件、执行场景	5			
	语音交互（小优音箱对场景、海尔电器的控制）	15			
	能根据调试现象进行故障分析，并调试正确	15			

续表

评价内容		分值	评分		
			组内评价	教师评价	企业教师评价
用时（5分）	能在规定时间内完成任务	5			
	超时 5min 以内扣 2 分				
	超时 5 ～ 10min 扣 5 分				
	超时 10 ～ 15min 扣 10 分				
	超时 15 ～ 20min 扣 20 分				
	超时 20min 以上扣 50 分				
安全文明生产（5分）	遵守安全文明生产规程	3			
	任务完成后认真清理现场	2			
综合素养（5分）	小组合作、服务意识、精益求精的精神	5			
合计		100			

五、拓展学习

背景音乐在场景中的设置

六、课后练习

1. 根据知识链接和调试操作，画出小优智能音箱控制其他智能家电思维导图。
2. 每小组对背景音乐单体机 E7Plus 进行 App 端操作调试，并写出步骤（可截图）。

活页笔记

岗位再现

本环节要求各小组编写剧本，小组成员饰演其中角色，运用所学的知识和技能，再现实际智能家居工程实施中各环节主要角色的工作场景。岗位情景任务见表 6-15。

表 6-15 岗位情景任务表

场景	针对岗位	岗位场景再现要求
场景一	售前工程师	分别由一名同学饰演售前工程师小慧，两名同学饰演客户，模拟客户到店选型场景。 1. 客户角色需阐述自己户型情况。 2. 售前工程师角色需了解客户的需求，根据客户诉求、产品功能和定位，为客户介绍单体式和中央式背景音乐系统的特点，并建议客户合理选择设备
场景二	硬件工程师、硬件安装人员	分别由一名同学饰演硬件工程师小智，一到两名同学饰演安装人员，模拟硬件安装过程场景。 1. 安装人员需按照背景音乐系统安装流程、喇叭接线注意事项等进行安装。 2. 硬件工程师角色需向安装人员讲解选型设备的技术参数和接线注意事项
场景三	调试工程师、售后工程师	分别由一名同学饰演工程师小智，一到两名同学饰演调试人员，模拟设备调试过程场景。 1. 调试人员需按照调试步骤进行设备调试，如出现故障，能根据现场情况进行故障排除。 2. 工程师角色需向调试人员讲解调试步骤，帮助调试人员排除故障。 3. 工程师角色需向客户讲解使用步骤及注意事项

综合评价

按照综合评价表 6-16，完成对学习过程的综合评价。

表 6-16 综合评价表

班级			学号		
姓名			综合评价等级		
指导教师			日期		
评价项目	评价内容	评价标准	评价方式		
			自我评价	小组评价	教师评价
职业素养（30 分）	安全意识、责任意识（10 分）	A 作风严谨、自觉遵章守纪、出色完成工作任务（10 分） B 能够遵守规章制度、较好地完成工作任务（8 分） C 遵守规章制度、没完成工作任务或完成工作任务但忽视规章制度（6 分） D 不遵守规章制度、没完成工作任务（0 分）			
	学习态度（10 分）	A 积极参与教学活动、全勤（10 分） B 缺勤达本任务总学时的 10%（8 分） C 缺勤达本任务总学时的 20%（6 分） D 缺勤达本任务总学时的 30% 及以上（4 分）			

续表

评价项目	评价内容	评价标准	评价方式		
			自我评价	小组评价	教师评价
职业素养（30分）	团队合作意识（10分）	A 与同学协作融洽、团队合作意识强（10分） B 与同学能沟通、协同工作能力较强（8分） C 与同学能沟通、协同工作能力一般（6分） D 与同学沟通困难、协同工作能力较差（4分）			
专业能力（70分）	任务主题一（20分）	A 能根据客户诉求、产品功能和定位为客户介绍设备特点，正确引导客户进行设备选型，按时、完整地完成产品配置清单（20分） B 能根据客户诉求、产品功能和定位为客户介绍设备特点，正确引导客户进行设备选型，按时完成产品配置清单（17分） C 能根据客户诉求、产品功能和定位为客户介绍设备特点，正确引导客户进行设备选型，但不能按时完成产品配置清单（16分） D 不能根据客户诉求、产品功能和定位为客户介绍设备特点，不能正确引导客户进行设备选型（0分）			
	任务主题二（20分）	A 能够根据设计方案，向安装人员讲解海尔设备的性能指标、接线注意事项，对安装人员进行现场的技术指导工作（20分） B 能够根据设计方案，向安装人员讲解海尔设备的性能指标、接线注意事项，但不能对安装人员进行现场的技术指导工作（16分） C 能够根据设计方案，向安装人员讲解海尔设备的性能指标，但不能对安装人员进行现场的技术指导工作（12分） D 能够根据设计方案，对安装人员进行现场的技术指导工作（10分）			
专业能力（70分）	任务主题三（30分）	A 能够按设计方案进行设备调试，对设备正确配网，一次性调试成功（30分） B 能够按设计方案进行设备调试，对设备正确配网，遇到故障，能根据典型故障分析表排除故障（28分） C 能够按设计方案进行设备调试，对设备正确配网，遇到故障，不能根据典型故障分析表排除故障，需要教师指点，排除故障（26分） D 能够按设计方案进行设备调试，配网步骤不够熟练，调试遇到故障，不能根据典型故障分析表排除故障，需要教师指点，排除故障（20分）			
创新能力		学习过程中提出具有创新性、可行性的建议	加分奖励：		

考证要点

一、选择题

1. 泊声 E7 和 E69 可以集成到安住家庭 App 上面进行操控，是通过哪种通信方式来实现的？(　　)

A. ZigBee　　B. WiFi　　C. 有线 485

2. 以下哪个型号扬声器不能用在泊声 E69 系列主机上面？(　　)

A. BA－V4108　　B. BA－C5108　　C. BA－V6508

二、填空题

1. 泊声 E69 智能中央音响系统由主机、________、________，网络交换机组成。

2. 泊声 E69 集成 9 个不同音源，分别为在线音乐、在线语言节目、在线新闻资讯、本地下载音源、AUX1 输入、AUX2 输入、FM1、FM2 以及________。

3. BA－V4108 扬声器属于高低音分频定阻喇叭，功率 15W，开孔直径是________mm。

4. 泊声海豚 100 功放主机支持________路音频输出，匹配 2*25W 立体声双声道定阻扬声 器，最多可以扩展接________个扬声器。

5. 泊声 E69 系统适配控制面板采用入墙式控制终端设计，面板的电源由主机提供，同时面板通过________和主机连接完成大数据交换，面板为全触摸电容屏显示。

>> 项目七

全屋智能家居的设计、安装与调试

任务一 一居室智能家居的设计、安装与调试

一、学习目标

知识目标

（1）复习并理解 37 系列面板的工作原理。

（2）复习并理解 61 系列面板的工作原理。

（3）复习并理解线控开窗器的工作原理。

（4）复习并理解线控窗帘电机的工作原理。

（5）复习并理解无线窗帘电机的工作原理。

（6）复习并理解风雨传感器的工作原理。

能力目标

（1）熟练掌握 37 系列面板的作用，并能进行恰当选型。

（2）熟练掌握 61 系列面板的作用，并能进行恰当选型。

（3）熟练掌握面板设备、开窗器和线控窗帘电机的正确安装方式，能够按照综合布线相关标准对其进行固定和安装。

（4）掌握构建以无线路由器为中心的有线 / 无线局域网的步骤和方法。

（5）掌握私有 ZigBee 协议设备在上位机中集成设计的步骤和方法。

（6）掌握给 37 系列和 61 系列面板设置网络号和面板号的步骤和方法。

（7）掌握给风雨传感器设置网络号和面板号的步骤和方法。

（8）掌握私有 ZigBee 协议设备集成到网关的步骤和方法。

（9）掌握私有 ZigBee 协议设备通过安住·家庭 App 集成到海尔私有云平台的步骤和方法。

（10）掌握在安住·家庭 App 设置联动场景的步骤和方法。

（11）掌握智能音箱通过海尔智家 App 集成到海尔私有云平台的步骤和方法。

（12）具备独立查找故障的能力。

（13）具备独立排除故障的能力。

（14）具备自主学习的能力。

素养目标

（1）自觉遵守工作场所的 6S 标准。

（2）在团队协同工作中能够独立发挥作用。

（3）以客户为中心，认真做好各项服务。

二、学习内容

学习内容见表 7－1。

表 7－1 学习内容

任务主题一	一居室智能家居的设计安装与调试	建议学时	10 学时
本节任务内容	按照客户对智能家居的需求，以客户为中心，按照资金预算的情况及系统设计的流程，分析客户需求，设计一居室智能家居的控制方案，然后进行电气设备安装，上位机系统设计，集成到网关，最后集成到海尔私有云平台，给客户演示并讲解系统功能，进行任务的反思及总结		

三、学习过程

案例

华夏安居家装公司业务部接到“滨河小区 3 号楼一单元 502 房间（一室一厅一厨一卫）智能家居”的装修任务，户型图如图 7－1 所示。客户对智能家装的具体要求是：在客厅的智能面板上能实现对全屋所有的灯光、窗帘和窗户等设备进行集中操控。房间自然光线不足的时候，主人从当前屋去往相邻其他房间前，操作当前屋里的智能面板就能提前点亮前往房间的灯光；在客厅和卧室安装电动开窗器，出现刮风或者下雨等异常天气时，能够自动关闭窗户。为明晰此次家装任务的责任，需要填写如表 7－2 所示工作任务单。

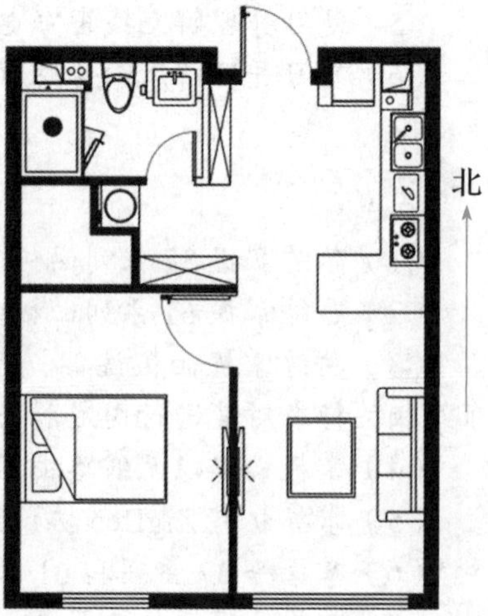

图 7－1 一居室户型图

表 7-2 工作任务单

工作任务	一居室智能家居的设计安装与调试	派工日期	年 月 日
工作人员		工作负责人	
签收人		完工日期	年 月 日
工作内容	以客户的需求为中心，以工程资金预算为导向，完成一居室全屋智能家居控制系统智能面板设备、窗帘电机和开窗器的选型，控制系统的安装，上位机软件的集成设计并集成到海尔私有云平台，整体系统的调试运行，给用户进行全屋智能家居控制系统的功能演示和功能讲解等		
项目负责人评价	负责人签字： 年 月 日		

（一）自主学习

预习知识链接，填写表 7-3。

表 7-3 一居室智能家居设计安装与调试必需的基础知识和技能

名称	具体步骤
37 系列智能面板的工作原理及集成到海尔私有云平台的步骤和方法	
61 系列智能面板的工作原理及集成到海尔私有云平台的步骤和方法	
风雨传感器的工作原理及集成到海尔私有云平台的步骤和方法	
线控开窗器的工作原理以及集成到海尔私有云平台的步骤和方法	
线控窗帘电机的工作原理以及集成到海尔私有云平台的步骤和方法	
无线窗帘电机的工作原理以及集成到海尔私有云平台的步骤和方法	
安住·家庭 App 中设置联动场景的步骤和方法	
智能音箱通过海尔智家 App 集成到海尔私有云平台的步骤和方法	

（二）课堂活动

1. 案例分析

考虑到客厅的智能面板控制的设备较多，所以给客厅配备 1 个 HK-61P4 智能面板。由于客厅窗户比较大，而卧室的窗户较小，所以分别选择 UCE-60DR-U5 无线窗帘电机和 HK－55DX－U 线控窗帘电机进行窗帘的开关控制。客户要求对卧室和客厅的窗户进行联动场景控制，故选择相对便宜的 DWR－CM－A200－A220－400N 线控开窗器，同时搭配选择 AW－1 风雨传感器进行联动控制。

按照实际户型图以及客户的控制需求，卧室的智能面板需要连接台灯、顶灯以及线控开窗器和线控窗帘电机，总共需要 6 个负载驱动端口，因此至少需要配备 2 块智能面板。同时，配备的智能面板还需要能够操控卧室台灯、卧室顶灯、客厅顶灯和卫生间顶灯以及卧室的窗帘电机和卧室的推窗器等总共 8 个按键，从降低工程成本的角度考虑，给卧室配置 2 块 HK－37P4 面板。

最后，给厨房和卫生间均配置 1 块 HK－37P1 面板，它们只需控制自己所带的设备即可。

2. 任务实现

一居室设备布局图如图 7－2 所示。

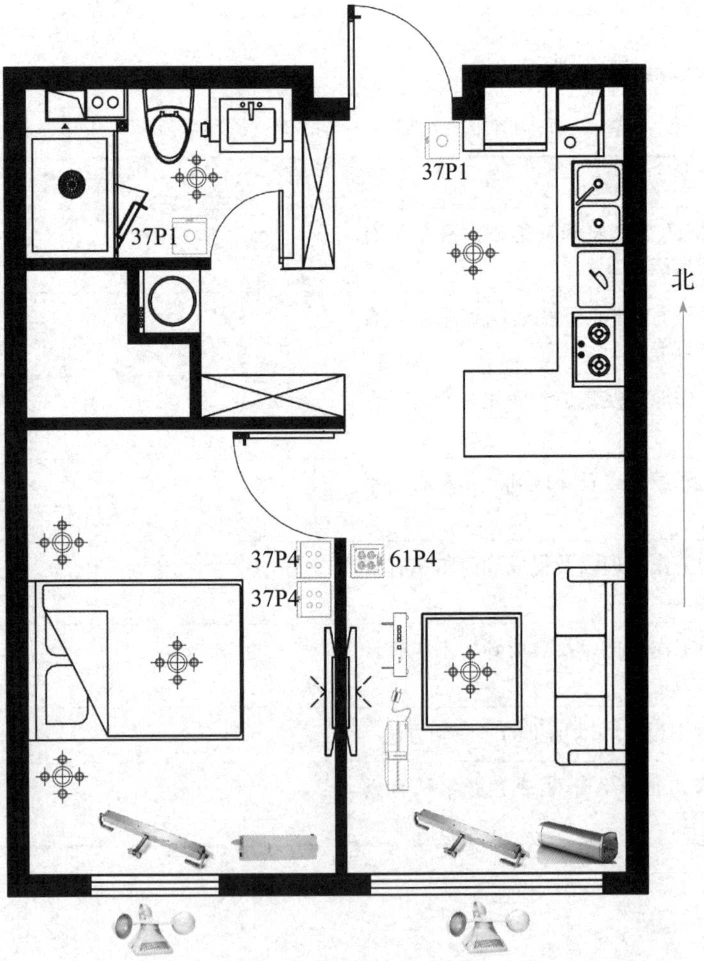

图 7－2　一居室设备布局图

一居室智能家居选型配置清单及控制策略见表 7－4。

表 7-4 一居室智能家居选型配置清单及控制策略

场所	设备种类型号	数量	网络号	面板号	上级节点设备	连接的负载设备	控制设备
客厅	HW-WZ2JA-U 双模网关	1	1	1	FW300R 无线路由器	—	—
客厅	HK-61P4 智能面板	1	1	2	HW-WZ2JA-U 双模网关	客厅顶灯、客厅开窗器	全屋所有灯光、所有窗帘、所有开窗器
客厅	HSPK-X20UD 智能音箱	1	1	—	FW300R 无线路由器	—	—
客厅	FW300R 无线路由器	1	1	—	海尔私有云平台	—	—
客厅	AW-1 风雨传感器	1	1	3	HW-WZ2JA-U 双模网关	—	客厅开窗器
客厅	UCE-60DR-U5 无线窗帘电机	1	1	4	HW-WZ2JA-U 双模网关	客厅窗帘	客厅窗帘
客厅	DWR-CM-A200-A220-400N 开窗器	1	1	—	HK-61P4 智能面板	客厅窗户	客厅窗户
客厅	AGS3-W00D 华为平板	1	1	—	—	—	全屋所有灯光、所有窗帘、所有开窗器
卧室	HK-37P4 智能面板 -1	1	1	5	HW-WZ2JA-U 双模网关	卧室顶灯、卧室台灯	卧室顶灯、卧室台灯、客厅顶灯、卫生间顶灯
卧室	HK-37P4 智能面板 -2	1	1	6	HW-WZ2JA-U 双模网关	窗帘电机、推窗器	卧室窗帘电机、卧室开窗器
卧室	AW-1 风雨传感器	1	1	7	HW-WZ2JA-U 双模网关	—	卧室开窗器
卧室	DWR-CM-A200-A220-400N 开窗器	1	1	—	HK-37P4 智能面板 -2	卧室窗户	卧室窗户
卧室	HK-55DX-U 线控窗帘电机	1	1	—	HK-37P4 智能面板 -2	卧室窗帘	卧室窗帘
厨房	HK-37P1 智能面板	1	1	8	HW-WZ2JA-U 双模网关	厨房顶灯	厨房顶灯
卫生间	HK-37P1 智能面板	1	1	9	HW-WZ2JA-U 双模网关	卫生间顶灯	卫生间顶灯

一居室智能家居控制系统的硬件接线原理图如图 7-3 所示。

（1）电气设备安装。

如图 7-3 所示，无线路由器、双模网关、智能音箱、风雨传感器和无线窗帘电机等设备只需连接到 220V 市电上即可。

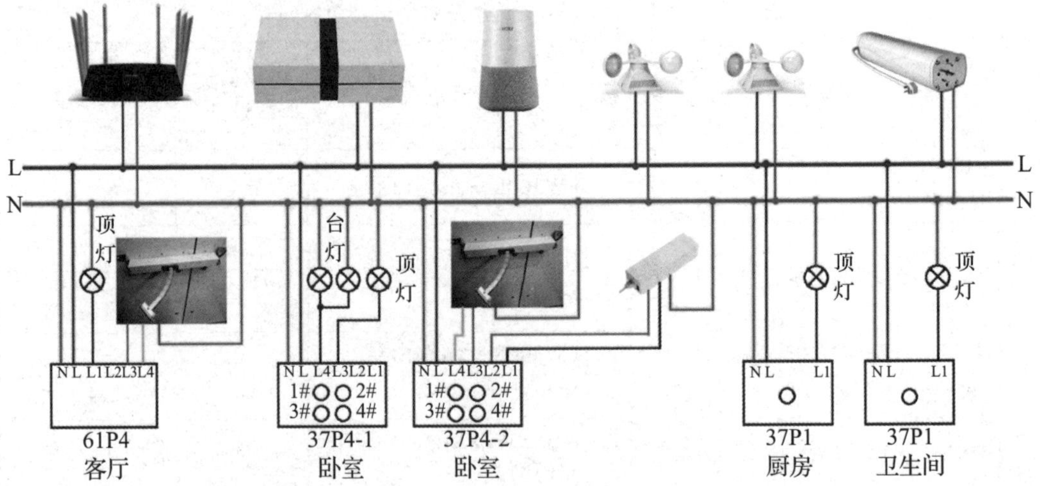

图 7-3 一居室智能家居控制系统的硬件接线原理图

客厅中配置的 HK-61P4 智能面板连接了 1 盏顶灯和 1 个开窗器负载。该开窗器的棕色线为伸出控制线，接到面板的 L3 端，黄色线为缩回控制线，接到面板的 L4 端，蓝色线连到零线 N。在调试过程中，如果发现开窗器的实际动作与预期相反，对调 L3 和 L4 端口的连接线，即能到达到预期的控制效果。

卧室配置了两块 HK-37P4 智能面板，其中第 1 块连接了卧室的顶灯和台灯负载，4 个按键分别控制卧室的两盏灯，以及客厅顶灯和卫生间顶灯。第 2 块智能面板连接了卧室的开窗器和窗帘电机负载。开窗器的连线与客厅开窗器相同。窗帘电机的棕色线为正转控制线，接到面板的 L2 端，黑色线为反转控制线，接到面板的 L1 端，蓝色线连到零线 N。在调试过程中，如果发现窗帘实际动作方向与预期相反，对调 L1 和 L2 端口的连接线，即能达到预期的控制效果。第 2 块面板上的 4 个按键的功能为：1# 按键控制窗户的打开，2# 按键控制窗户的关闭，3# 按键控制窗帘的打开，4# 按键控制窗帘的关闭。

在进行电气安装施工时，客厅的 HK-61P4 面板需要预埋 5 根线，1 根火线，1 根零线，1 根与客厅顶灯连接的控制线，还有两根与客厅开窗器连接的控制线。客厅顶灯需要预埋两根线，1 根控制线，需要连接到 HK-61P4 面板的 L1 负载端子，另外 1 根线直接连到户内零线。

卧室的第 1 块 HK-37P4 面板需要预留 4 根线，1 根火线，1 根零线，1 根与卧室顶灯连接的控制线，1 根与卧室 86 插座盒连接的控制线，为卧室台灯提供电源连接。卧室顶灯需要预埋两根线，1 根控制线，需要连接到第 1 块 HK-37P4 面板的 L4 负载端子，另外 1 根线直接连到零线。卧室的台灯通过墙上预留的插座进行插接，插座盒需要预埋两根线，1 根控制线，需要连接到第 1 块 HK-37P4 面板的 L3 负载端子，另外 1 根线直接连到户内零线。卧室的第 2 块 HK-37P4 面板需要预留 6 根线，1 根火线，1 根零线，两根与卧室开窗器连接的控制线，两根与卧室窗帘电机连接的控制线。卧室开窗器的零线和窗帘电机的零线直连到户内零线即可。

厨房的 HK-37P1 面板需要预埋 3 根线，1 根火线，1 根零线，1 根与厨房顶灯连接的控制线。厨房顶灯需要预埋两根线，1 根控制线，需要连接到 HK-37P1 面板的

L1 负载端子，另外 1 根线直接连到户内零线。

卫生间的 HK－37P1 面板需要预埋 3 根线，1 根火线，1 根零线，1 根与卫生间顶灯连接的控制线。卫生间顶灯需要预埋两根线，1 根控制线，需要连接到 HK－37P1 面板的 L1 负载端子，另外 1 根线直接连到户内零线。

（2）网络系统搭建。

如图 7－4 所示，智能面板、风雨传感器、无线窗帘电机以及双模网关之间构成了私有 ZigBee 协议的无线 mesh 网络，各面板设备之间能够独立于双模网关之外直接通信。借助于无线路由器，双模网关、上位机电脑、平板 pad 和智能音箱之间构成了 1 个互联互通的局域网。现场各种节点设备借助双模网关、无线路由器，通过因特网能够与海尔智慧家居私有云平台相互通信。

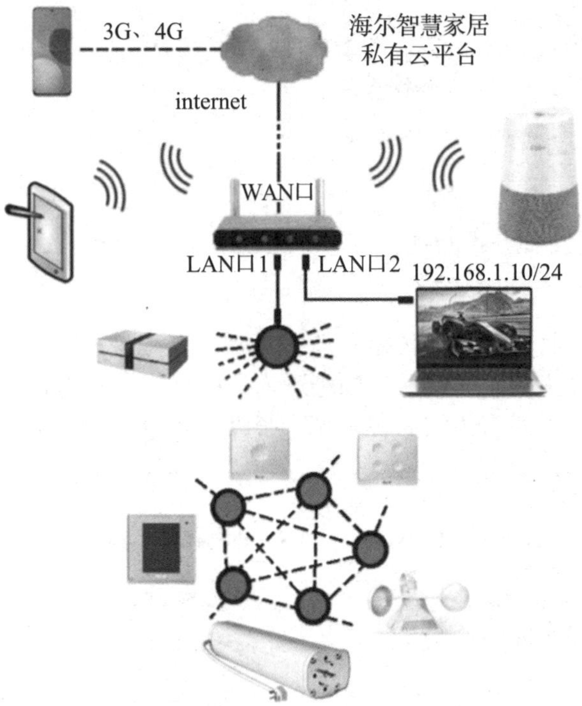

图 7－4　小户型家居控制系统的网络拓扑图

其中，构建图 7－5 所示包含无线路由器、双模网关和上位机电脑的以太网，同时开启路由器的无线 WiFi 和 DHCP 服务功能，步骤如下：

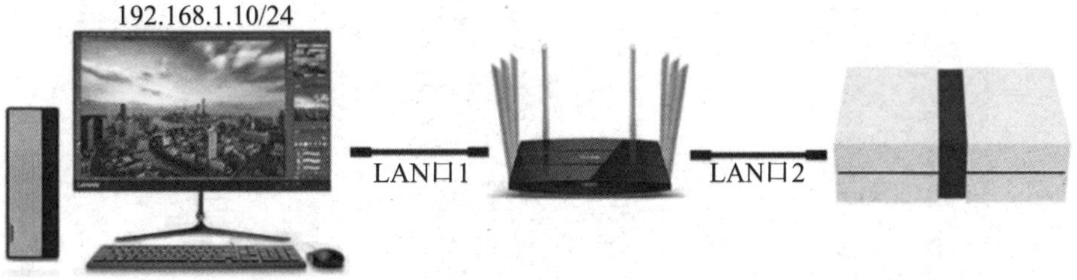

图 7－5　以太网的网络拓扑图

步骤 1：电脑桌面右击“网络”→“属性”→“以太网”→在出现的菜单中单击“属性”→在“网络”选项卡中双击“Internet 协议版本 4（TCP/IPv4）”，如图 7－6 所示，设置上位机电脑的 IP 为“192.168.1.10”，子网掩码为 255.255.255.0”。

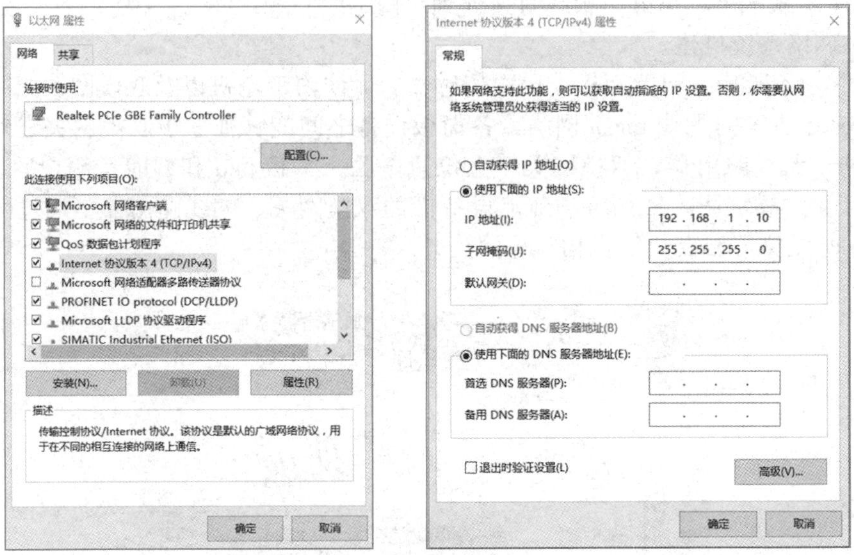

图 7－6　上位机电脑的 IP 设置

步骤 2：打开电脑中已有的任意一款浏览器，在地址栏中输入 192.168.1.1，输入登录账号 admin 并键入登录密码后，顺利进入无线路由器的内置 Web 页，开启路由器的 DHCP 服务功能，并设置无线名称和无线密码，如图 7－7 所示。

图 7－7　路由器的设置

（3）私有 ZigBee 协议和 WiFi 协议设备集成到海尔私有云平台。

通过上位机电脑的 SmartConfig 软件集成设计私有 ZigBee 协议控制系统大致按照图 7－8 所示的步骤展开进行，具体如下：

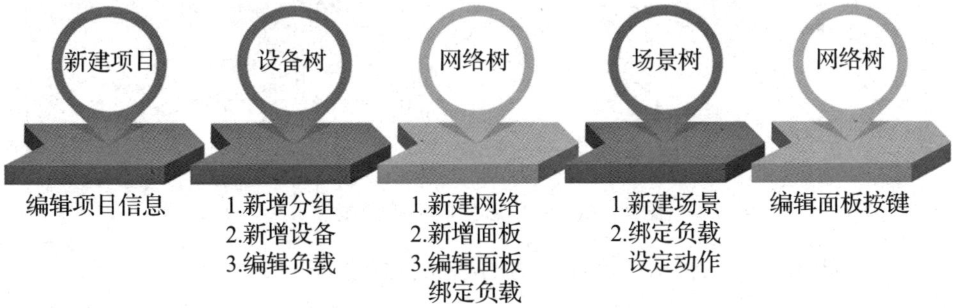

图 7－8　SmartConfig 软件集成设计步骤

步骤 1：如图 7－9 所示，创建新工程，选择合适的硬盘保存路径，方便后续步骤能够寻找到产生的相关文件。

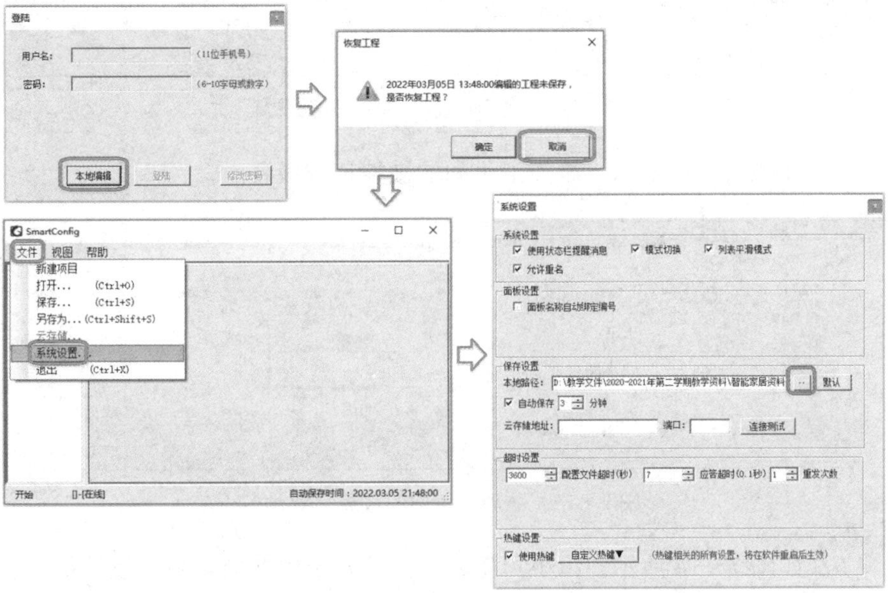

图 7－9　创建新工程并设置保存路径

步骤 2：如图 7－10 所示，添加房间分组和客厅的被控负载设备。

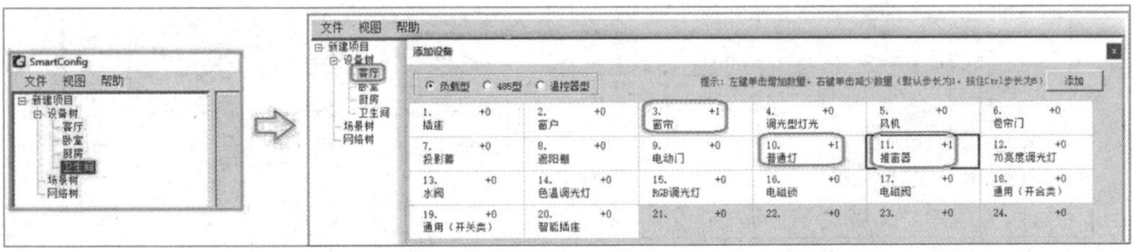

图 7－10　添加房间分组和客厅的被控负载设备

步骤 3：如图 7－11 所示，添加卧室的被控负载设备。

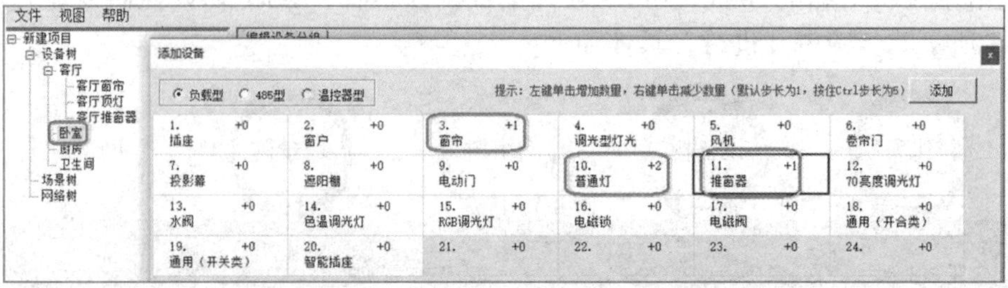

图 7－11　添加卧室的被控负载设备

步骤 4：如图 7－12 所示，添加厨房的被控负载设备。

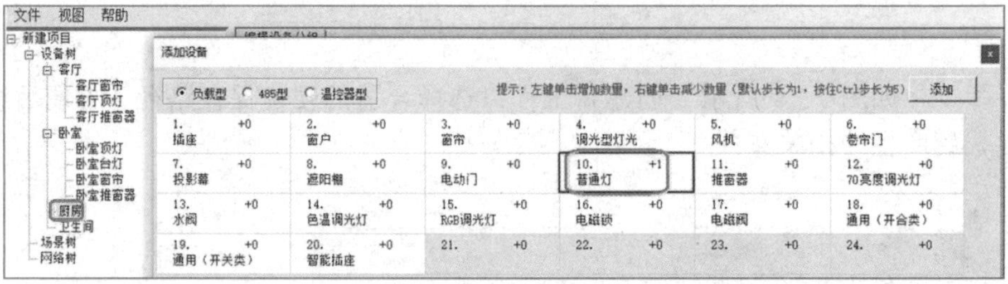

图 7－12　添加厨房的被控负载设备

步骤 5：如图 7－13 所示，添加卫生间的被控负载设备。

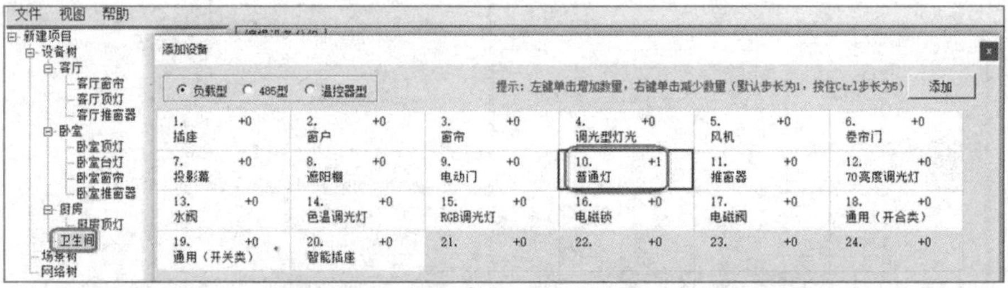

图 7－13　添加卫生间的被控负载设备

步骤 6：如图 7－14 所示，给小户型家居控制系统添加网络和面板设备。

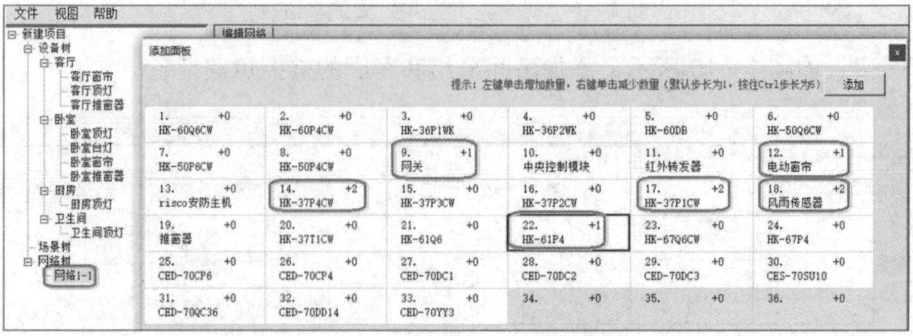

图 7－14　工程中添加网络和面板设备

步骤7： 如图7－15所示，依据图7－3的接线原理图，给客厅的HK－61P4面板添加负载设备。

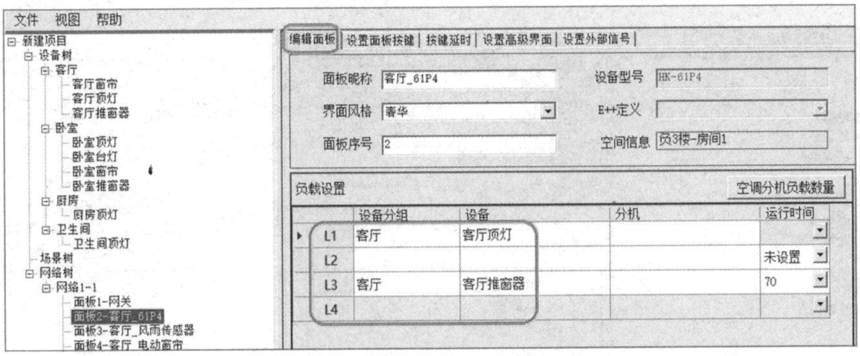

图7－15 给客厅的HK－61P4面板添加负载设备

步骤8： 如图7－16所示，依据图7－3的接线原理图，给客厅的电动窗帘面板添加负载设备。

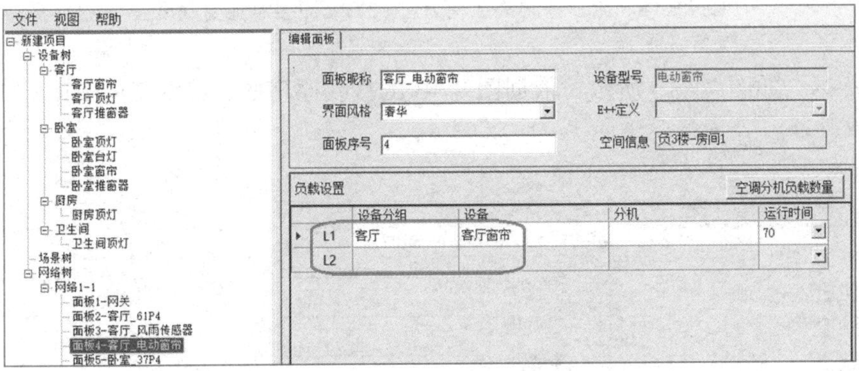

图7－16 给客厅的电动窗帘面板添加负载设备

步骤9： 如图7－17所示，依据图7－3的接线原理图，给卧室的第1块HK－37P4面板添加负载设备。

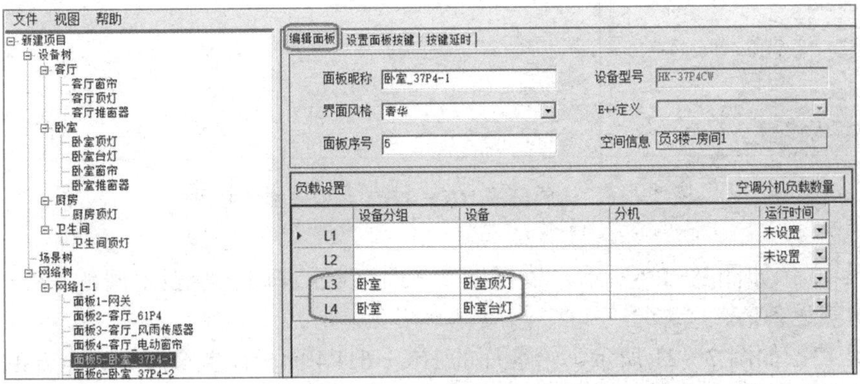

图7－17 给卧室的第1块HK－37P4面板添加负载设备

步骤 10：如图 7－18 所示，依据图 7－3 的接线原理图，给卧室的第 2 块 HK－37P4 面板添加负载设备。

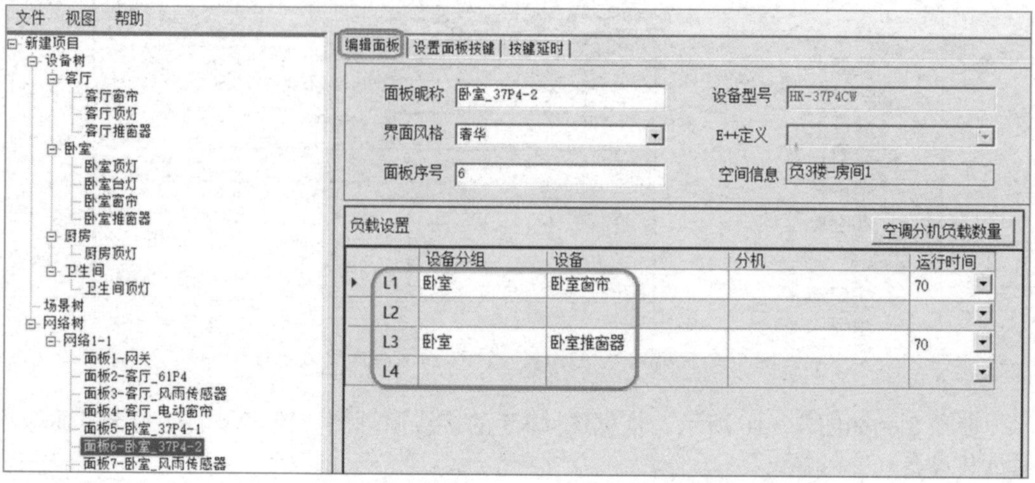

图 7－18　给卧室的第 2 块 HK－37P4 面板添加负载设备

步骤 11：如图 7－19 所示，依据图 7－3 的接线原理图，给厨房的 HK－37P1 面板添加负载设备。

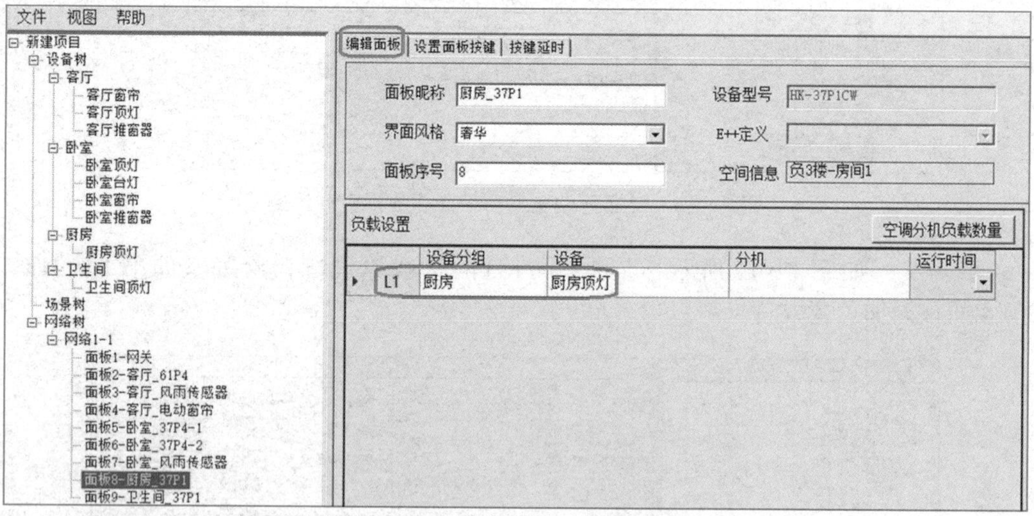

图 7－19　给厨房的 HK－37P1 面板添加负载设备

步骤 12：如图 7－20 所示，依据图 7－3 接线原理图，给卫生间的 HK－37P1 面板添加负载设备。

步骤 13：如图 7－21 所示，给客厅的 HK－61P4 面板设置全屋灯光全开的场景。

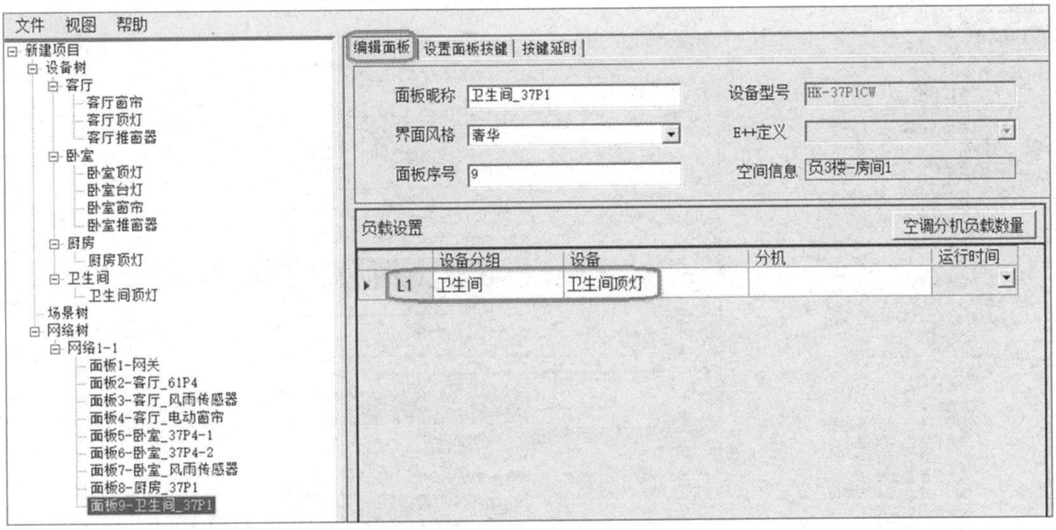

图 7－20　给卫生间的 HK－37P1 面板添加负载设备

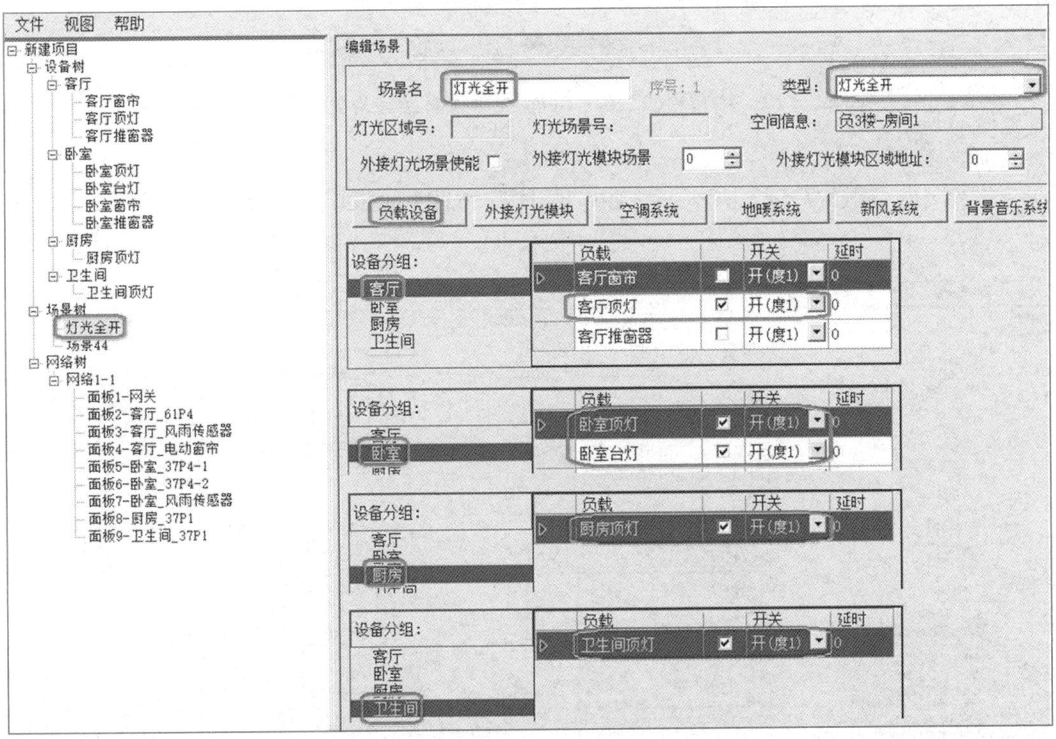

图 7－21　给客厅的 HK－61P4 面板设置全屋灯光全开的场景

步骤 14：如图 7－22 所示，给客厅的 HK－61P4 面板设置全屋灯光全关的场景。

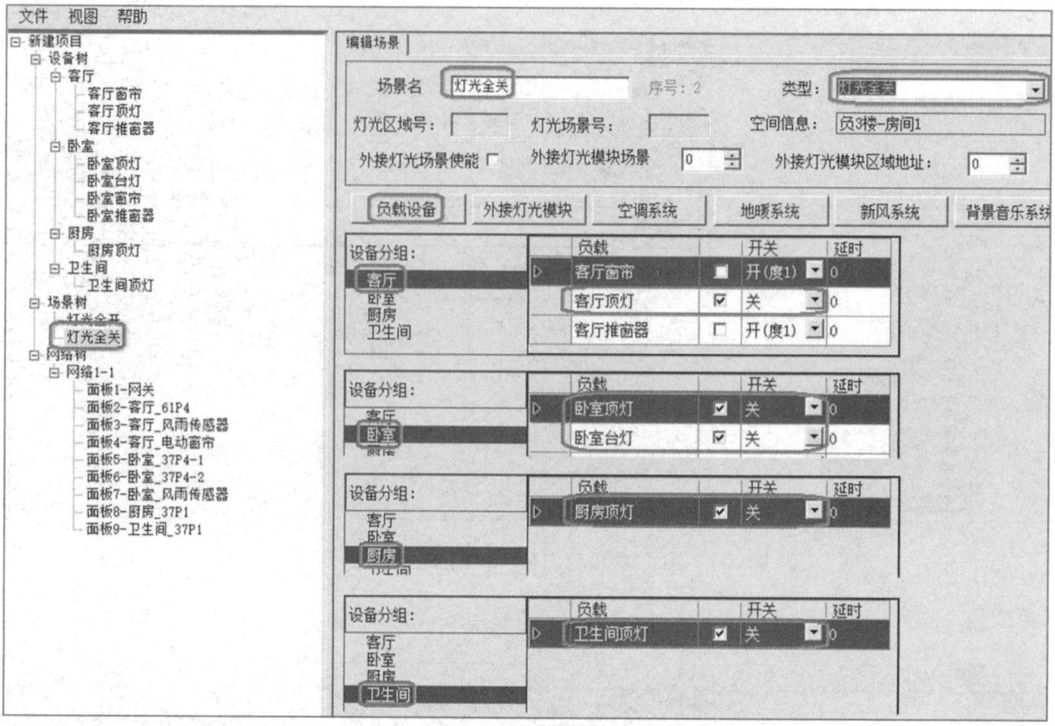

图 7－22 给客厅的 HK－61P4 面板设置全屋灯光全关的场景

步骤 15：如图 7－23 所示，给客厅的 HK－61P4 面板设置按键功能。

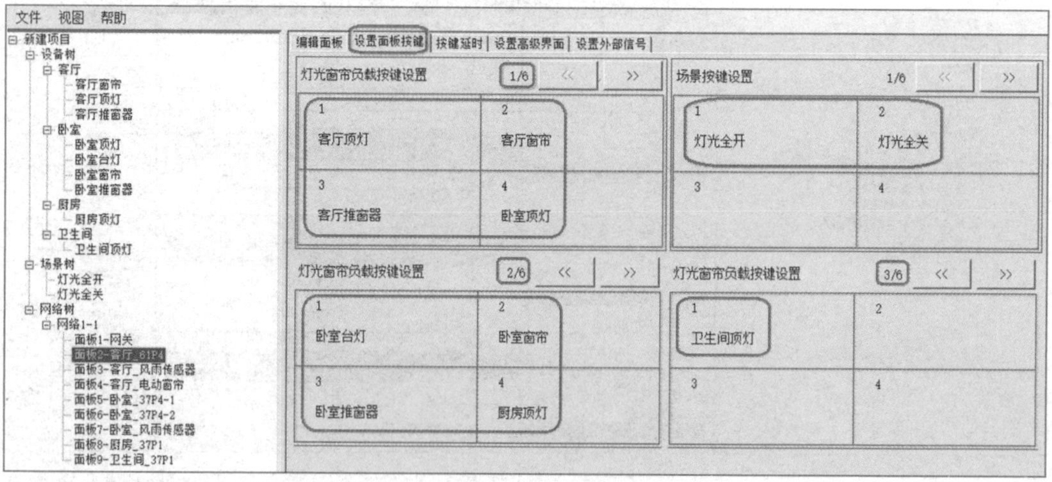

图 7－23 给客厅的 HK－61P4 面板设置按键功能

步骤 16：如图 7－24 所示，给卧室的第 1 块 HK－37P4 面板设置按键功能。

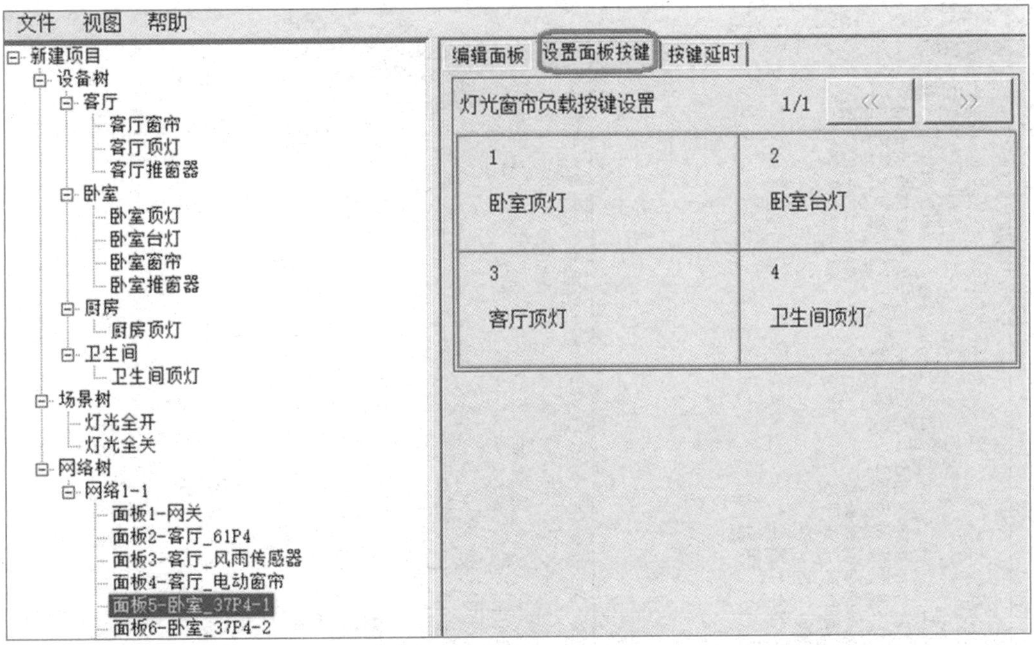

图 7－24　给卧室的第 1 块 HK－37P4 面板设置按键功能

步骤 17：如图 7－25 所示，给卧室的第 2 块 HK－37P4 面板设置按键功能。

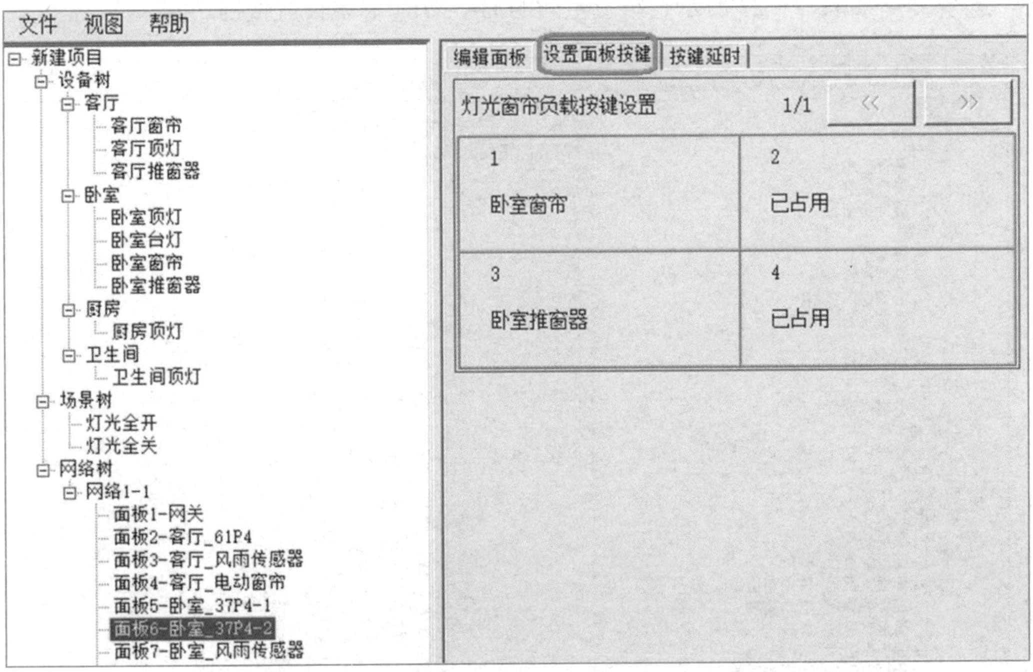

图 7－25　给卧室的第 2 块 HK－37P4 面板设置按键功能

步骤 18：如图 7－26 所示，给厨房的 HK－37P1 面板设置按键功能。

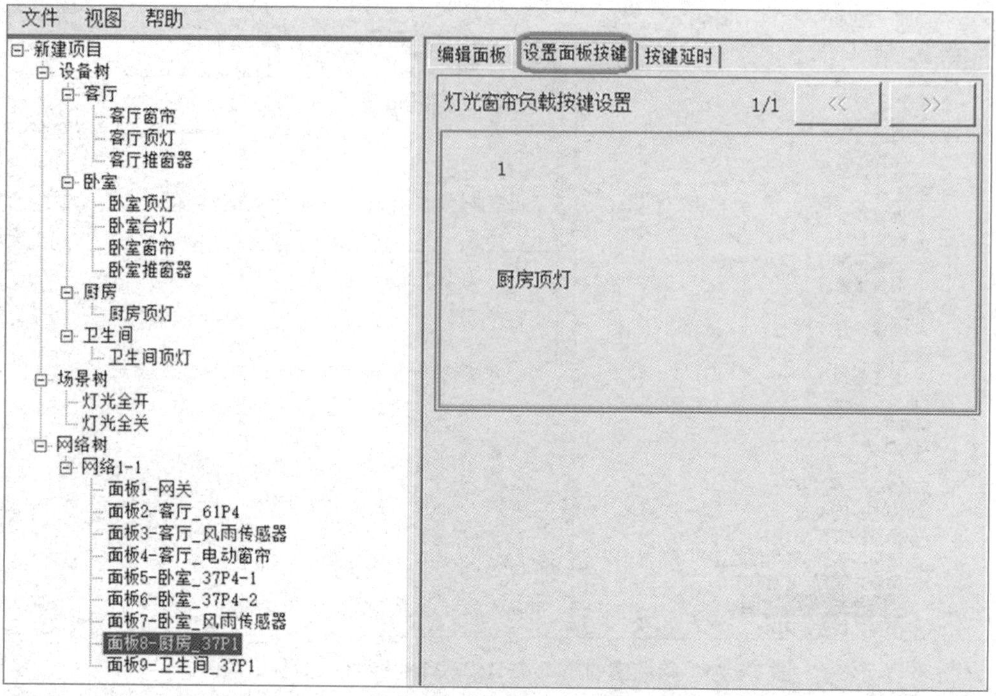

图 7-26 给厨房的 HK-37P1 面板设置按键功能

步骤 19：如图 7-27 所示，给卫生间的 HK-37P1 面板设置按键功能。

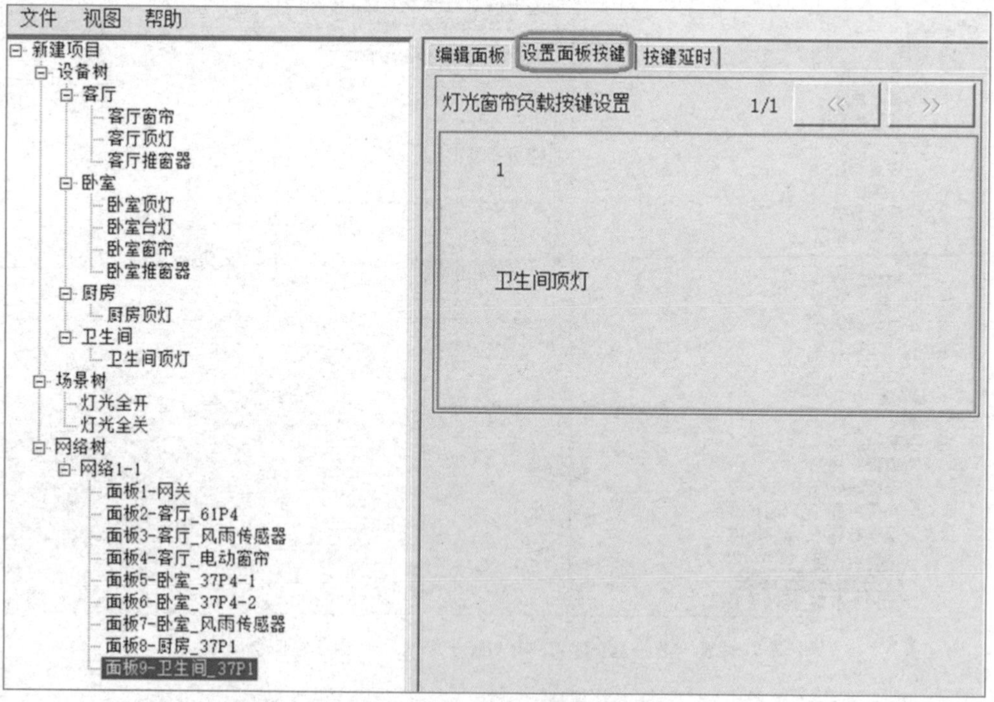

图 7-27 给卫生间的 HK-37P1 面板设置按键功能

步骤 20：在上位机集成软件 SmartConfig 工程中，单击打开“视图”菜单，选择“发布”功能，打开“发布”界面，如图 7－28 所示。

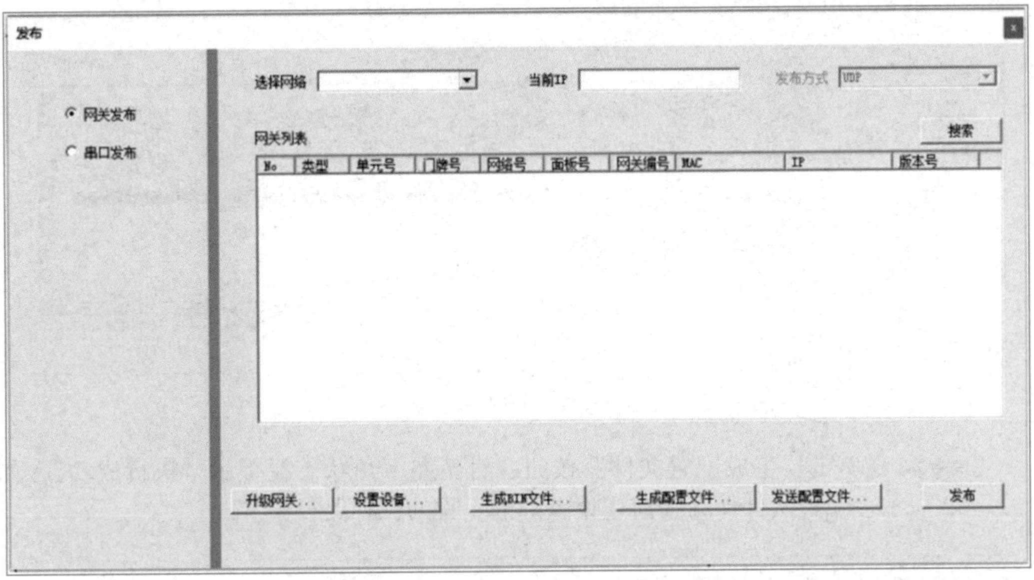

图 7－28 打开发布界面

步骤 21：单击“搜索”按钮，出现“多网卡选择”窗口，单击下拉菜单，如是有线连接，则选择“以太网”；如是无线 WiFi 连接，则选择“ WLAN”，然后单击“确定”，如图 7－29 所示。

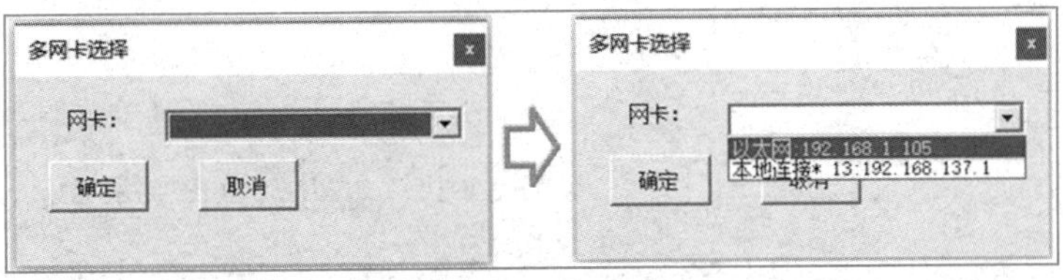

图 7－29 选择连接网关的通信方式

步骤 22：“发布”窗口中右击搜索到的“网关”，选择“设置网关”，在“参数设置”窗口修改网关的“网络号”和“面板号”，如图 7－30 所示。

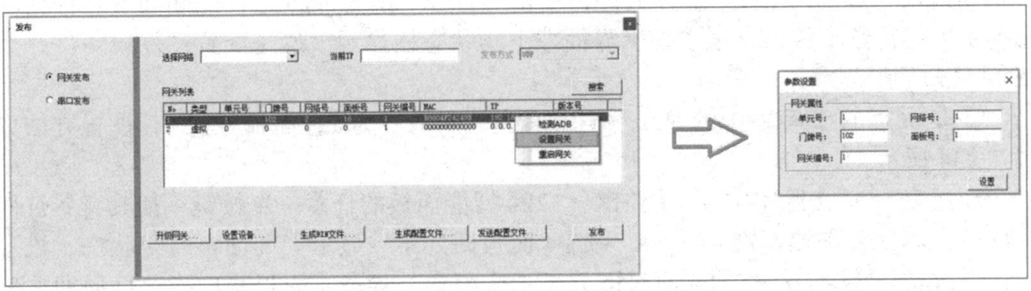

图 7－30 设置网关的网络号和面板号

步骤 23： 单击“设置”按钮，直至编辑主界面左下角显示“网关设置成功！”，如图 7－31 所示。然后单击“搜索”按钮，“选择网络”和“当前 IP”两栏中会自动显示网关的网络号和 IP 地址。

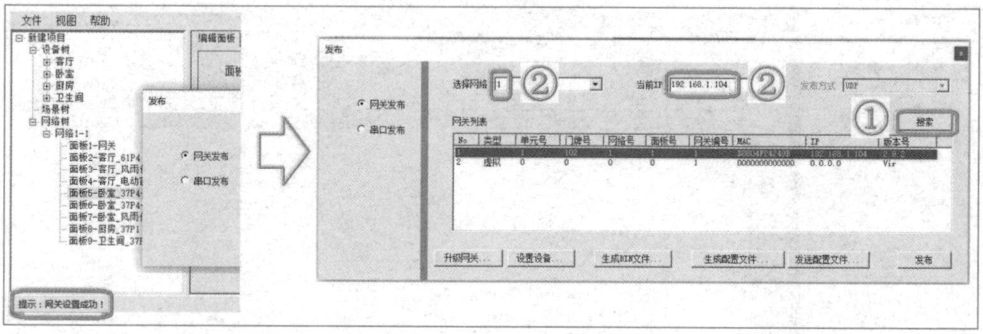

图 7－31　网关设置成功

步骤 24： 单击“生成配置文件”按钮，直至左下角状态栏提示“执行成功”，如图 7－32 所示。配置文件保存在前期设置好的工程的保存路径中。

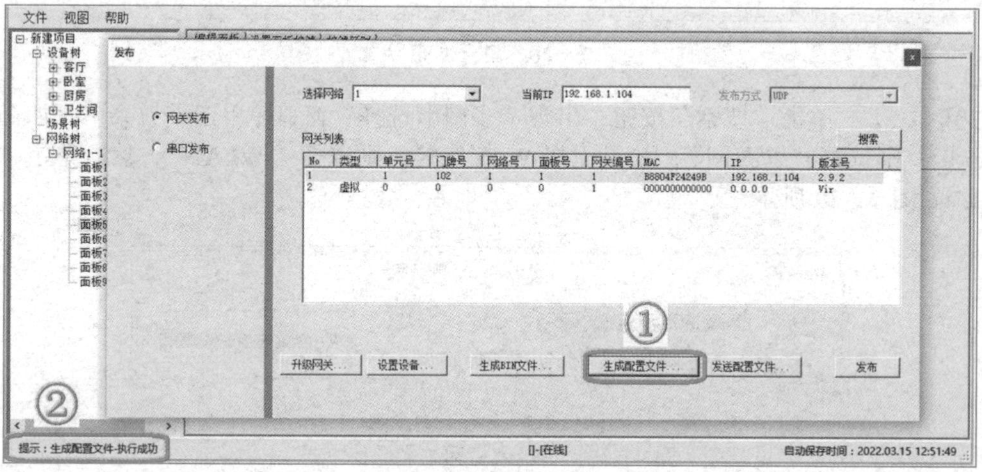

图 7－32　生成配置文件

步骤 25： 单击“发送配置文件”按钮，进入前期设置的保存路径中 config 文件夹下找到最新生成的“.txt”配置文件，单击“打开”即开始发送，此期间没有任何状态提示，等待数十秒，直至主编辑界面左下角状态栏显示“发送配置文件成功！”，如图 7－33 所示。

步骤 26： 设置客厅中的 HK－61P4 面板的网络号为 1，面板号为 2，设置方法如图 7－34 所示。

步骤 27： 单击卧室中第 1 块 HK－37P4 智能面板的任意一个按键，使其背景灯变为白色，然后常按该按键 8s，HK－37P4 面板即处于“显示当前面板号”状态。松手后，再次常按 3s，HK－37P4 面板即处于“待配置”状态，面板蓝白指示灯周期循环交替显示。

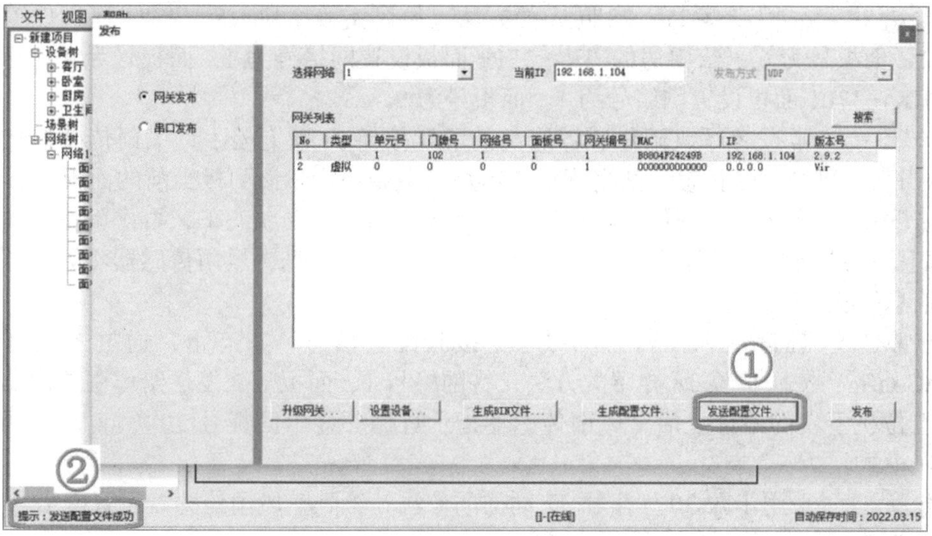

图 7－33　发送配置文件

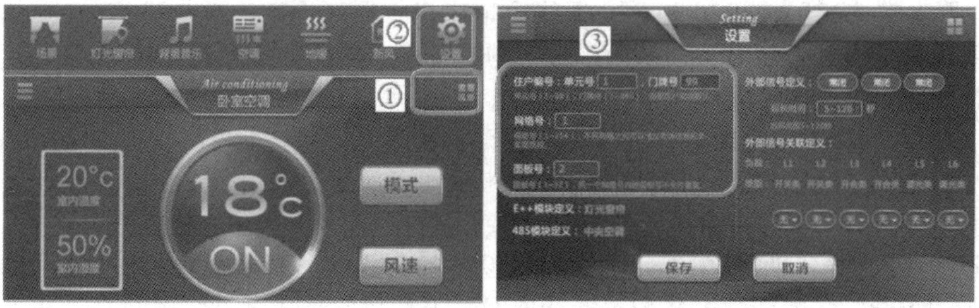

图 7－34　设置 HK－61P4 面板的网络号和面板号

步骤 28：在第 1 块 HK－37P4 面板处于“待配置”状态下，通过上位机软件发送的“网络号”和“面板号”给卧室第 1 块 HK－37P4 面板，直至成功，如图 7－35 所示。

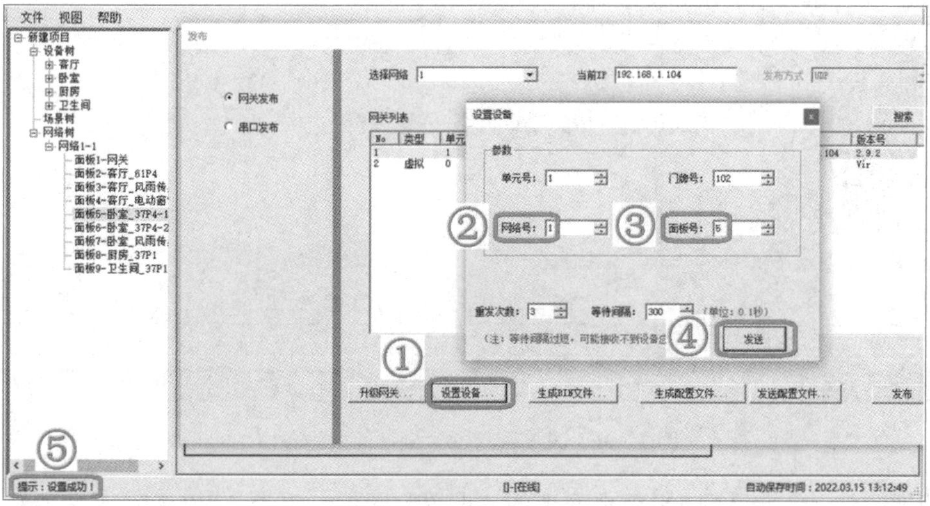

图 7－35　发送网络号和面板号给卧室第 1 块 HK－37P4 面板

步骤 29：采用步骤 27、28 同样的方法，给卧室第 2 块 HK－37P4 面板设置网络号为 1，面板号为 6；给厨房的 HK－37P1 面板设置网络号为 1，面板号为 8；给卫生间的 HK－37P1 面板设置网络号为 1，面板号为 9。

步骤 30：常按客厅风雨传感器底部的配置按钮 3s 以上松手，风雨传感器将处于“显示当前面板号”的状态，基座背景指示灯周期循环显示该面板当前的面板号。

步骤 31：在客厅风雨传感器处于“显示当前面板号”状态下，再次常按风雨传感器的配置按钮 3s 以上松手，基座背景红蓝指示灯交替闪烁，风雨传感器将处于“接收配置信息”状态。

步骤 32：在客厅风雨传感器处于“接收配置信息”状态下，通过上位机软件 SmartConfig，按照步骤 28 介绍的方法，将网络号 1、面板号 3 发送给风雨传感器。接收到上位机下发的地址之后，风雨传感器指示灯循环显示面板号 5 次，自动退回到正常工作模式。

步骤 33：采用步骤 30～步骤 32 同样的方法，给卧室风雨传感器设置网络号为 1，面板号为 7。

步骤 34：常按无线窗帘电机底部的配置按钮 3s 松手，无线窗帘电机底部的绿灯闪 1 次；再次常按配置按钮 3s 松手，无线窗帘电机将循环周期闪烁自己当前的面板号；在无线窗帘电机处于“显示当前面板号”的状态下，再次常按配置按钮 3s 松手，红绿灯交替闪烁，无线窗帘电机处于待配置状态。

步骤 35：在无线窗帘电机处于“待配置”状态下，通过上位机软件 SmartConfig，按照步骤 28 介绍的方法，将网络号 1、面板号 4 发送给无线窗帘电机。接收到上位机下发的地址之后，无线窗帘电机的指示灯熄灭，自动退回到正常工作模式。

步骤 36：在各私有 ZigBee 协议面板设备都完成网络号和面板号设置的前提下，且处于“正常”状态而非“待配置”状态时，上位机将生成的“配置数据”通过网关一次性“发布”到各私有 ZigBee 协议面板设备中，如图 7－36 所示。

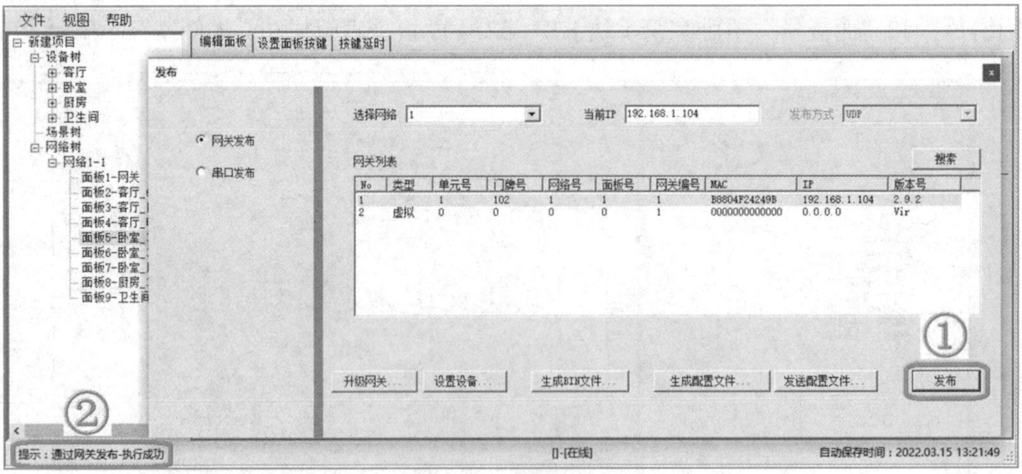

图 7－36　发布配置文件到各面板设备中

步骤 37：单击手机 / 平板桌面上的“设置”图标，单击“WLAN”，将手机连接到和网关同一个局域网的 WiFi 子网上。

步骤 38：长按网关背部的“SET”按钮 3 ～ 5s，网关网络指示灯停止闪烁后再持续按压 SET 键直至指示灯不再闪烁 2s 后即可松手。此时，“网络指示灯”处于“待入网”的持续慢闪状态，网关进入持续大约 2min 的待入网模式。

步骤 39：在网关处于“待入网”模式的前提下，打开“安住 • 家庭”App，在主界面中选择“设备”选项卡，单击右上角的“+”，进入“添加设备”界面，通过自动搜索到的“附近设备”选项卡选择添加网关和 37 系列智能面板的被控负载设备，或者利用“手动添加”选项卡，根据设备分类目录和设备型号进行选择和添加。

步骤 40：如图 7－37 所示，在手机 / 平板“安住 • 家庭”App 上对客厅设置“刮风立即关闭窗户”的联动场景。

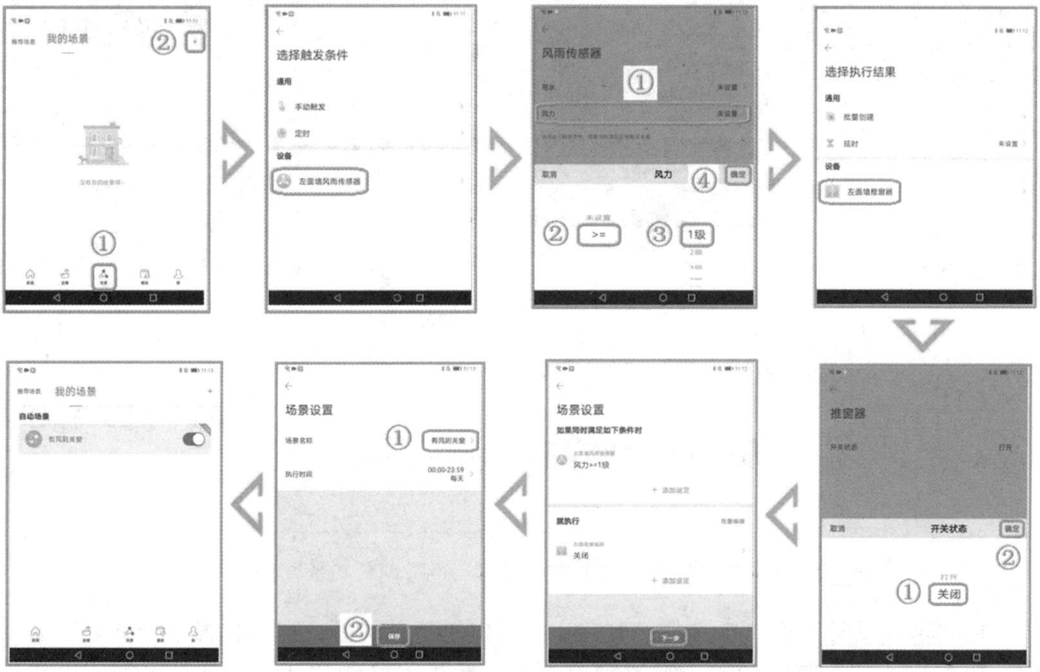

图 7－37　手机 / 平板 App 中设计刮风立即关闭窗户的联动场景

步骤 41：采用步骤 40 同样的方法，在手机 / 平板“安住 • 家庭”App 上对客厅设置“下雨立即关闭窗户”的联动场景。

步骤 42：采用步骤 40、41 同样的方法，在手机 / 平板“安住 • 家庭”App 上对卧室分别设置“刮风立即关闭窗户”和“下雨立即关闭窗户”的联动场景。

步骤 43：打开手机 / 平板“海尔智家”App，输入与“安住 • 家庭”App 注册账号相同的手机号，“海尔智家”App 中会自动导入“安住 • 家庭”App 同一账户中的系统配置信息。

步骤 44：如图 7－38 所示，选择左下角“智家”，单击页面右上角的“+”添加设备；选择“手动添加”选项卡，选择左侧“智能硬件”目录，选择“智能音箱”；音箱通电后，常按唤醒键，灯光变为橙色闪烁，进入配网模式。

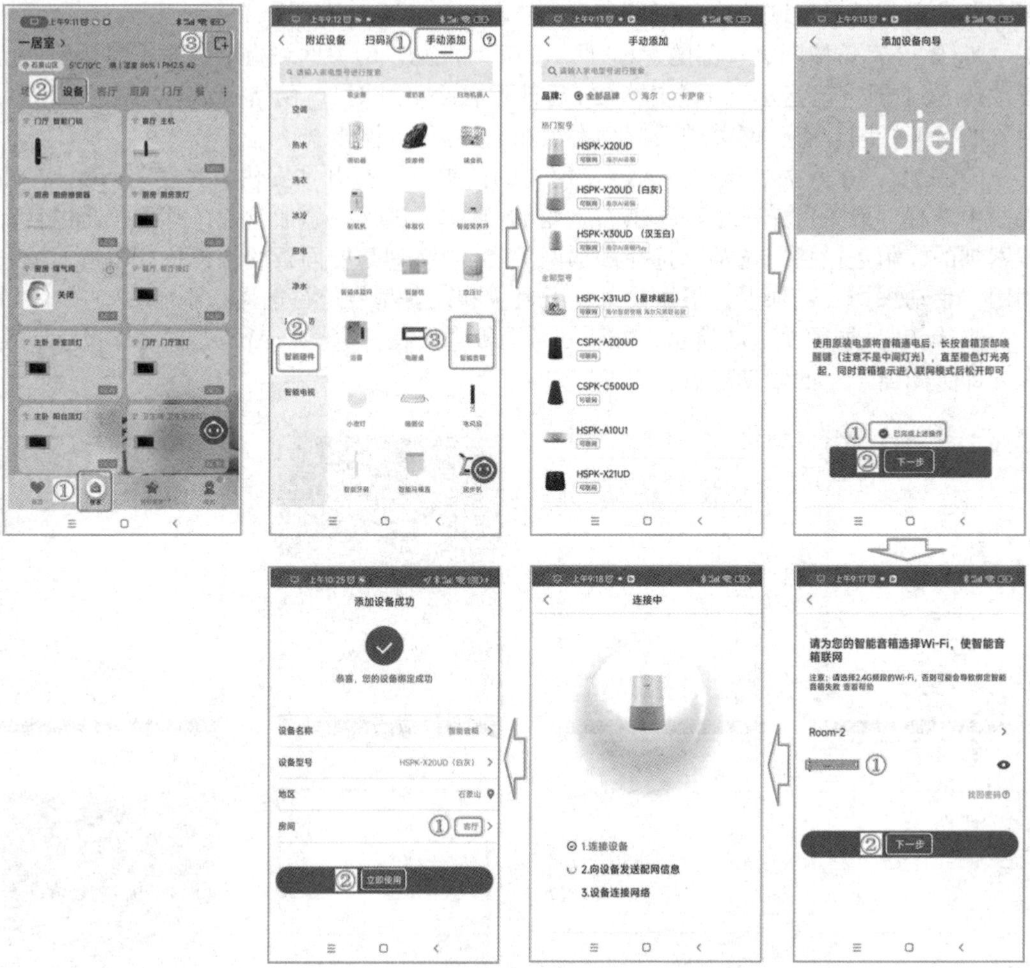

图 7－38　HSPK－X20UD 智能音箱集成到海尔私有云平台的步骤和方法

在“选择型号”窗口中选择“HSPK－X20UD（白灰）”；在“选择设备向导”窗口中，按照提示常按智能音箱“唤醒键”直至音箱进入联网模式，勾选“已完成上述操作”，单击“下一步”；输入 WiFi 账号及密码，然后单击“下一步”，智能音箱进入较长时间的连接过程；绑定成功，选择设备所在的房间。

（4）系统功能演示及完整讲解。

1）通过客厅的 HK－61P4 智能面板能够操控全屋所有的灯光，能够开启或关闭客厅的窗帘和窗户，还能够开启或关闭卧室的窗帘和窗户。

2）通过卧室的第 1 块 HK－37P4 智能面板能够操控卧室的全部灯光，还能够开启或关闭客厅和卫生间的顶灯。

3）通过卧室的第 2 块 HK－37P4 智能面板能够开启或关闭卧室的窗帘和窗户。

4）通过厨房的 HK－37P1 智能面板能够开启或关闭厨房的顶灯。

5）通过卫生间的 HK－37P1 智能面板能够开启或关闭卫生间的顶灯。

6）客厅窗户的打开只能通过客厅的 HK－61P4 智能面板进行操作，当客厅的风雨传感器感受到刮风或下雨情况，会自动关闭客厅的窗户。

7）卧室窗户的打开只能通过客厅的 HK－61P4 智能面板或者卧室的第 2 块 HK－37P4 智能面板进行操作，当卧室的风雨传感器感受到刮风或下雨情况，会自动关闭卧室的窗户。

8）通过智能音箱，使用语音也可以控制全屋各灯光、各窗帘和各窗户进行相应的动作。

（5）任务反思及总结。

1）与普通家居照明开关不同，引入智能面板的电源线除了有火线，零线也需要引入其中。

2）本地智能面板不仅可以操控本地智能面板连接的负载设备，还可以控制其他智能面板连接的负载设备。

3）本任务控制系统中的节点设备全部都是私有 ZigBee 协议的设备。

任务二　三居室智能家居的设计、安装与调试

一、学习目标

知识目标

（1）复习并理解 37 系列面板的工作原理。
（2）复习并理解 61 系列面板的工作原理。
（3）复习并理解线控开窗器的工作原理。
（4）复习并理解线控窗帘电机的工作原理。
（5）复习并理解无线窗帘电机的工作原理。
（6）复习并理解风雨传感器的工作原理。
（7）复习并理解红外探测器的工作原理。
（8）复习并理解水浸探测器的工作原理。
（9）复习并理解紧急按钮的工作原理。
（10）复习并理解门磁的工作原理。
（11）复习并理解智能门锁的工作原理。

能力目标

（1）熟练掌握 37 系列面板的作用，并能进行恰当选型。

（2）熟练掌握 61 系列面板的作用，并能进行恰当选型。

（3）熟练掌握面板设备、开窗器、线控窗帘电机、背景音乐系统和燃气报警套装系统的正确安装方式，能够按照综合布线相关标准进行固定和安装。

（4）熟练掌握构建以无线路由器为中心的有线 / 无线局域网的步骤和方法。

（5）熟练掌握私有 ZigBee 协议设备在上位机中集成设计的步骤和方法。
（6）熟练掌握给 37 系列和 61 系列面板设置网络号和面板号的步骤和方法。
（7）熟练掌握给风雨传感器设置网络号和面板号的步骤和方法。
（8）熟练掌握私有 ZigBee 协议设备集成到网关和集成到海尔私有云平台的步骤和方法。
（9）熟练掌握 WiFi 协议设备集成到海尔私有云平台的步骤和方法。
（10）熟练掌握在安住·家庭 App 中设置联动场景的步骤和方法。
（11）熟练掌握在海尔智家 App 中设置联动场景的步骤和方法。
（12）熟练掌握智能音箱通过海尔智家 App 集成到海尔私有云平台的步骤和方法。
（13）具备独立查找故障的能力。
（14）具备独立排除故障的能力。
（15）具备自主学习的能力。

素养目标

（1）自觉遵守工作场所的 6S 标准。
（2）在团队协同工作中能够独立发挥作用。
（3）以客户为中心，认真做好各项服务。

二、学习内容

学习内容见表 7-5。

表 7－5　学习内容

任务主题二	三居室智能家居的设计安装与调试	建议学时	24 学时
任务内容	按照客户对智能家居的需求，以客户为中心，按照资金预算的情况、系统设计的流程，分析客户需求，以居家舒适为目标，设备联动场景为侧重，设计三居室的控制方案，然后进行电气设备安装、上位机系统设计，集成到网关，集成到海尔私有云平台，在云平台上设置联动场景，给客户演示并讲解系统功能，最后进行任务的反思和总结工作		

三、学习过程

案例

旺达国际智能装潢装饰集团业务部接到远洋山水小区 19 号楼 1 单元 901 室的三居室智能家居的设计和安装服务任务。客户对智能家装的具体需求如下：

在安防报警方面，发生以下几种意外情况时，家中的声光报警器均发出报警声：家中无人时，如果发生外人闯入；厨房或卫生间发生渗水现象；燃气泄漏；其他紧急求助。同时给主人手机推送报警短信。发生燃气泄漏时，自动打开厨房窗户，并切断燃气管道阀门。

三居室户型图如图 7－39 所示。

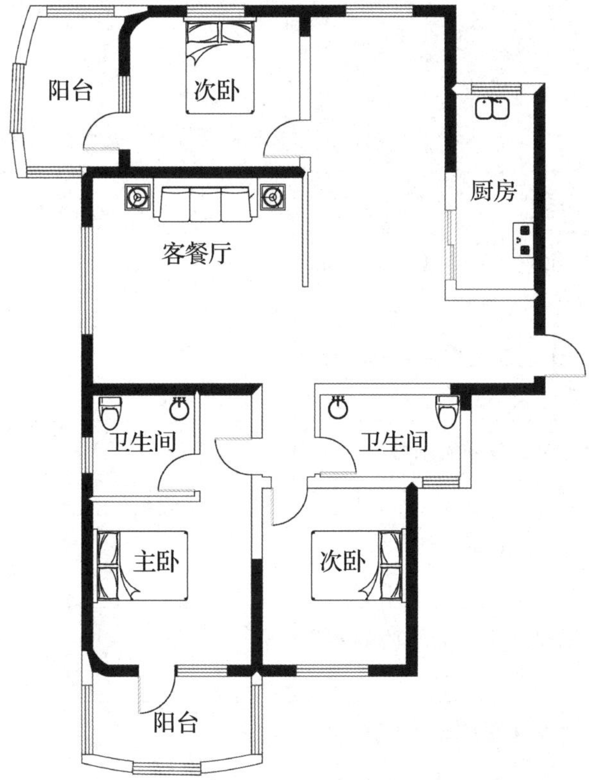

图 7－39　三居室户型图

侧重智能家居的舒适方便，客厅中需要设置观影模式、会客模式、回家模式和离家模式等诸多联动场景，并能实现多个联动场景的一键切换。还需要安装一套全屋的音响设备，能够实现多屋同时欣赏相同的音乐节目。

在门厅、厨房和卫生间等房间实现更多方便实用的联动场景。

在家居照明方面，当主人从当前屋去往临近房间前，操作当前屋的智能面板就能提前点亮前往房间的灯光等功能。

为明晰此次家装任务的责任，填写如表 7－6 所示工作任务单。

表 7－6　工作任务单

工作任务	三居室智能家居的设计安装与调试	派工日期	年　月　日
工作人员		工作负责人	
签收人		完工日期	年　月　日
工作内容	以客户的高品质需求为中心，以智能家居场景联动设计为侧重，完成三居室全屋智能家居控制系统智能面板设备、窗帘电机、开窗器、家居安防设备、背景音乐系统和智能家电等设备的选型，控制系统的电气安装，上位机软件的集成设计，集成到海尔私有云平台，联动场景的设计，整体系统的调试运行，给用户进行全屋智能家居控制系统的功能演示和功能讲解等		
项目负责人评价	负责人签字： 年　月　日		

（一）自主学习

预习知识链接，填写表 7－7。

表 7－7　三居室智能家居设计安装与调试必需的基础知识和技能

名称	具体步骤
37 系列智能面板的工作原理及集成到海尔私有云平台的步骤和方法	
61 系列智能面板的工作原理及集成到海尔私有云平台的步骤和方法	
风雨传感器的工作原理及集成到海尔私有云平台的步骤和方法	
线控开窗器的工作原理以及集成到海尔私有云平台的步骤和方法	
线控窗帘电机的工作原理以及集成到海尔私有云平台的步骤和方法	
无线窗帘电机的工作原理以及集成到海尔私有云平台的步骤和方法	
红外探测器的工作原理以及集成到海尔私有云平台的步骤和方法	
水浸探测器的工作原理以及集成到海尔私有云平台的步骤和方法	
紧急按钮的工作原理以及集成到海尔私有云平台的步骤和方法	
门磁的工作原理以及集成到海尔私有云平台的步骤和方法	
智能门锁的工作原理以及集成到海尔私有云平台的步骤和方法	
燃气套装的工作原理以及集成到海尔私有云平台的步骤和方法	
通过安住·家庭 App 中设置联动场景的步骤和方法	
通过海尔智家 App 中设置联动场景的步骤和方法	

（二）课堂活动

1. 案例分析

考虑到客户对安防报警方面的需求，在进户门和有阳台的两间卧室都安装门磁和红外探测器，有上下水的卫生间和厨房均安装水浸探测器，并将声光报警器配置在客厅顶部明显处。一旦有人非法闯入或检测到有漏水情况发生，声光报警器联动报警，并向主人手机端推送报警短信。厨房配备燃气套装，当检测到燃气泄漏，开窗器自动打开厨房窗户，系统自动切断燃气管道阀门，声光报警器报警，系统给主人手机端推送报警短信和报警信息。次卧 1 配置紧急按钮，当老人跌倒、生病或其他求助需求时，人为按下紧急按钮，声光报警器报警，并自动给主人手机端推送报警短信和报警信息。

在联动场景方面，在客厅设置回家模式、离家模式、音乐模式、观影模式、会客模式和就寝模式 6 种联动场景。因为客户对全屋各房间收听相同音乐节目的需求，所以选择海尔 Uhome 背景音乐系统，除厨房以外，各房间都需安装吸顶音箱。考虑到客厅的智能面板需要连接 485 型背景音乐负载设备，还需要满足切换 6 种联动场景，并且需要操控的设备较多，且多于 4 个，所以，给客厅配置 1 块 HK－61Q6 面板。由于客厅和餐厅的窗户是比较大的落地窗户，主卧和两间次卧的窗户较小，所以给它们分别选择 UCE－60DR－U5 无线窗帘电机和 HK－55DX－U 线控窗帘电机。

门厅的智能面板能够实现一键开启“回家模式”和“离家模式”，还能够单独开启门厅顶灯、客厅顶灯、餐厅顶灯和厨房的顶灯，至少需要 6 个按钮。它连接的负载设备只有 1 个门厅顶灯，所以，给门厅配置 1 块 HK－61P4 面板。

主卧的智能面板需要操控的负载设备较多，且多于 4 个。虽然需要连接的负载设备较多，考虑到廊道的面板只需要连接 1 盏顶灯和 1 盏卫生间顶灯，能够帮助主卧分摊两个负载设备，所以给其配置 1 块 HK－61P4 面板即可。

从降低成本的角度考虑，其他房间只需控制各自房间里的设备，操控设备数量较少，且少于 4 个，各配置了 1 块 HK－37P4 面板。

从实用方便、快捷舒适的角度考虑，设计如下联动控制场景：

（1）打开智能门锁，门厅灯开启、智能音箱播报“欢迎回家”。

（2）单击门厅或客厅智能面板的“回家模式”按钮或者选择海尔智家 App 中的“回家”场景，客厅主灯打开，客厅窗帘打开，门厅灯关闭，客厅的背景音乐播放，红外探测器和门磁等设备自动撤防，客厅的空调、卫生间的热水器和浴霸自动开启。

（3）离家时，单击门厅或客厅智能面板的“离家模式”按钮或者通过手机 App 选择“离家”场景，全屋灯光、空调关闭，卫生间的热水器和浴霸等自动关闭，全屋窗帘关闭，厨房窗户关闭，家中红外探测器和门磁等设备自动布防功能。

（4）关闭卫生间热水器时，浴霸自动关闭，同时开启换气功能，5min 后，换气功能自动关闭。

（5）洗衣机完成衣物的洗涤程序控制后，晾衣架会自动下降。

（6）燃气灶任意一个灶台点火，吸油烟机随即打开，并且开启照明灯；熄灭燃气灶的所有灶台，吸油烟机的照明灯随即关闭，5min 后，吸油烟机关机。

2. 任务实现

三居室设备布局图如图 7-40 所示。

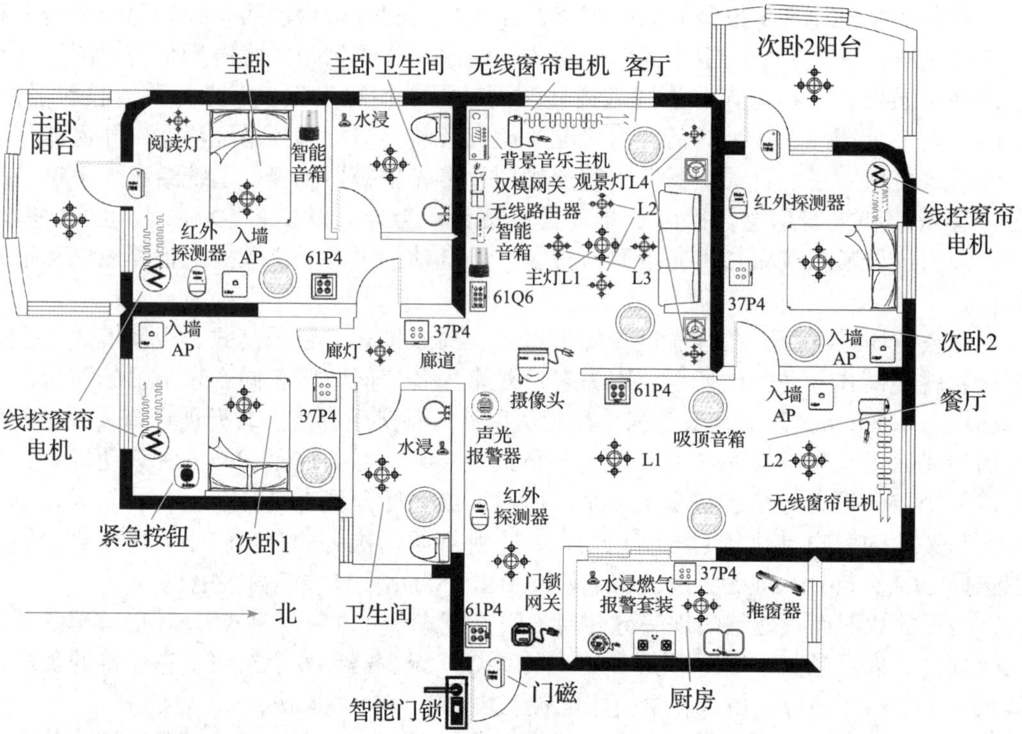

图 7-40 三居室设备布局图

三居室智能家居设备配置清单及控制策略见表 7-8。

表 7-8 三居室智能家居配置清单及控制策略

场所	设备种类型号	数量	面板号	上级节点控制设备	打开门锁	回家模式	离家模式	音乐模式	观影模式	会客模式	就寝模式
客厅	HW-WZ2JA-U 双模网关①-2	1	7	FW300R 无线路由器	—	—	—	—	—	—	—
	UM-60Z6 背景音乐主机①-1	1	—	客厅 HK-61Q6 智能面板	—	开	关	开	关	关	关
	UM-60S6 吸顶音箱-A1	2	—	—	—	开	关	开	关	关	关
	HSPK-X20UD 智能音箱③	1	—	FW300R 无线路由器	欢迎词	开	开	开	开	开	关
	FW300R 无线路由器	1	—	海尔私有云平台	—	—	—	—	—	—	—
	75V81（PRO）智能电视③	1	—	FW300R 无线路由器	—	关	关	关	开	关	关

续表

场所	设备种类型号	数量	面板号	上级节点控制设备	打开门锁	回家模式	离家模式	音乐模式	观影模式	会客模式	就寝模式
客厅	UCE－60DR－U5 窗帘电机①－1/－2	1	8	客厅 HK－61Q6 智能面板	—	开	关	—	关	开	关
	HCC－22AI－W 网络摄像头③	1	—	FW300R 无线路由器	—	开	开	开	开	开	开
	CAP729YAA（A1）U1 空调③	1	—	FW300R 无线路由器	—	开	关	开	开	开	关
	P50U1 扫地机器人③	1	—	FW300R 无线路由器	—	—	—	—	—	—	—
	AGS3－W00D 华为平板	1	—	FW300R 无线路由器	—	—	—	—	—	—	—
	LED 主灯 L1①－1	1	—	客厅 HK－61Q6 智能面板	—	开	关	—	关	开	关
	LED 会客灯 L2①－1	2	—	客厅 HK－61Q6 智能面板	—	关	关	—	关	开	关
	LED 会客灯 L3①－1	2	—	客厅 HK－61Q6 智能面板	—	关	关	—	关	开	关
	观影灯 L4①－1	2	—	客厅 HK－61Q6 智能面板	—	关	关	—	开	关	关
	HS－21ZA－U 声光报警器②	1	—	HW－WZ2JA－U 双模网关	—	开	开	开	开	开	开
	HK－61Q6 智能面板①－2	1	9	HW－WZ2JA－U 双模网关	—	—	—	—	—	—	—
	HK－37P4 智能面板①－2	1	10	HW－WZ2JA－U 双模网关	—	—	—	—	—	—	—
	LED 廊灯①－1	1	—	廊道 HK－37P4 智能面板	—	—	关	—	—	—	开
餐厅	UCE－60DR－U5 窗帘电机①－1/－2	1	11	餐厅 HK－61P4 智能面板	—	—	关	—	—	—	关
	CAS359YAA（81）U1 空调套机③	1	—	FW300R 无线路由器	—	—	—	—	—	—	关
	UM－60S6 吸顶音箱－A2	2	—	—	—	关	关	开	关	关	关
	LED 餐厅顶灯 L1①－1	1	—	餐厅 HK－61P4 智能面板	—	—	关	—	—	—	关
	LED 餐厅顶灯 L2①－1	1	—	餐厅 HK－61P4 智能面板	—	—	关	—	—	—	关
	HK—61P4 智能面板①－2	1	12	HW－WZ2JA－U 双模网关	—	—	—	—	—	—	—

续表

场所	设备种类型号	数量	面板号	上级节点控制设备	打开门锁	回家模式	离家模式	音乐模式	观影模式	会客模式	就寝模式
主卧	CAS359YAA（81）U1 空调套机③	1	—	FW300R 无线路由器	—	—	—	—	—	—	开
	HK－55DX－U 线 控 窗帘电机① －1	1	—	主卧 HK－61P4 智能面板	—	—	关	—	—	—	关
	HS－21ZH 红外探测器②	1	—	HW－WZ2JA－U 双模网关	—	关	开	关	关	关	开
	HSPK－X20UD 智 能音箱③	1	—	FW300R 无线路由器	—	开	开	开	开	开	开
	UM－60S6 吸顶音箱 －A3	1	—	—	—	关	关	开	关	关	关
	LED 主卧顶灯① －1	1	—	廊道 HK－37P4 智能面板	—	—	关	—	—	—	—
	LED 阅读灯① －1	1	—	主卧 HK－61P4 智能面板	—	—	关	—	—	—	—
	LED 主卧卫生间顶灯① －1	1	—	廊道 HK－37P4 智能面板	—	—	关	—	—	—	—
	HS－22ZW 主卧卫生间水浸②	1	—	HW－WZ2JA－U 双模网关	—	开	开	开	开	开	开
	LED 主卧阳台顶灯① －1	1	—	主卧 HK－61P4 智能面板	—	—	关	—	—	—	—
	HS－22ZD 主卧阳台门磁②	1	—	HW－WZ2JA－U 双模网关	—	关	开	关	关	关	开
	ZNND1324 纤见晾衣架③	1	—	FW300R 无线路由器	—	—	—	—	—	—	—
	HK－61P 4 智能面板① －2	1	13	HW－WZ2JA－U 双模网关	—	—	—	—	—	—	—
次卧1	CAS359YAA（81）U1 空调套机③	1	—	FW300R 无线路由器	—	—	—	—	—	—	—
	HK－55DX－U 线控窗帘电机① －1	1	—	次卧 1HK－37P4 智能面板	—	—	关	—	—	—	关
	HS－21ZJ－U 紧急按钮②	1	—	HW－WZ2JA－U 双模网关	—	开	开	开	开	开	开
	UM－60S6 吸顶音箱 －A4	1	—	—	—	关	关	开	关	关	关
	次卧 1－LED 顶灯① －1	1	—	次卧 1HK－37P4 智能面板	—	—	关	—	—	—	关
	HK－37P4 智能面板① －2	1	14	HW－WZ2JA－U 双模网关	—	—	—	—	—	—	—

续表

场所	设备种类型号	数量	面板号	上级节点控制设备	打开门锁	回家模式	离家模式	音乐模式	观影模式	会客模式	就寝模式
次卧2	CAS359YAA（81）U1 空调套机③	1	—	FW300R 无线路由器	—	—	—	—	—	—	—
	HK－55DX－U 线控窗帘电机①－1	1	—	次卧 2HK－37P4 智能面板	—	—	关	—	—	—	关
	UM－60S6 吸顶音箱 －A5	1	—	—	—	关	关	开	关	关	关
	HS－21ZH 红外探测器②	1	—	HW－WZ2JA－U 双模网关	—	关	开	关	关	关	开
	次卧 2－LED 顶灯①－1	1	—	次卧 2HK－37P4 智能面板	—	—	关	—	—	—	关
	HS－22ZD 次卧 2 阳台门磁②	1	—	HW－WZ2JA－U 双模网关	—	关	开	关	关	关	开
	次卧 2 阳台 LED 顶灯①－1	1	—	次卧 2HK－37P4 智能面板	—	—	关	—	—	—	关
	HK－37P4 智能面板①－2	1	15	HW－WZ2JA－U 双模网关	—	—	—	—	—	—	—
厨房	HR－01KJ 中央控制模块①－2	1	16	HW－WZ2JA－U 双模网关	—	开	开	开	开	开	开
	GAS－EYE－102A 燃气探测器	1	—	—	—	—	—	—	—	—	—
	GSV－102T 燃气报警切断器	1	—	HR－01KJ 中央控制模块	—	—	—	—	—	—	—
	JA－A 管道机械手①－1	1	—	—	—	—	关	—	—	—	关
	JZT－C7G82DGU1（12T）燃气灶③	1	—	FW300R 无线路由器	—	—	—	—	—	—	—
	CXW－219－C7T90 CGU1 吸油烟机③	1	—	FW300R 无线路由器	—	—	—	—	—	—	—
	DWR－CM－A200－A220－400N 开窗器①－1	1	—	厨房 HK－37P4 智能面板	—	—	关	—	—	—	关
	厨房 LED 顶灯①－1	1	—	厨房 HK－37P4 智能面板	—	—	关	—	—	—	关
	HS－22ZW 厨房水浸②	1	—	HW－WZ2JA－U 双模网关	—	开	开	开	开	开	开
	BCD－611WDIEU1 冰箱③	1	—	FW300R 无线路由器	—	—	—	—	—	—	—
	HK－37P4 智能面板①－2	1	17	HW－WZ2JA－U 双模网关	—	—	—	—	—	—	—

续表

场所	设备种类型号	数量	面板号	上级节点控制设备	打开门锁	回家模式	离家模式	音乐模式	观影模式	会客模式	就寝模式
卫生间	UM－60S6 吸顶音箱－A6	1	—	—	—	关	关	开	关	关	关
	卫生间 LED 顶灯①－1	1	—	廊道 HK－37P4 智能面板	—	—	关	—	—	—	—
	C1 HD12G6LU1 洗衣机③	1	—	FW300R 无线路由器	—	—	关	—	—	—	关
	HS－22ZW 卫生间水浸②	1	—	HW－WZ2JA－U 双模网关	—	开	开	开	开	开	开
	ES40H－SMART5（U1）电热水器③	1		FW300R 无线路由器	—	开	关	—	—	—	关
	HYB－HW642DTU1 智能浴霸③	1	—	FW300R 无线路由器	—	—	关	—	—	—	关
	XA3－D26 智能马桶盖③	1	—	FW300R 无线路由器	—	—	—	—	—	—	—
门厅	HL－33PF4－US 智能门锁②	1	—	HAG－07M－W 门锁网关	—	—	关	—	—	—	—
	HAG－07M－W 门锁网关②③	1	—	FW300R 无线路由器	—	—	—	—	—	—	—
	HS－22ZD 进户门门磁②	1	—	HW－WZ2JA－U 双模网关	—	关	开	关	关	关	开
	HS－21ZH 红外探测器②	1	—	HW－WZ2JA－U 双模网关	—	关	开	关	关	关	开
	HK－61P4 智能面板①－2	1	18	HW－WZ2JA－U 双模网关	—	—	—	—	—	—	—
	门厅 LED 顶灯①－1	1	—	门厅 HK－61P4 智能面板	开	关	关	关	关	关	关

注：①－1 私有 ZigBee 协议设备负载端连接的负载；
①－2 私有 ZigBee 协议设备；
②标准 ZigBee 协议设备；
③ WiFi 协议设备。

（1）电气设备安装。

客厅控制系统的硬件接线原理图如图 7－41 所示。

客厅中的无线路由器、双模网关、智能音箱、声光报警器、无线网络摄像头、扫地机器人、智能空调、智能电视和无线窗帘电机等设备直接连到 220V 市电。配置的 HK－61Q6 智能面板的负载端带了 5 盏顶灯和 2 盏观影灯，通过 485 通信口连接 UM－60Z6 背景音乐主机。背景音乐主机连接的 6 组吸顶音箱分机分别布置到客厅、餐厅、主卧、次卧 1、次卧 2 和卫生间。廊道 HK－37P4 智能面板的负载端 L1 端接主卧卫生间的顶灯，L2 端接主卧顶灯，L3 端接廊灯，L4 端接卫生间顶灯。

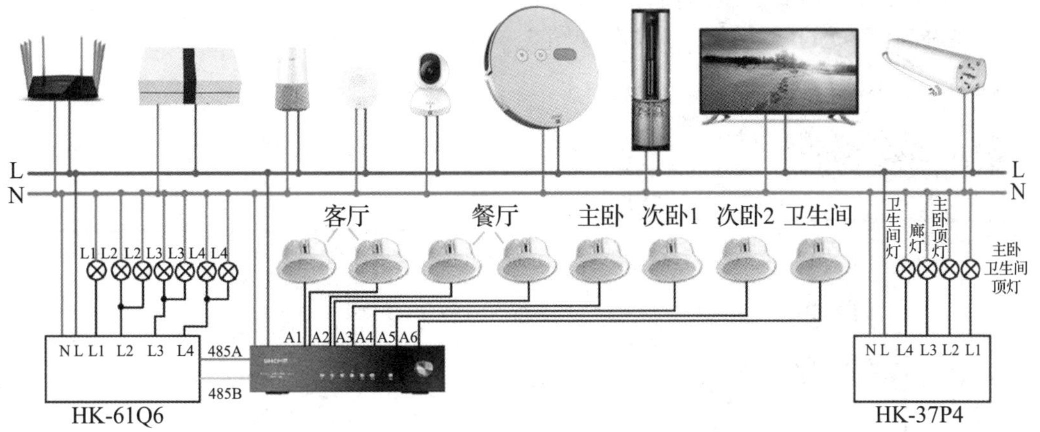

图 7－41　客厅控制系统的硬件接线原理图

在进行电气安装施工时，客厅的 HK－61Q6 面板需要预埋 6 根线，1 根火线，1 根零线，4 根与客厅灯连接的控制线。客厅主灯需要预埋 2 根线，1 根控制线连接到 HK－61Q6 面板的 L1 负载端子，零线连到户内零线。2 盏 LED 会客灯 L2 的控制线和零线分别短接在一起，然后将公共控制线连接到 HK－61Q6 面板的 L2 负载端子，零线连到户内零线。2 盏 LED 会客灯 L3 的控制线和零线分别短接在一起，然后将公共控制线连接到 HK－61Q6 面板的 L3 负载端子，零线连到户内零线。2 盏观影灯 L4 的控制线和零线分别短接在一起，然后将公共控制线连接到 HK－61Q6 面板的 L4 负载端子，零线连到户内零线。廊道的 HK－37P4 面板需要预埋 6 根线，1 根火线，1 根零线，4 根与主卧卫生间顶灯、主卧顶灯、廊灯和卫生间顶灯连接的控制线。主卧卫生间顶灯需要预埋 2 根线，1 根控制线连接到 HK－37P4 面板的 L1 负载端子，零线连到户内零线。主卧顶灯需要预埋 2 根线，1 根控制线连接到 HK－37P4 面板的 L2 负载端子，零线连到户内零线。廊灯需要预埋 2 根线，1 根控制线连接到 HK－37P4 面板的 L3 负载端子，零线连到户内零线。卫生间顶灯需要预埋 2 根线，1 根控制线连接到 HK－37P4 面板的 L4 负载端子，零线连到户内零线。无线路由器、双模网关、智能音箱、声光报警器、无线网络摄像头、扫地机器人、智能空调、智能电视和无线窗帘电机等设备通过墙上预留的插座连接到 220V 市电。在调试过程中，如果发现客厅窗帘实际动作方向与预期相反，需要通过遥控器进行换向设置操作。

餐厅控制系统的硬件接线原理图如图 7－42 所示。

餐厅中的空调和无线窗帘电机直接连到 220V 市电，配置的 HK-61P4 智能面板的负载带了 2 盏顶灯。

在进行电气安装施工时，餐厅的 HK－61P4 面板需要预埋 4 根线，1 根火线，1 根零线，2 根与餐厅灯连接的控制线。餐厅的 L1 灯需要预埋 2 根线，1 根控制线连接到 HK－61P4 面板的 L1 负载端子，零线连到户内零线。L2 灯也需要预埋 2 根线，1 根控制线连接到 HK－61P4 面板的 L2 负载端子，零线连到户内零线。空调和无线窗帘电机通过墙上预留的插座连接到 220V 市电。在调试过程中，如果发现餐厅窗帘实际动作方向与预期相反，需要通过遥控器改变运行方向，即能到达到预期的控制效果。

主卧控制系统的硬件接线原理图如图 7-43 所示。

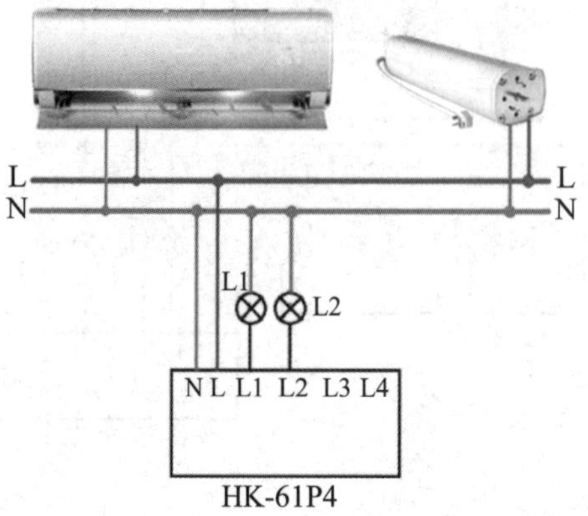

图 7-42　餐厅控制系统的硬件接线原理图

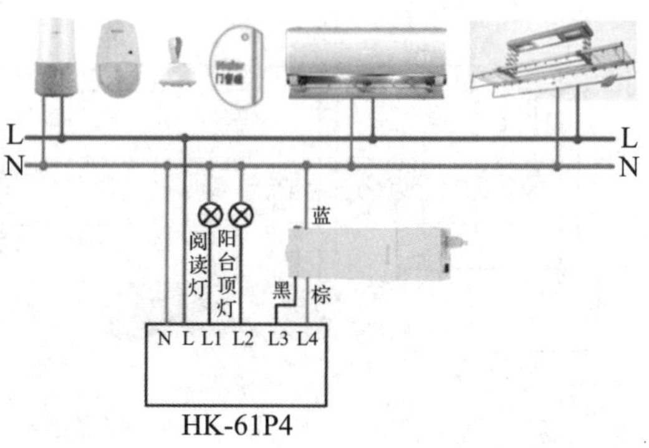

图 7-43　主卧控制系统的硬件接线原理图

主卧中的智能音箱、空调和智能晾衣架直接连接 220V 市电，红外探测器、水浸和门磁依靠自身的锂电池供电，配置的 HK-61P4 智能面板的负载端连接了阅读灯、阳台顶灯和线控窗帘电机。

在进行电气安装施工时，主卧的 HK-61P4 面板需要预埋 6 根线，1 根火线，1 根零线，1 根与阅读灯连接的控制线，1 根与主卧阳台顶灯连接的控制线，2 根与主卧窗帘电机连接的控制线，分别连接窗帘电机的黑色和棕色控制线。阅读灯需要预埋 2 根线，1 根控制线连接到 HK-61P4 面板的 L1 负载端子，零线连到户内零线。主卧阳台顶灯也需要预埋 2 根线，1 根控制线连接到 HK-61P4 面板的 L2 负载端子，零线连到户内零线。窗帘控制电机的蓝色线连到户内零线，智能音箱、空调和智能晾衣架等设备通过墙上预留的插座连接到 220V 市电。在调试过程中，如果发现主卧窗帘实际动作方向与预期相反，对调 L3 和 L4 端口的连接线，即能到达到预期的控制效果。

次卧 1 控制系统的硬件接线原理图如图 7-44 所示。

次卧 1 中的紧急按钮依靠自身的锂电池供电，空调直接连接 220V 市电，配置的 HK-37P4 智能面板的负载端连接了次卧 1 顶灯和线控窗帘电机。

在进行电气安装施工时，次卧 1 的 HK-37P4 面板需要预埋 5 根线，1 根火线，1 根零线，1 根与次卧 1 顶灯连接的控制线，2 根与次卧 1 窗帘电机连接的控制线，分别连接窗帘电机的黑色和棕色控制线。次卧 1 顶灯需要预埋 2 根线，1 根控制线连接到 HK-37P4 面板的 L3 负载端子，零线连到户内零线。窗帘控制电机的蓝色线连到户内零线，空调通过墙上预留的插座连接到 220V 市电。在调试过程中，如果发现次卧 1 窗帘实际动作方向与预期相反，对调 L1 和 L2 端口的连接线，即能到达到预期的控制效果。

次卧 2 控制系统的硬件接线原理图如图 7-45 所示。

次卧 2 中的红外探测器和门磁依靠自身的锂电池供电，空调直接连接 220V 市电，配置的 HK-37P4 智能面板的负载端连接了次卧 2 顶灯、阳台顶灯和线控窗帘电机。

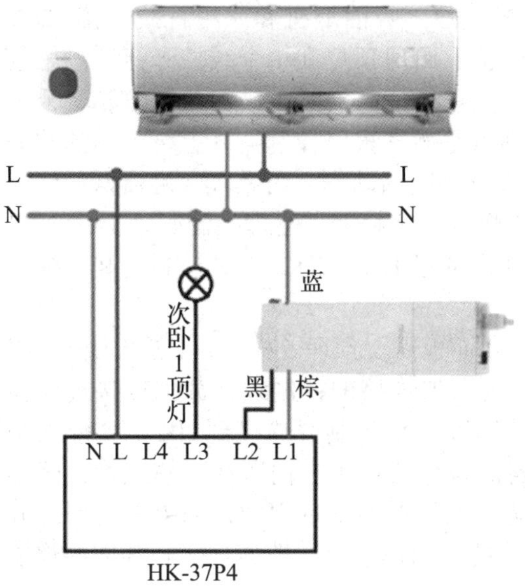

图 7－44　次卧 1 控制系统的硬件接线原理图

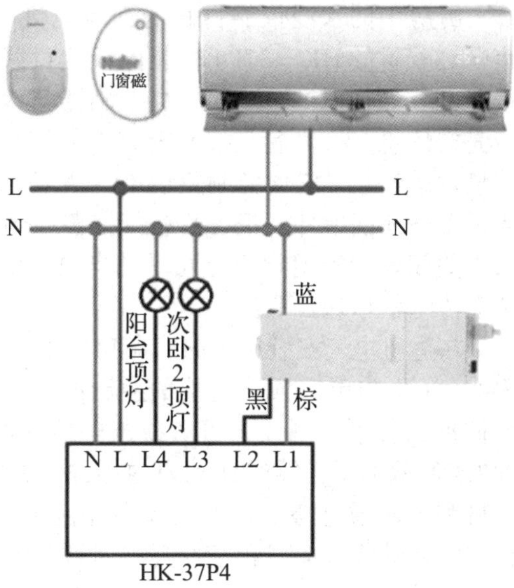

图 7－45　次卧 2 控制系统的硬件接线原理图

在进行电气安装施工时，次卧 2 的 HK－37P4 面板需要预埋 6 根线，1 根火线，1 根零线，1 根与次卧 2 的顶灯连接的控制线，1 根与阳台顶灯连接的控制线，2 根与次卧 2 窗帘电机连接的控制线，分别连接窗帘电机的黑色和棕色控制线。次卧 2 顶灯需要预埋 2 根线，1 根控制线连接到 HK－37P4 面板的 L3 负载端子，零线连到户内零线。阳台顶灯需要预埋 2 根线，1 根控制线连接到 HK－37P4 面板的 L4 负载端子，零线连到户内零线。窗帘控制电机的蓝色线连到户内零线，空调通过墙上预留的插座连接到 220V 市电。在调试过程中，如果发现次卧 2 窗帘实际动作方向与预期相反，对调 L1 和 L2 端口的连接线，即能到达到预期的控制效果。

厨房控制系统的硬件接线原理图如图 7－46 所示。

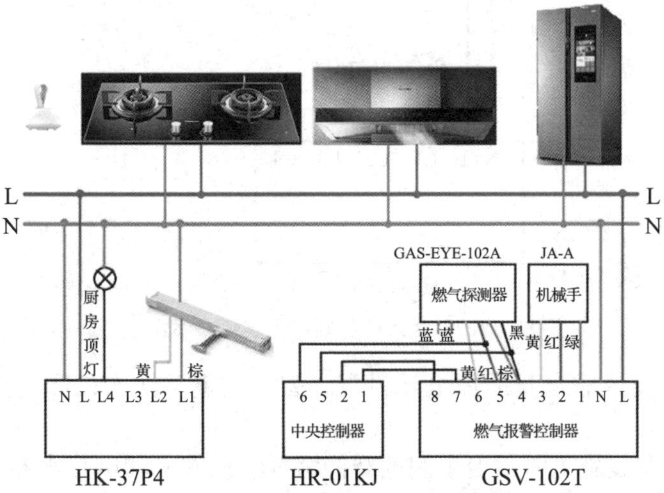

图 7－46　厨房控制系统的硬件接线原理图

厨房中的水浸依靠自身的锂电池供电，燃气灶、吸油烟机和冰箱直接连接 220V 市电。配置的 HK－37P4 智能面板的负载端连接了厨房顶灯和 1 个线控开窗器。燃气报警套装通过 HR－01KJ 中央控制器与双模网关进行信息交互，进而与海尔私有云平台完成信息交换。燃气报警套装中的核心控制器是燃气报警控制器，上级下达的控制信息发送给它，它便控制驱动 JA－A 机械手进行相应的动作。当燃气探测器探测到发生了燃气泄漏事件，报告给燃气报警控制器，燃气报警控制器立即控制驱动 JA－A 机械手关闭燃气管道阀门，同时把当前的实时状态通过 HR－01KJ 中央控制器和双模网关上传海尔私有云平台。

在进行电气安装施工时，厨房的 HK－37P4 面板需要预埋 5 根线，1 根火线，1 根零线，1 根与厨房顶灯连接的控制线，2 根与推窗器连接的控制线，分别连接开窗器的棕色和黄色控制线。厨房顶灯需要预埋 2 根线，1 根控制线连接到 HK－37P4 面板的 L4 负载端子，零线连到户内零线。开窗器的蓝色线连到户内零线，燃气灶、吸油烟机和冰箱通过墙上预留的插座连接到 220V 市电。在调试过程中，如果发现厨房开窗器实际动作方向与预期相反，对调 L1 和 L2 端口的连接线，即能到达到预期的控制效果。

卫生间控制系统的硬件接线原理图如图 7－47 所示。

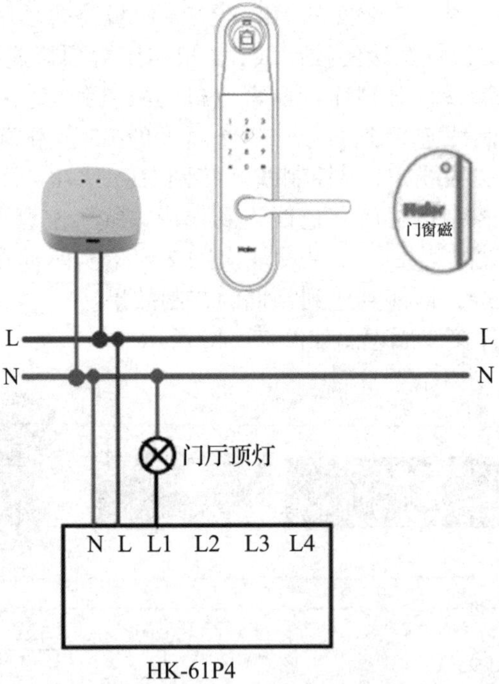

图 7－47　卫生间控制系统的硬件接线原理图

卫生间的水浸依靠自身的锂电池供电，智能浴霸、洗衣机和电热水器直接连到 220V 市电。

在进行电气安装施工时，卫生间的智能浴霸、洗衣机和电热水器通过墙上预留的插座连接到 220V 市电。

门厅控制系统的硬件接线原理图如图 7－48 所示。

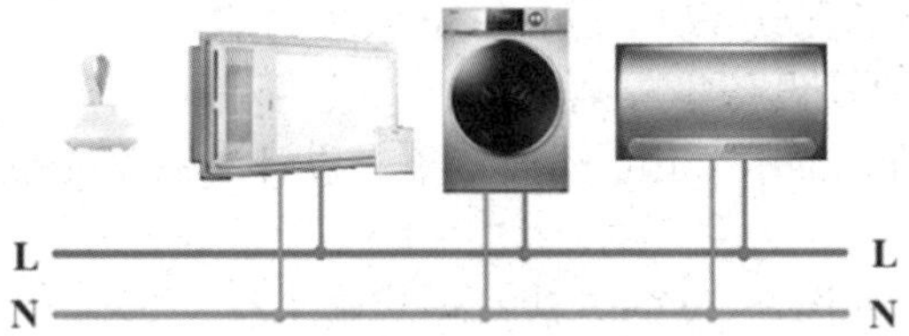

图 7－48　门厅控制系统的硬件接线原理图

门厅的智能门锁和门磁依靠自身的锂电池供电，门锁网关直接连到 220V 市电。配置的 HK－61P4 智能面板的负载端连接了 1 盏顶灯，智能门锁通过门锁网关与无线路由器交互信息。

在进行电气安装施工时，门厅的 HK－61P4 面板需要预埋 3 根线，1 根火线，1 根零线，1 根与门厅顶灯连接的控制线。门厅顶灯需要预埋 2 根线，1 根控制线，需要连接到 HK－61P4 面板的 L1 负载端子，门厅顶灯的零线连到户内零线。门锁网关通过墙上预留的插座连接到 220V 市电。

（2）网络系统搭建。

如图 7－49 所示，智能面板、无线窗帘电机以及双模网关之间构成私有 ZigBee 协议的无线 mesh 网络，各面板设备之间可以独立于双模网关之外直接通信。声光报警器、门磁、紧急按钮、红外探测器、水浸和双模网关之间构成标准 ZigBee 协议的无线通信网络。借助于无线路由器，双模网关、上位机电脑、平板 pad 和智能音箱之间构成了包含以太网协议和 WiFi 协议的局域网，它们之间也能实现互联互通。现场各种节点设备借助双模网关、无线路由器通过因特网能够与海尔智慧家居私有云平台之间相互通信。

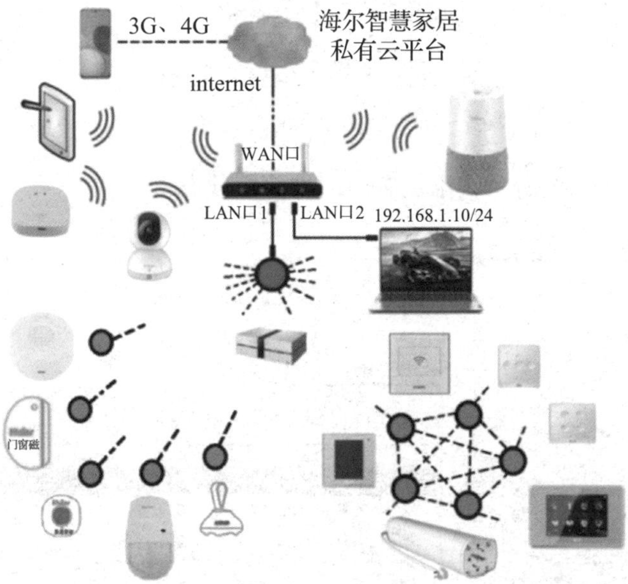

图 7－49　三居室智能家居控制系统的网络拓扑图

参照任务一介绍的步骤，首先构建包含无线路由器、双模网关和上位机电脑的以太网，同时开启路由器的无线 WiFi 和 DHCP 服务功能。

（3）私有 ZigBee 协议设备集成到网关。

通过上位机电脑的 SmartConfig 软件，集成设计私有 ZigBee 协议系统的方法和步骤如下。

步骤 1：参照任务一图 7－9 的方法，创建新工程，选择合适的硬盘保存路径，方便后续步骤能够寻找到产生的相关文件。

步骤 2：如图 7－50 所示，添加客厅的被控负载设备。

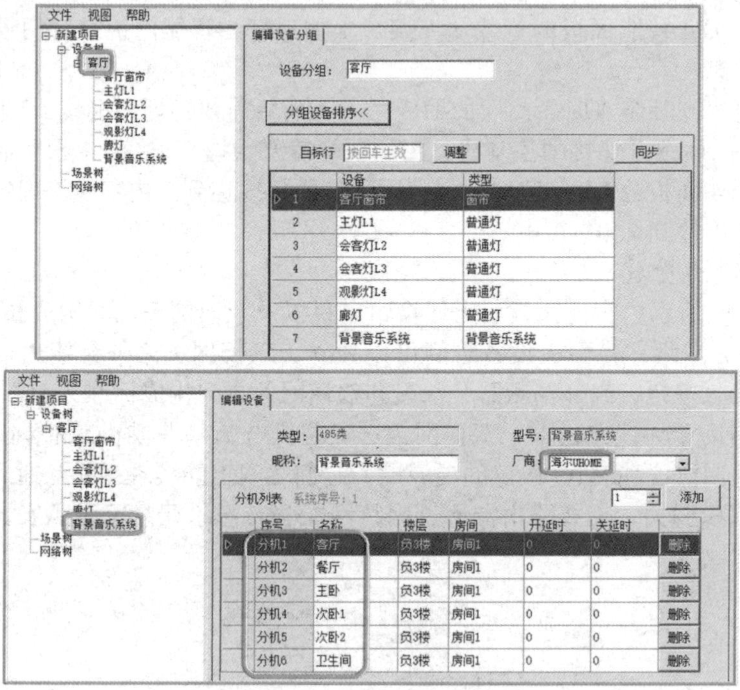

图 7－50 添加客厅的被控负载设备

步骤 3：如图 7－51 所示，添加餐厅的被控负载设备。

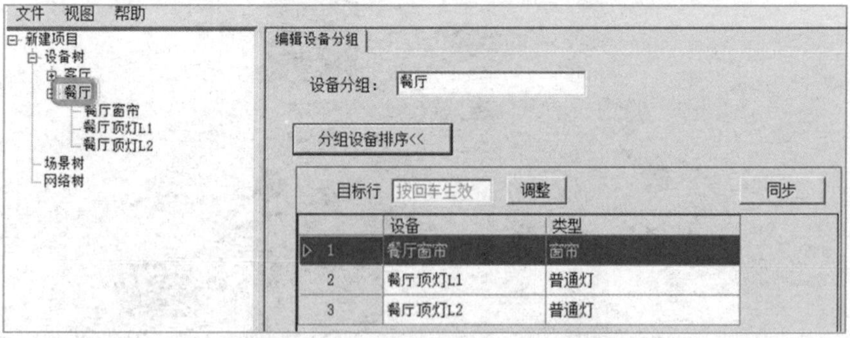

图 7－51 添加餐厅的被控负载设备

步骤 4：如图 7－52 所示，添加主卧的被控负载设备。

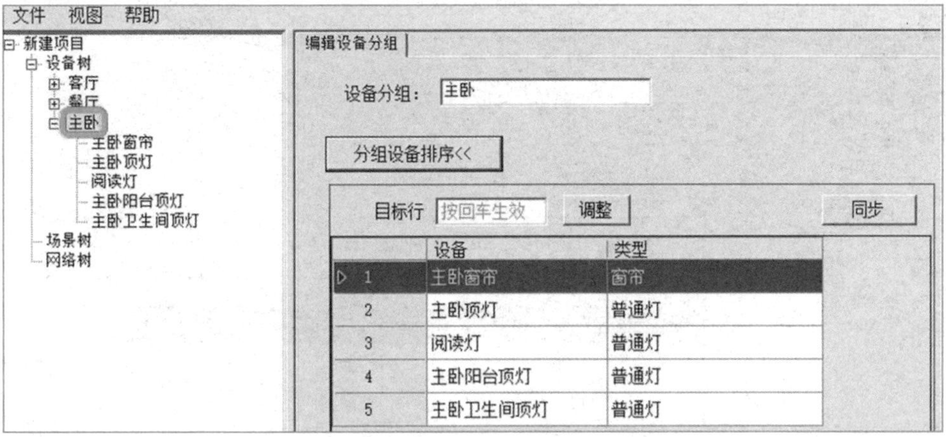

图 7－52　添加主卧的被控负载设备

步骤 5：如图 7－53 所示，添加次卧 1 的被控负载设备。

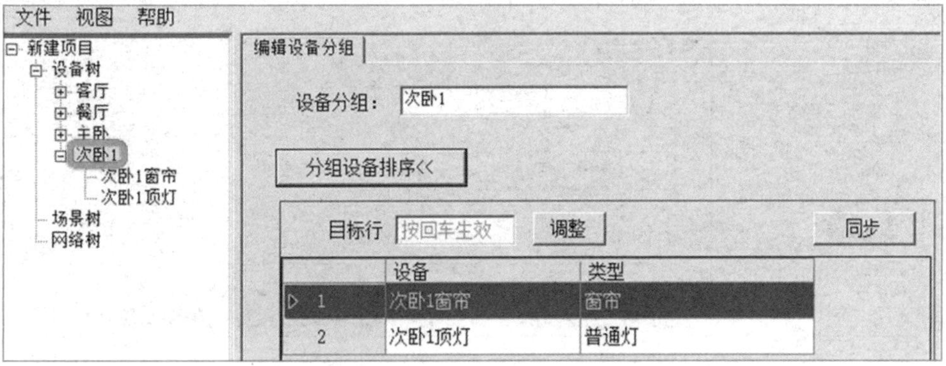

图 7－53　添加次卧 1 的被控负载设备

步骤 6：如图 7－54 所示，添加次卧 2 的被控负载设备。

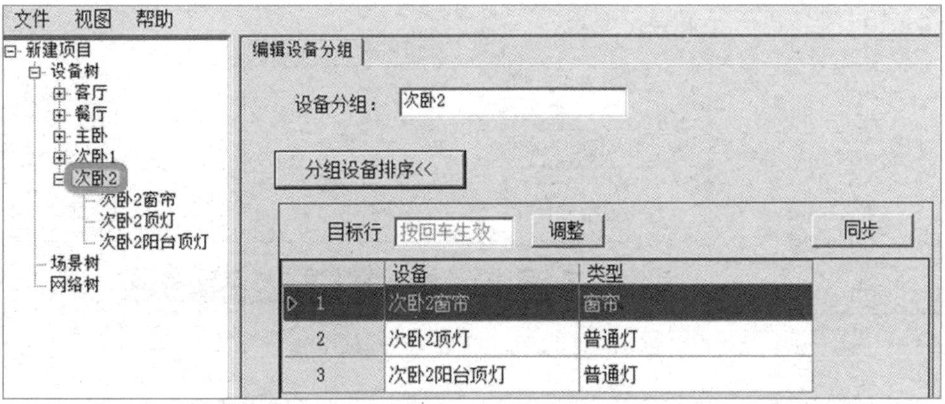

图 7－54　添加次卧 2 的被控负载设备

步骤 7：如图 7－55 所示，添加厨房的被控负载设备。

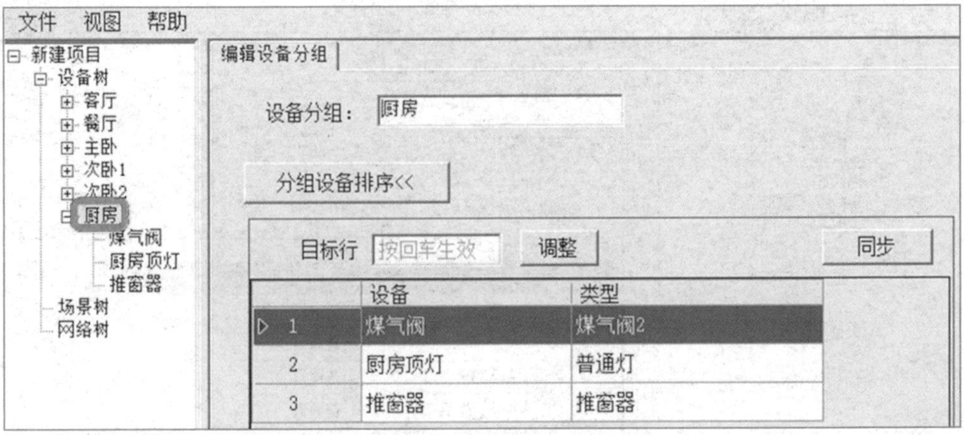

图 7－55　添加厨房的被控负载设备

步骤 8：如图 7－56 所示，添加卫生间的被控负载设备。

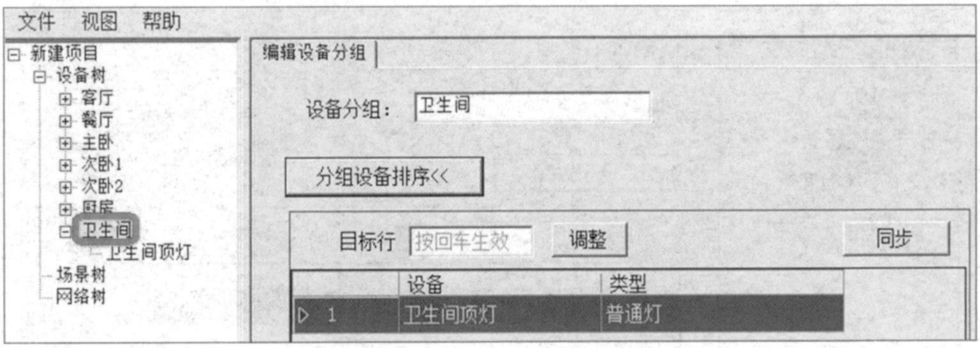

图 7－56　添加卫生间的被控负载设备

步骤 9：如图 7－57 所示，添加门厅的被控负载设备。

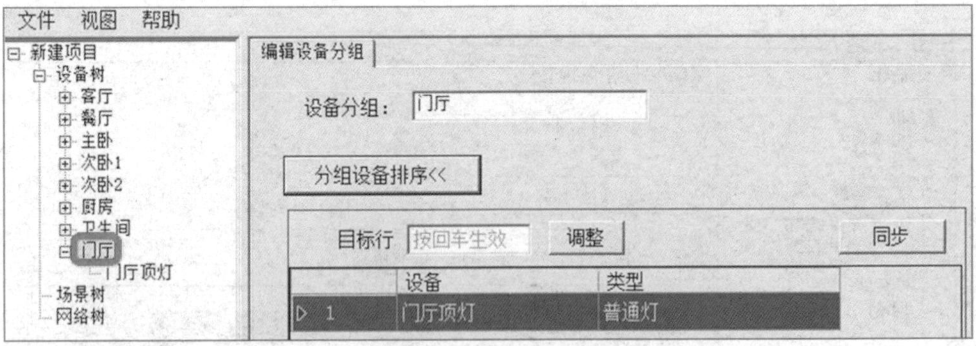

图 7－57　添加门厅的被控负载设备

步骤 10：如图 7－58 所示，给大户型家居控制系统添加网络和面板设备。

步骤 11：如图 7－59 所示，依据图 7－41 的接线原理图，给客厅的无线窗帘面板添加负载。

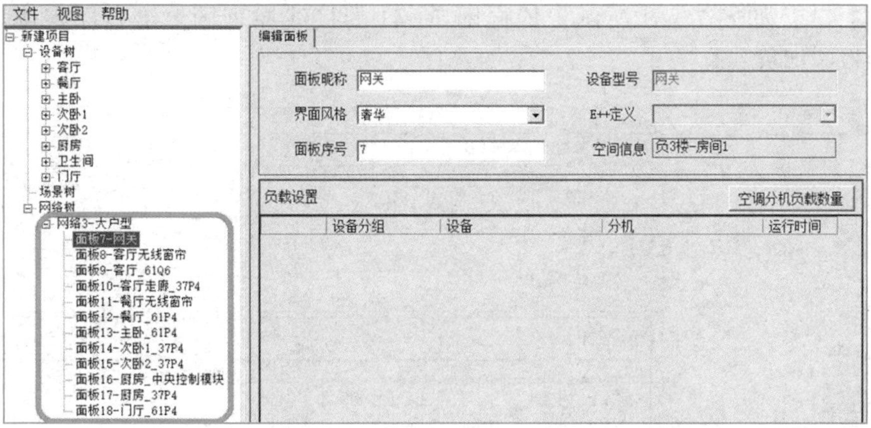

图 7－58　添加网络和面板设备

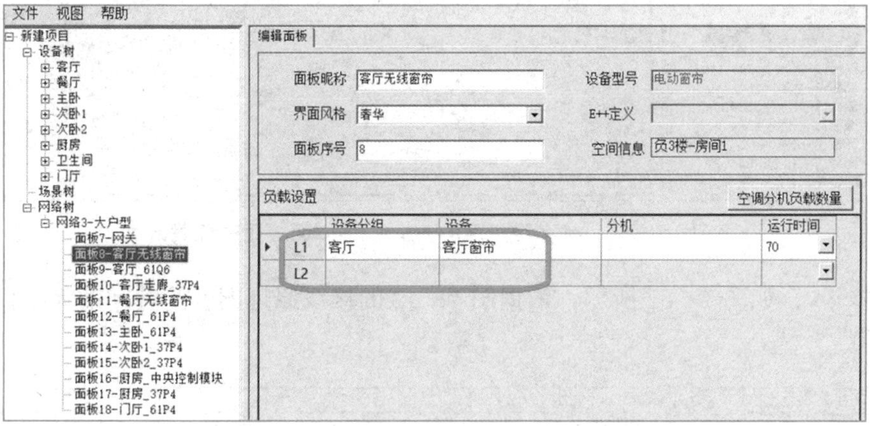

图 7－59　给客厅的无线窗帘面板添加负载

步骤 12：如图 7－60 所示，依据图 7－41 的接线原理图，给客厅的 HK－61Q6 面板添加负载。

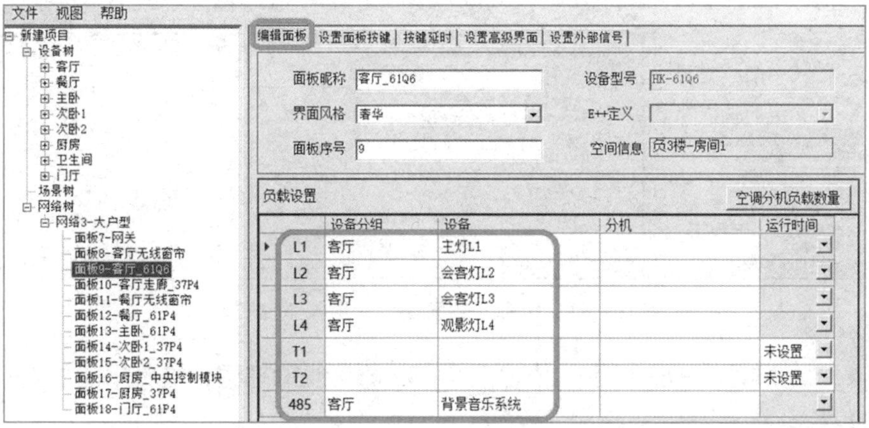

图 7－60　给客厅的 HK－61Q6 面板添加负载

步骤 13：如图 7－61 所示，依据图 7－41 的接线原理图，给客厅走廊的 HK－37P4 面板添加负载。

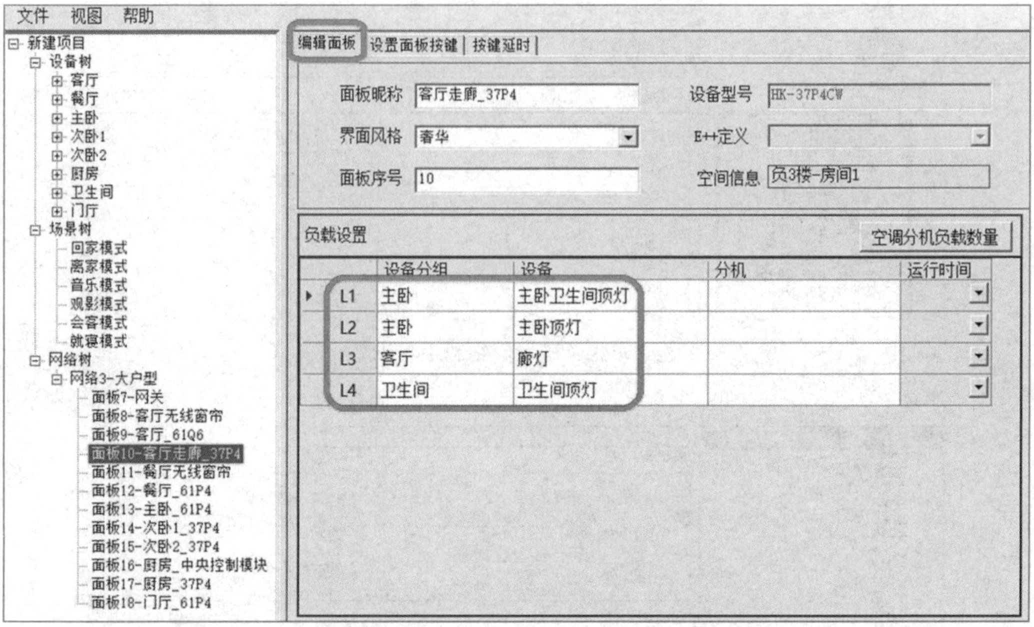

图 7－61 给客厅走廊的 HK－37P4 面板添加负载

步骤 14：如图 7－62 所示，依据图 7－42 的接线原理图，给餐厅的无线窗帘面板添加负载。

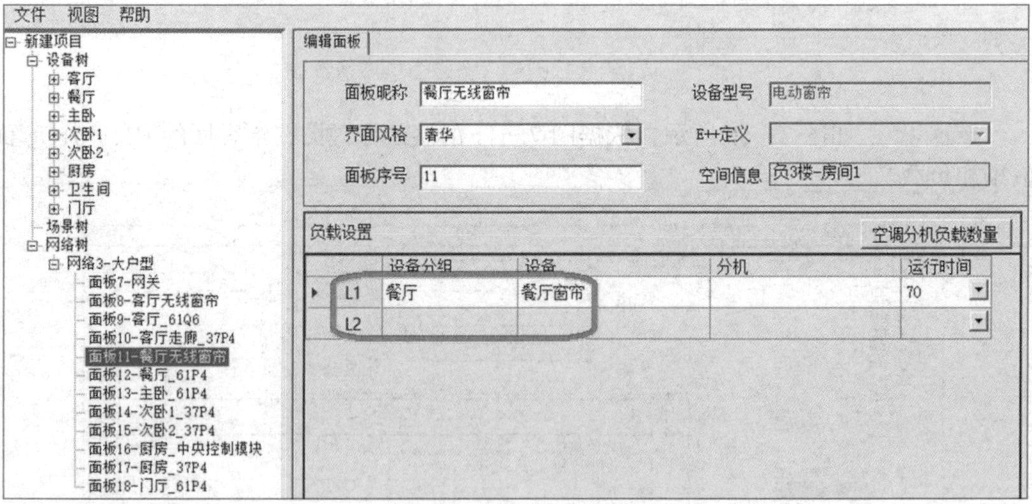

图 7－62 给餐厅的无线窗帘面板添加负载

步骤 15：如图 7－63 所示，依据图 7－42 的接线原理图，给餐厅的 HK－61P4 面板添加负载。

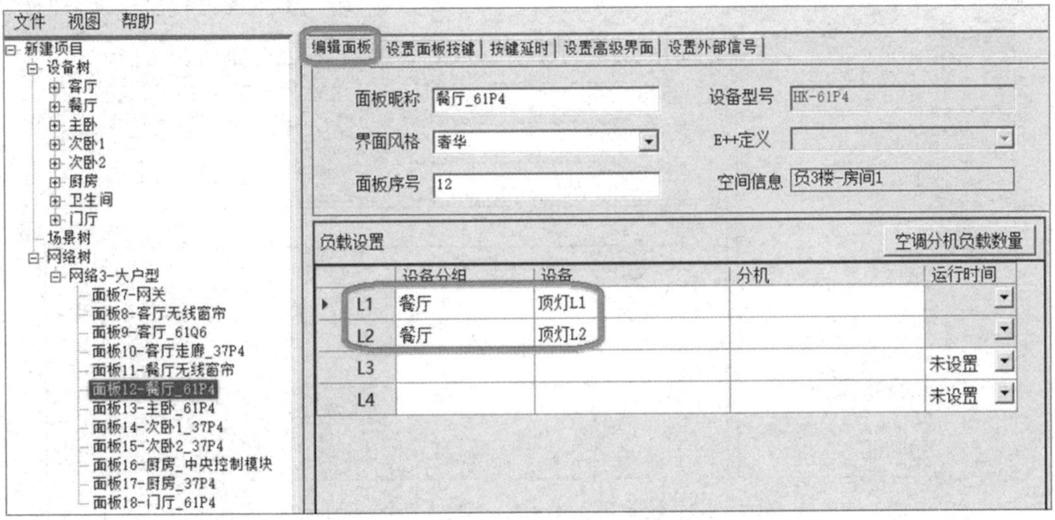

图 7－63　给餐厅的 HK－61P4 面板添加负载

步骤 16： 如图 7－64 所示，依据图 7－43 的接线原理图，给主卧的 HK－61P4 面板添加负载。

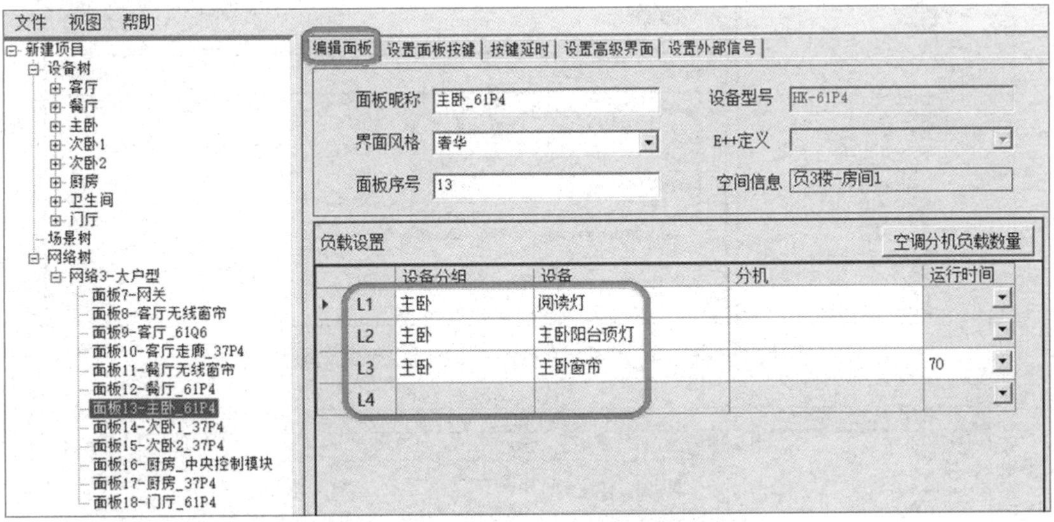

图 7－64　给主卧的 HK－61P4 面板添加负载

步骤 17： 如图 7－65 所示，依据图 7－44 的接线原理图，给次卧 1 的 HK－37P4 面板添加负载。

步骤 18： 如图 7－66 所示，依据图 7－45 的接线原理图，给次卧 2 的 HK－37P4 面板添加负载。

步骤 19： 如图 7－67 所示，依据图 7－46 的接线原理图，给厨房的中央控制模块面板添加负载。

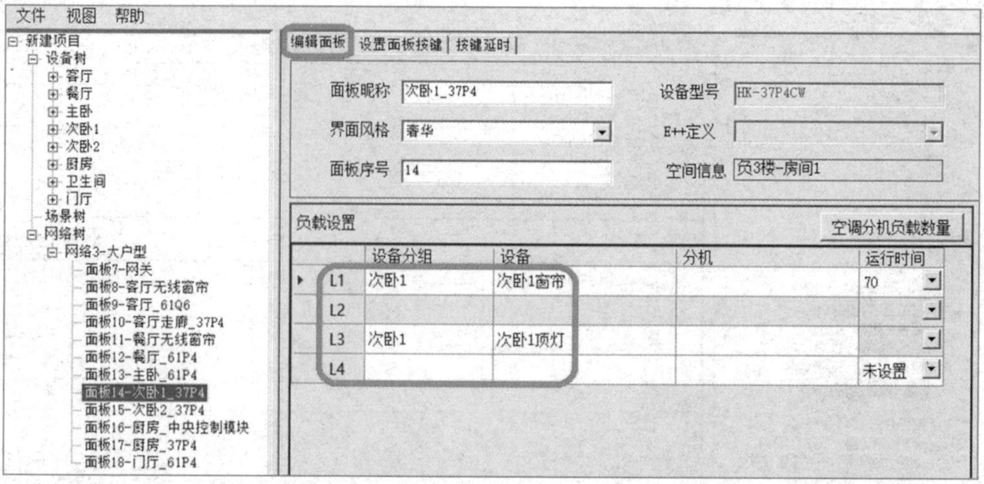

图 7－65　给次卧 1 的 HK－37P4 面板添加负载

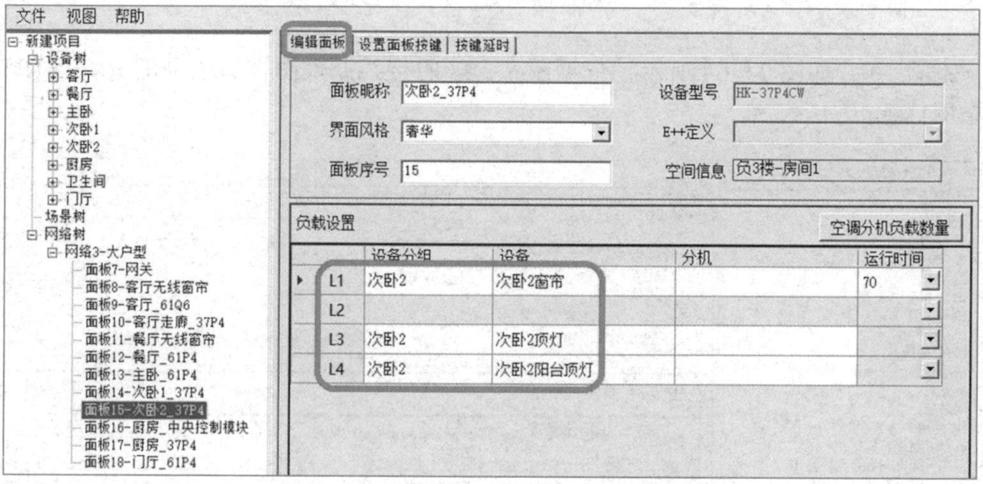

图 7－66　给次卧 2 的 HK－37P4 面板添加负载

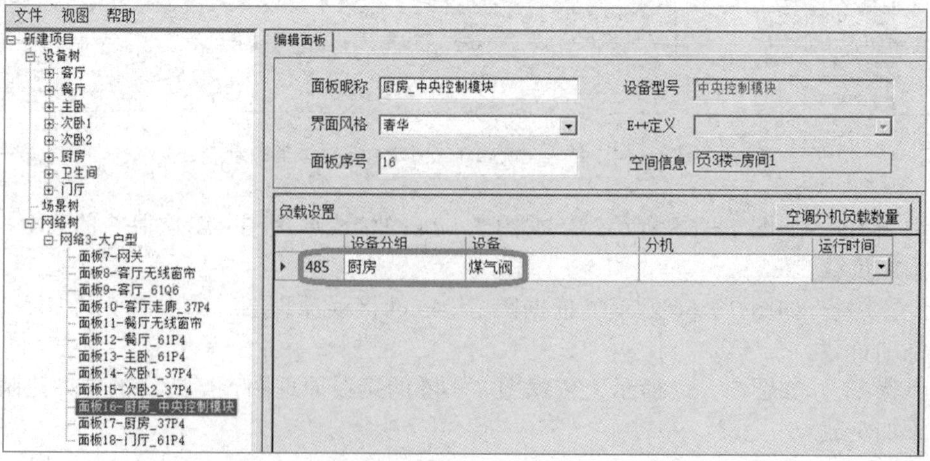

图 7－67　给厨房的中央控制模块面板添加负载

步骤 20：如图 7－68 所示，依据图 7－46 的接线原理图，给厨房的 HK－37P4 面板添加负载。

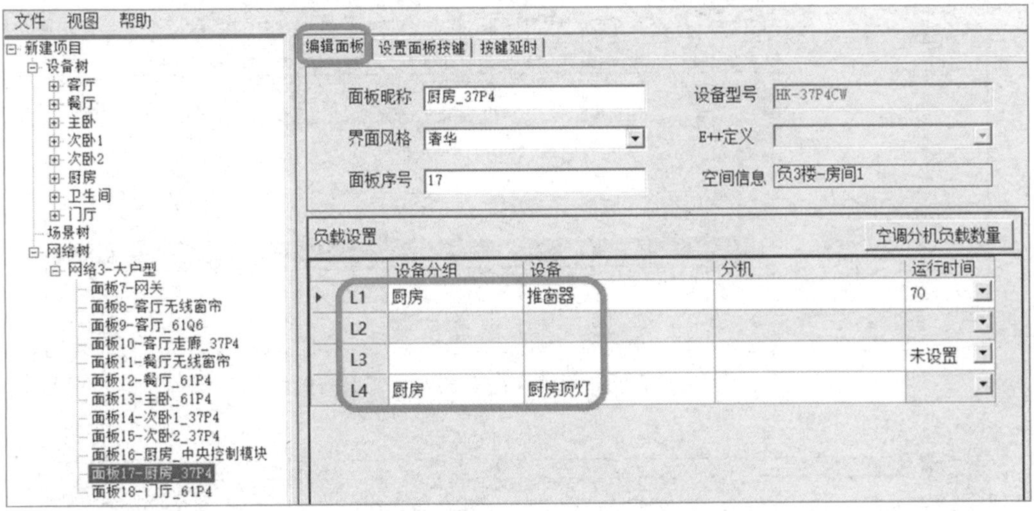

图 7－68　给厨房的 HK－37P4 面板添加负载

步骤 21：如图 7－69 所示，依据图 7－48 的接线原理图，给门厅的 HK－61P4 面板添加负载。

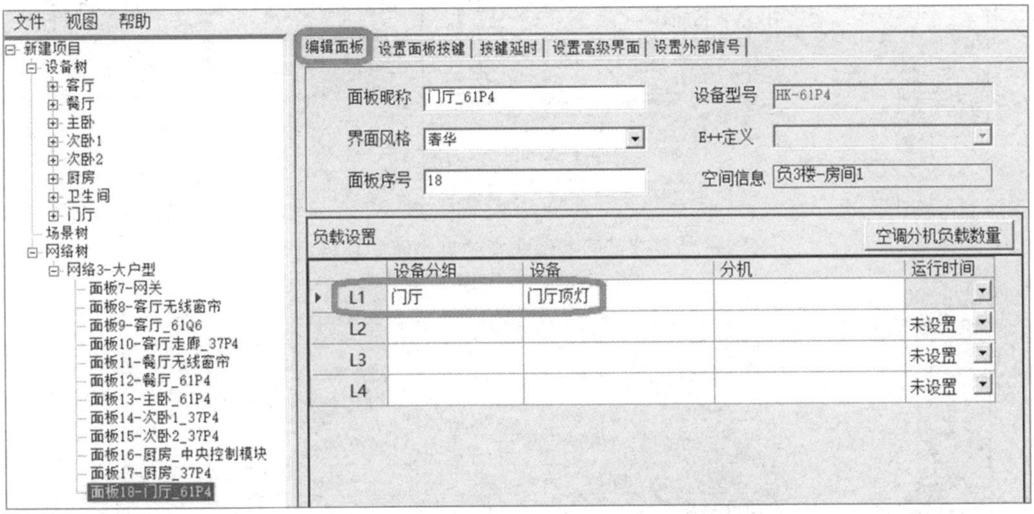

图 7－69　给门厅的 HK－61P4 面板添加负载

步骤 22：如图 7－70 所示，针对表 7－6 中标有① －1 的设备，设置回家模式中的自动播放背景音乐功能。

步骤 23：如图 7－71 所示，针对表 7－6 中标有① －1 的设备，设置回家模式中的灯光照明切换场景。

步骤 24：如图 7－72 所示，针对表 7－6 中标有① －1 的设备，设置离家模式中的暂停播放背景音乐功能。

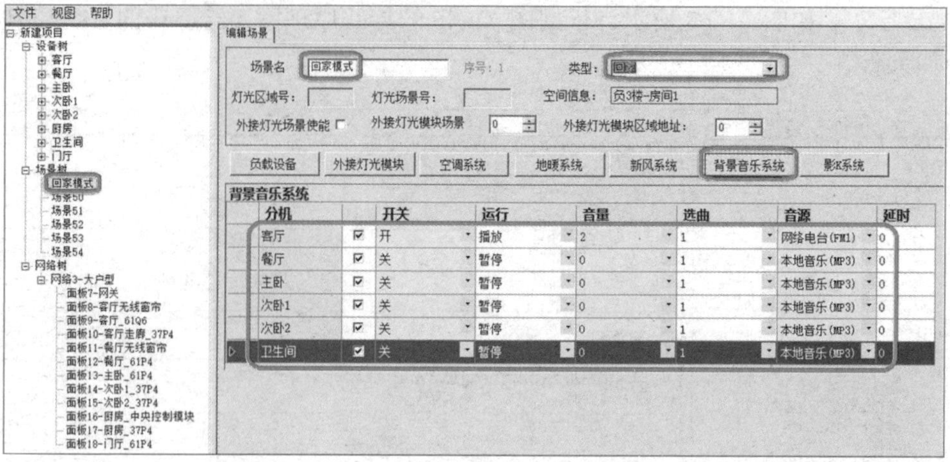

图 7－70　设置回家模式中的自动播放背景音乐功能

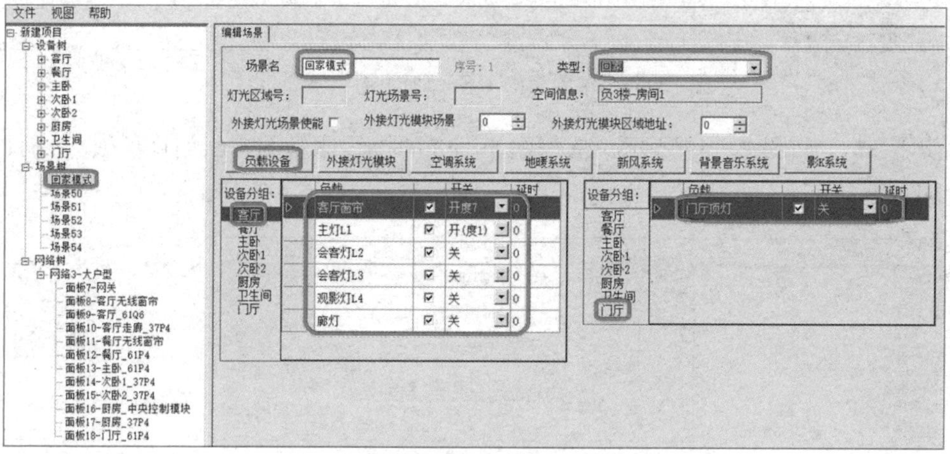

图 7－71　设置回家模式中的灯光照明切换场景

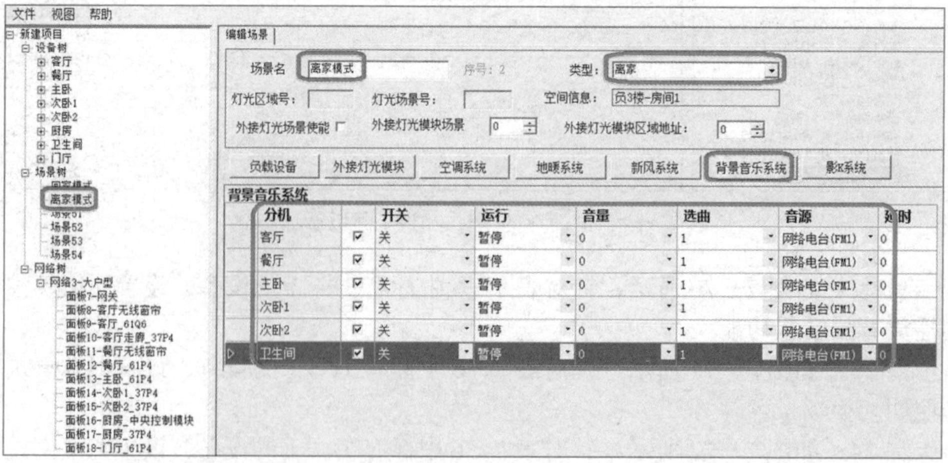

图 7－72　设置离家模式中的暂停播放背景音乐功能

步骤 25： 如图 7－73 所示，针对表 7－6 中标有① －1 的设备，设置离家模式中的关闭窗帘和灯光照明功能。

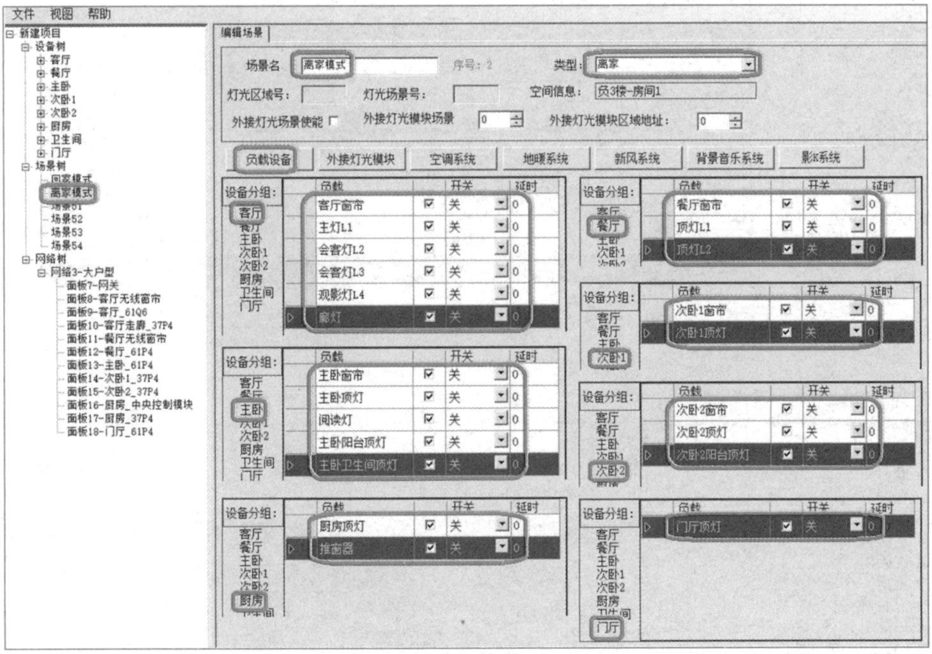

图 7－73 设置离家模式中的关闭窗帘和灯光照明功能

步骤 26： 如图 7－74 所示，针对表 7－6 中标有① －1 的设备，设置音乐模式中的背景音乐播放功能。

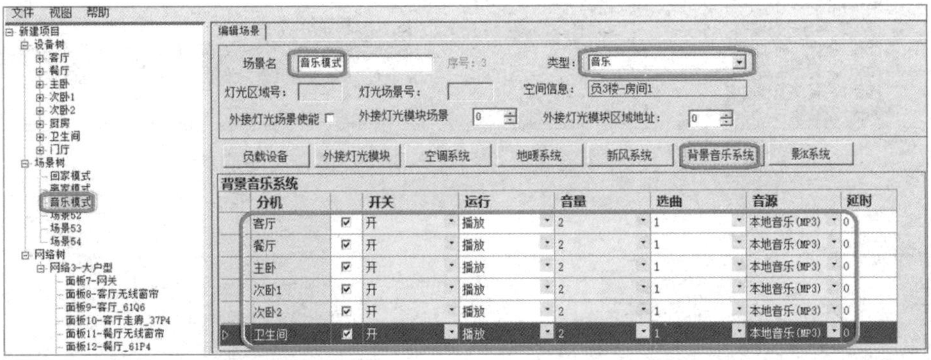

图 7－74 设置音乐模式中的背景音乐播放功能

步骤 27： 如图 7－75 所示，针对表 7－6 中标有① －1 的设备，设置观影模式中的暂停播放背景音乐功能。

步骤 28： 如图 7－76 所示，针对表 7－6 中标有① －1 的设备，设置观影模式中的灯光切换及窗帘关闭等功能。

步骤 29： 如图 7－77 所示，针对表 7－6 中标有① －1 的设备，设置会客模式中的暂停播放背景音乐功能。

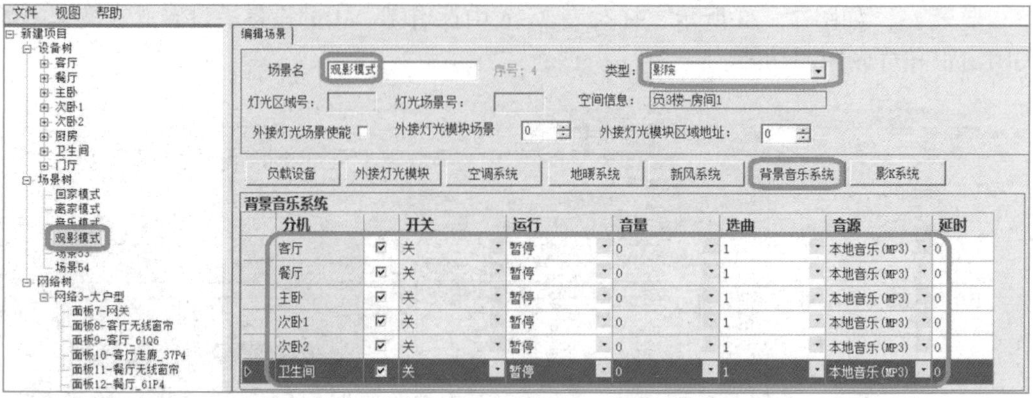

图 7－75 设置观影模式中的暂停播放背景音乐功能

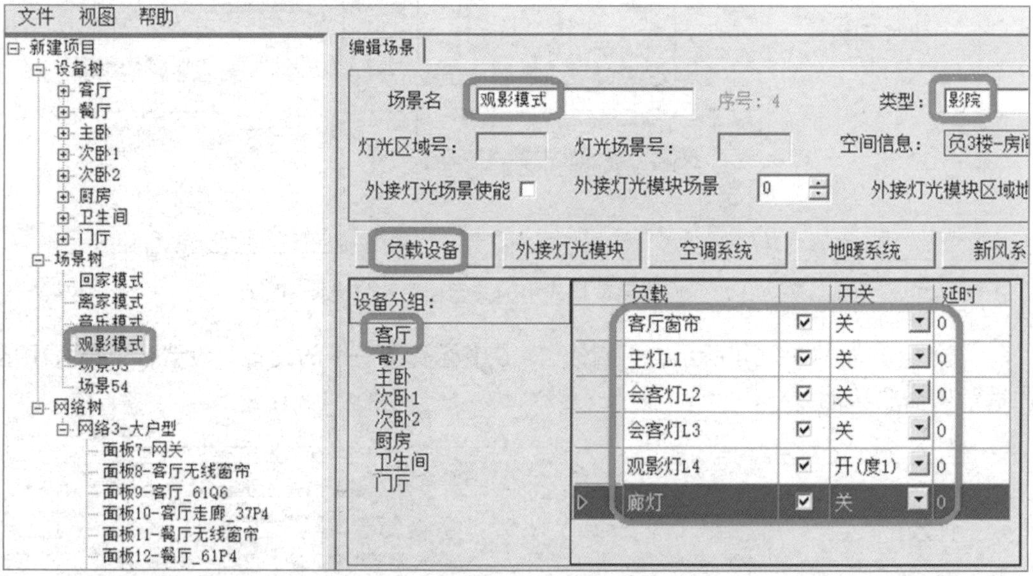

图 7－76 设置观影模式中的灯光切换及窗帘关闭等功能

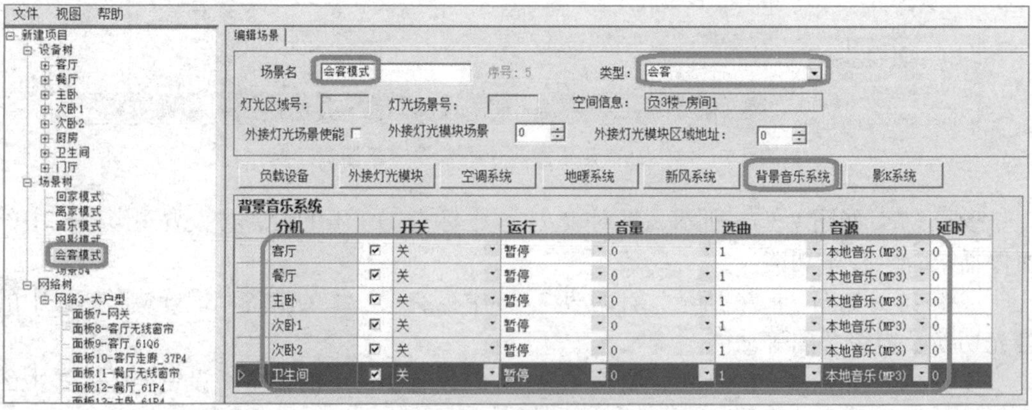

图 7－77 设置会客模式中的暂停播放背景音乐功能

步骤 30：如图 7－78 所示，针对表 7－6 中标有① －1 的设备，设置会客模式中的打开窗帘和灯光照明功能。

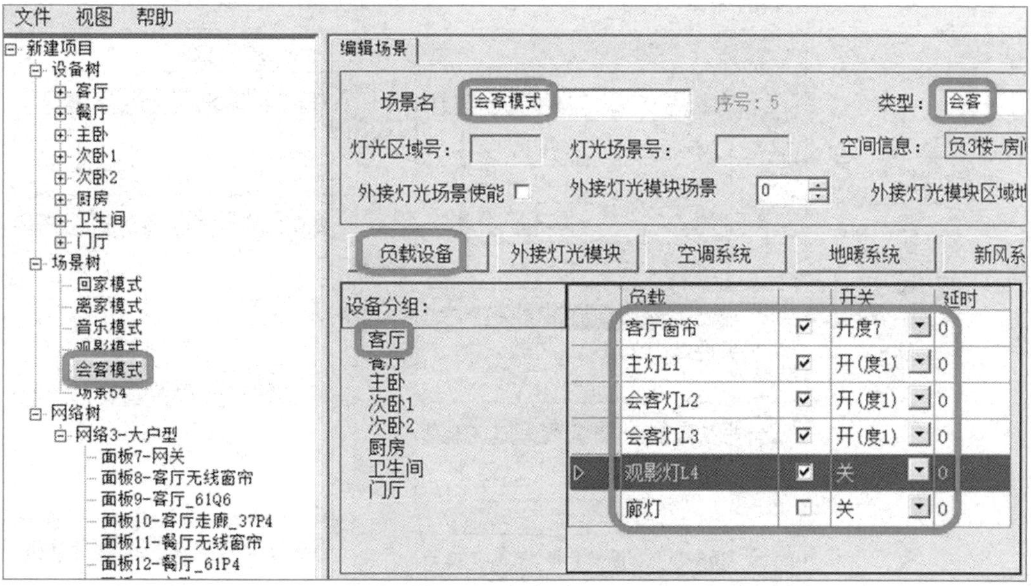

图 7－78　设置会客模式中的打开窗帘和灯光照明功能

步骤 31：如图 7－79 所示，针对表 7－6 中标有① －1 的设备，设置就寝模式中的暂停播放背景音乐功能。

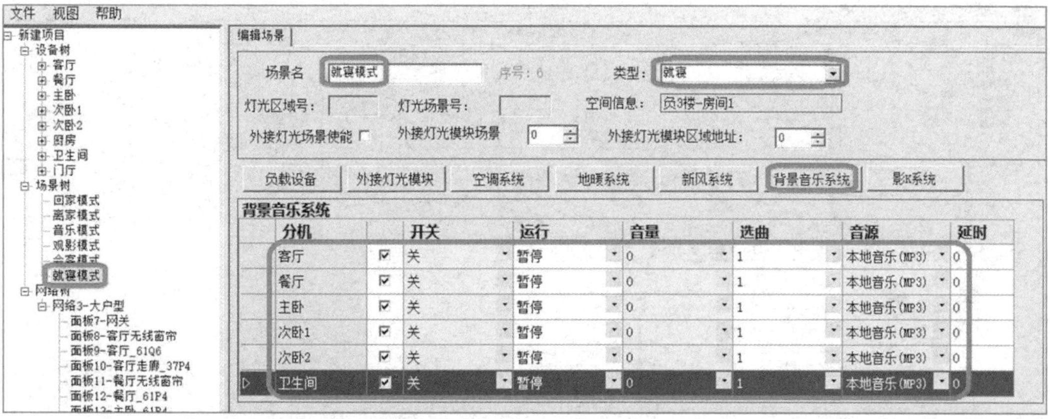

图 7－79　设置就寝模式中的暂停播放背景音乐功能

步骤 32：如图 7－80 所示，针对表 7－6 中标有① －1 的设备，设置就寝模式中的关闭窗帘及灯光照明切换功能。

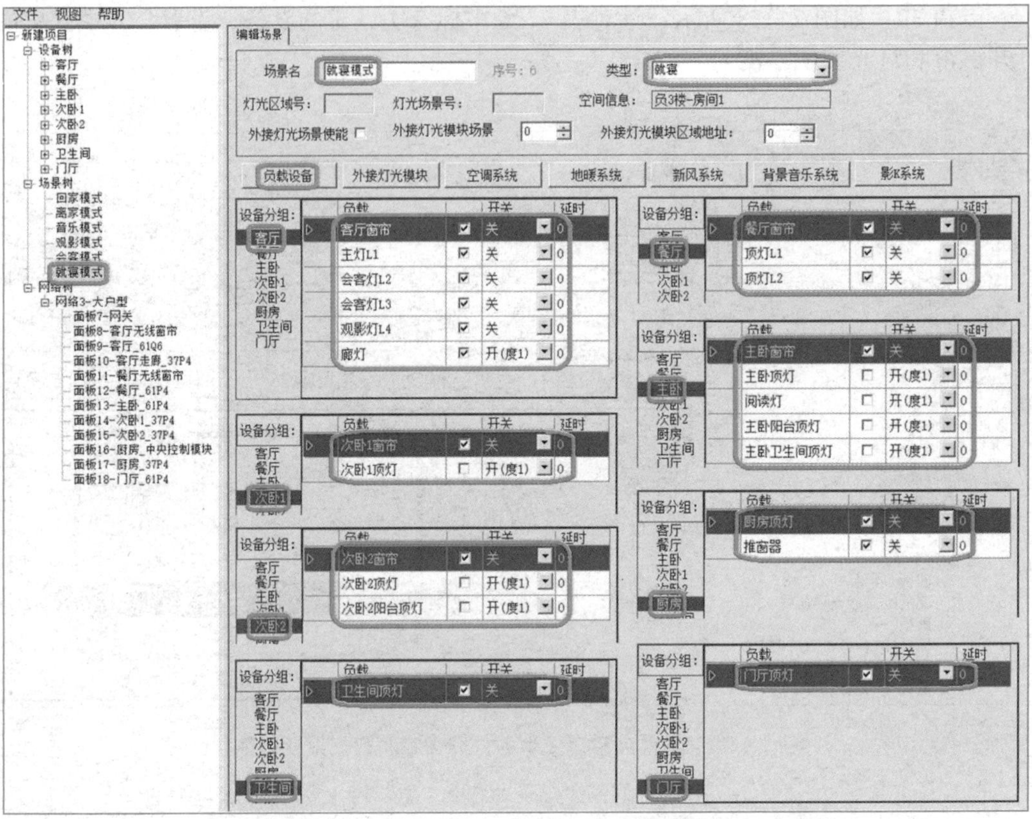

图 7－80 设置就寝模式中的关闭窗帘及灯光照明切换功能

步骤 33：如图 7－81 所示，给客厅的 HK－61Q6 面板设置按键功能。

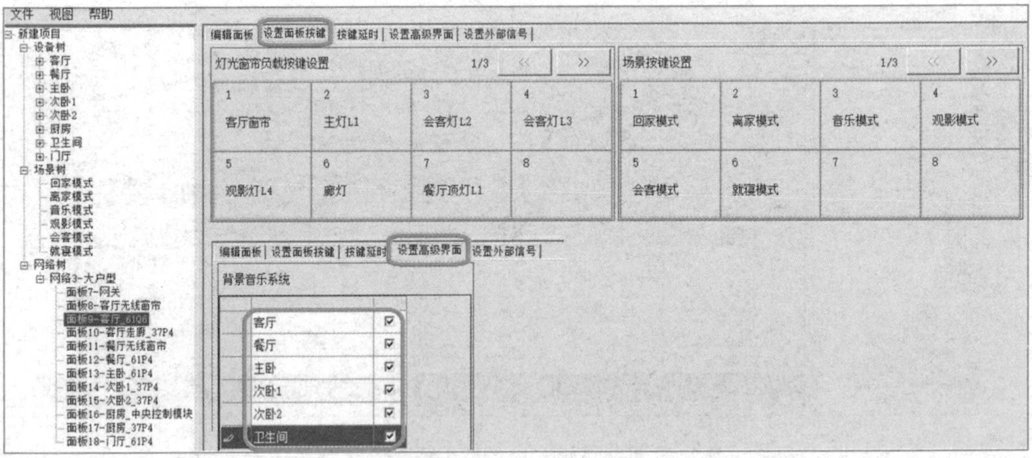

图 7－81 设置客厅的 HK－61Q6 面板的按键功能

步骤 34：如图 7－82 所示，给客厅走廊的 HK－37P4 面板设置按键功能。

步骤 35：如图 7－83 所示，给餐厅的 HK－61P4 面板设置按键功能。

步骤 36：如图 7－84 所示，给主卧的 HK－61P4 面板设置按键功能。

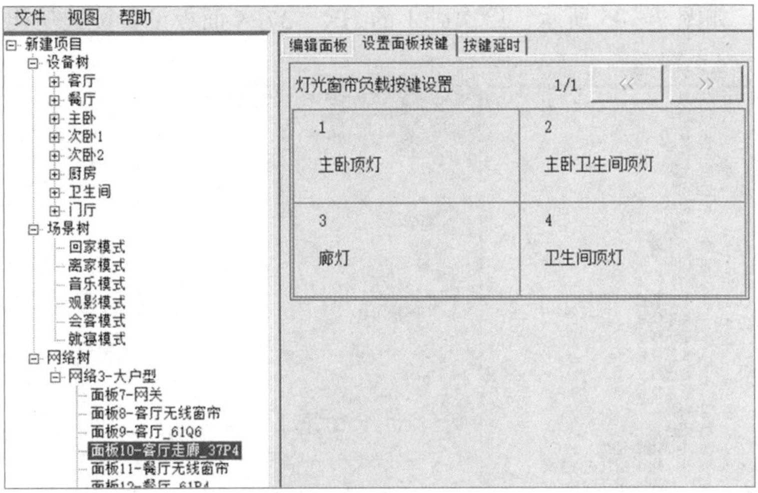

图 7－82　设置客厅走廊的 HK－37P4 面板的按键功能

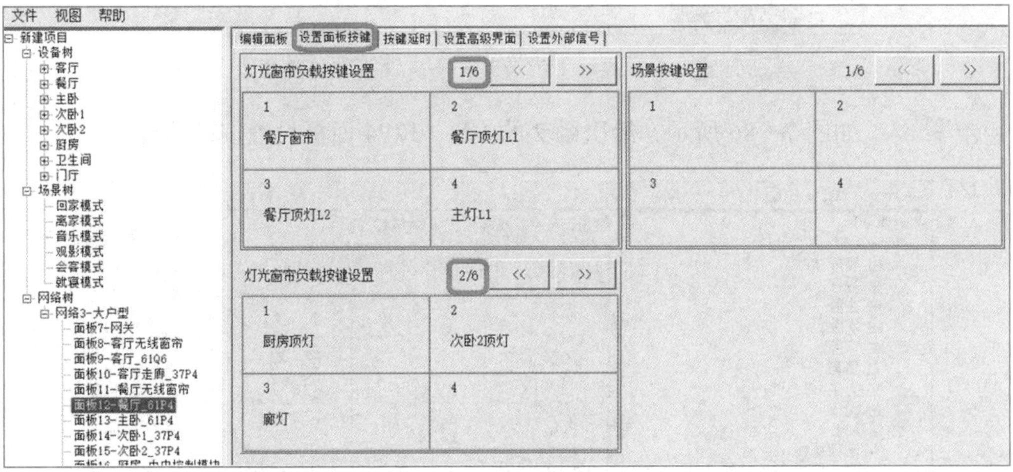

图 7－83　设置餐厅的 HK－61P4 面板的按键功能

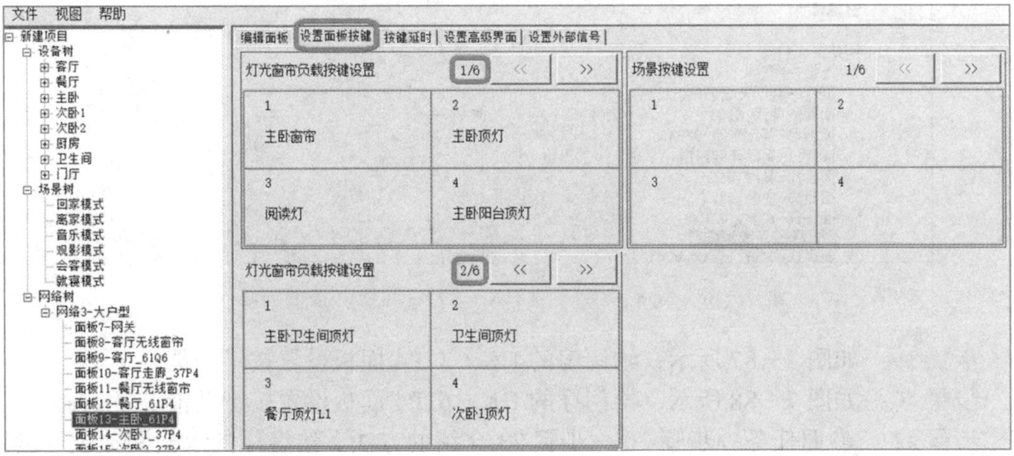

图 7－84　设置主卧的 HK－61P4 面板的按键功能

步骤 37：如图 7－85 所示，给次卧 1 的 HK－37P4 面板设置按键功能。

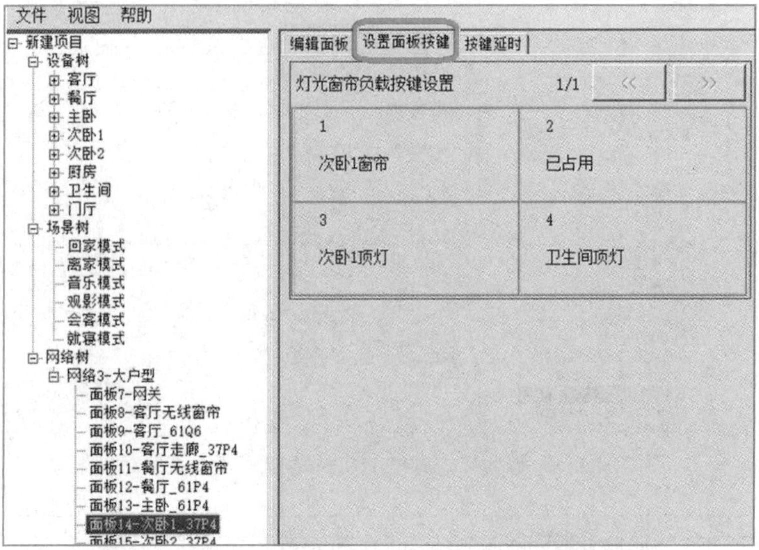

图 7－85 设置次卧 1 的 HK－37P4 面板的按键功能

步骤 38：如图 7－86 所示，给次卧 2 的 HK－37P4 面板设置按键功能。

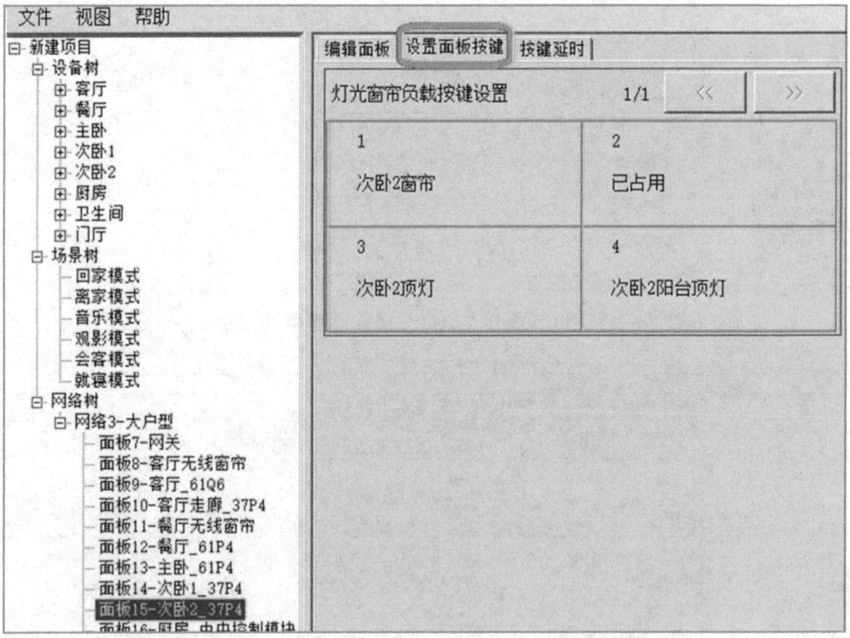

图 7－86 设置次卧 2 的 HK－37P4 面板的按键功能

步骤 39：如图 7－87 所示，给厨房的 HK－37P4 面板设置按键功能。

步骤 40：如图 7－88 所示，给门厅的 HK－61P4 面板设置按键功能。

步骤 41：参照任务一步骤 20～步骤 23 介绍的方法，给客厅的双模网关设置网络号为 7、面板号为 7。

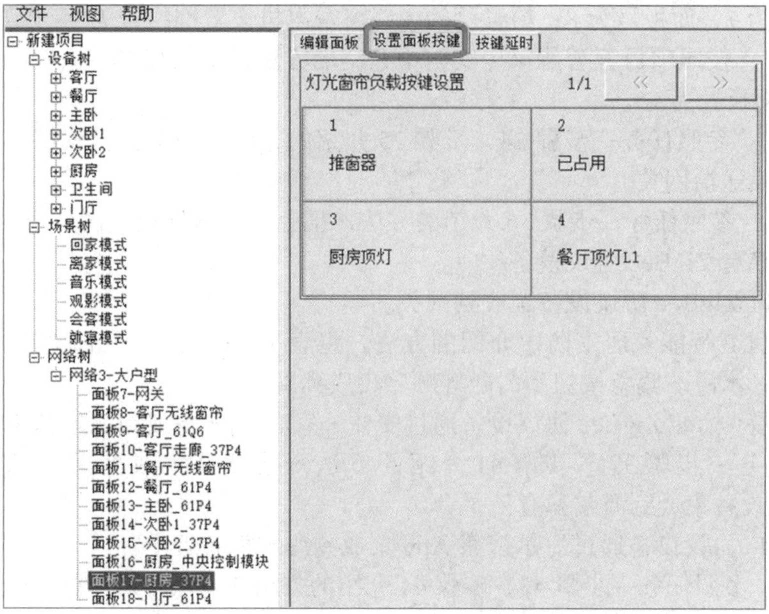

图 7－87　设置厨房的 HK－37P4 面板的按键功能

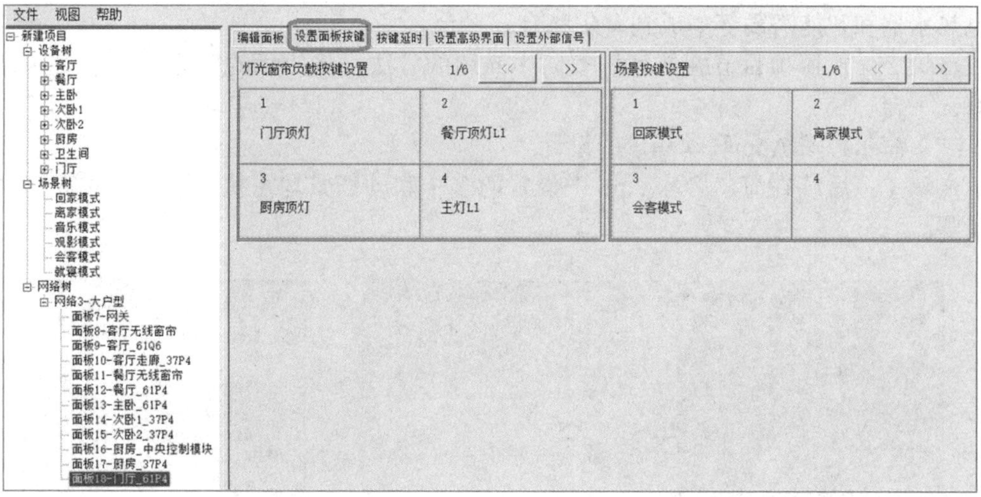

图 7－88　设置门厅的 HK－61P4 面板的按键功能

步骤 42： 参照任务一步骤 26 介绍的方法，顺序给客厅的 HK－61Q6 面板设置网络号为 7、面板号为 9；给餐厅的 HK－61P4 面板设置网络号为 7、面板号为 12；给主卧 HK－61P4 面板设置网络号为 7、面板号为 13；给门厅的 HK－61P4 面板设置网络号为 7、面板号为 18。

步骤 43： 参照任务一步骤 27、步骤 28 介绍的方法，顺序给客厅的 HK－37P4 面板设置网络号为 7、面板号为 10；给次卧 1 的 HK－37P4 面板设置网络号为 7、面板号为 14；给次卧 2 的 HK－37P4 面板设置网络号为 7、面板号为 15；给厨房的 HK－37P4 面板设置网络号为 7、面板号为 17。

步骤 44： 参照任务一步骤 34、步骤 35 介绍的方法，顺序给客厅的无线窗帘电机设置网络号为 7、面板号为 8；给餐厅的无线窗帘电机设置网络号为 7、面板号为 11。

步骤 45：按照项目五智能家居安防中介绍的方法，给厨房的中央控制模块设置网络号为 7、面板号为 16。

步骤 46：参照任务一步骤 24、步骤 25 介绍的方法，把上位机软件集成设计产生的配置文件发送给网关。

步骤 47：参照任务一步骤 36 介绍的方法，把上位机软件集成设计产生的 bin 文件发布给所有私有 ZigBee 协议设备。

（4）标准 ZigBee 协议设备集成到网关。

按照项目五智能家居安防中介绍的方法，将表 7－6 中标有②的设备声光报警器、红外探测器、水浸、紧急按钮和门磁等顺序集成到网关。

（5）私有 / 标准 ZigBee 协议设备通过安住・家庭 App 集成到海尔私有云平台。

参照任务一步骤 39 ～步骤 41 介绍的方法，把已经集成到网关的私有 / 标准 ZigBee 协议设备集成到海尔私有云平台。

（6）WiFi 协议设备通过海尔智家 App 集成到海尔私有云平台。

步骤 1：参照任务一步骤 43、步骤 44 介绍的方法或者项目六智能家电中介绍的方法，将表 7－6 中标有③的 WiFi 协议设备智能音箱、智能电视、网络摄像头、空调、扫地机器人、智能晾衣架、智能燃气灶、智能吸油烟机、智能冰箱、智能洗衣机、智能电热水器和智能浴霸等集成到海尔私有云平台。

步骤 2：按照项目五智能家居安防中介绍的方法，将门厅的智能门锁集成到海尔私有云平台。

（7）海尔智家 App 联动场景的设计。

步骤 1：后续在海尔智家 App 中设置的多个联动场景均需执行图 7－89 所示的操作步骤。

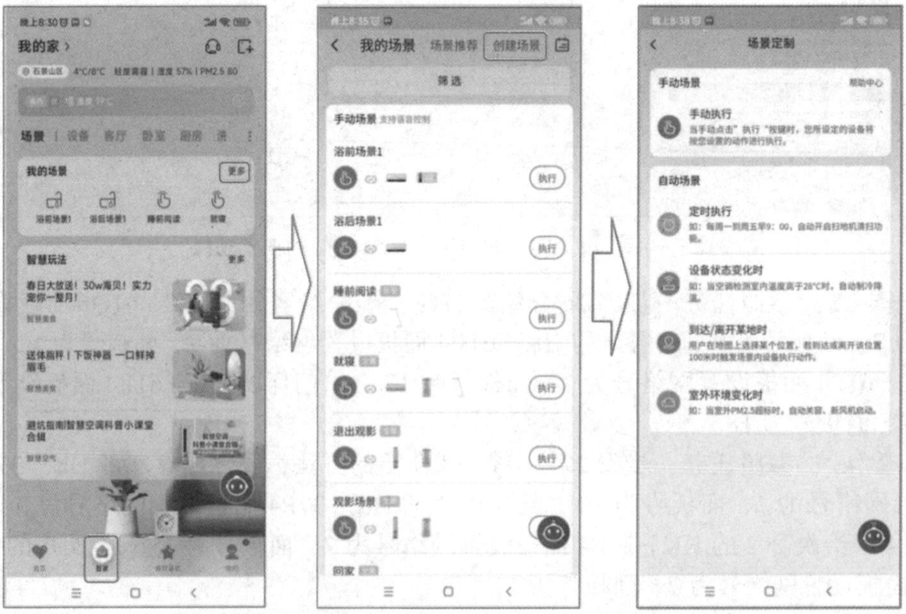

图 7－89　进入场景设置的通用步骤和方法

步骤 2：在图 7－89 中最后一张图中选择“设备状态变化时”，设置“开锁即开门厅灯并语音播报”的联动场景，如图 7－90 所示。

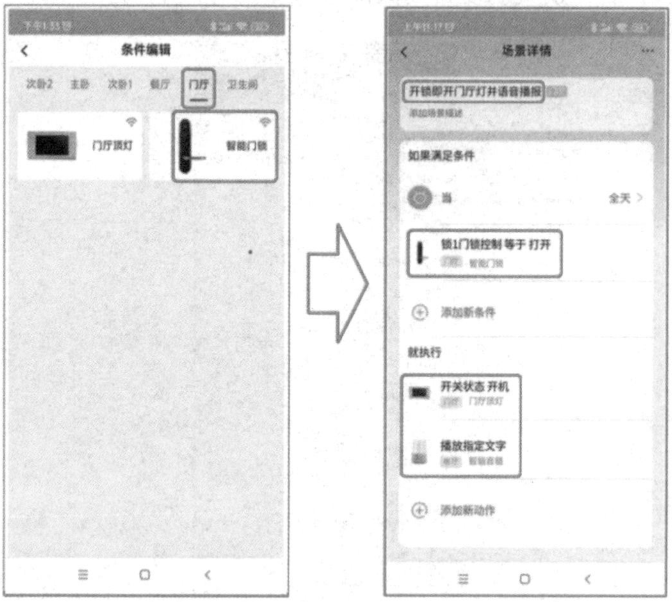

图 7－90　设置打开智能门锁时即打开门厅灯并语音播报功能

步骤 3：如图 7－91 所示，设置“回家”的联动场景，即按照表 7－6 中“回家模式”列所述，关闭门厅灯，打开客厅灯，打开空调、热水器和浴霸，撤防红外探测器等。

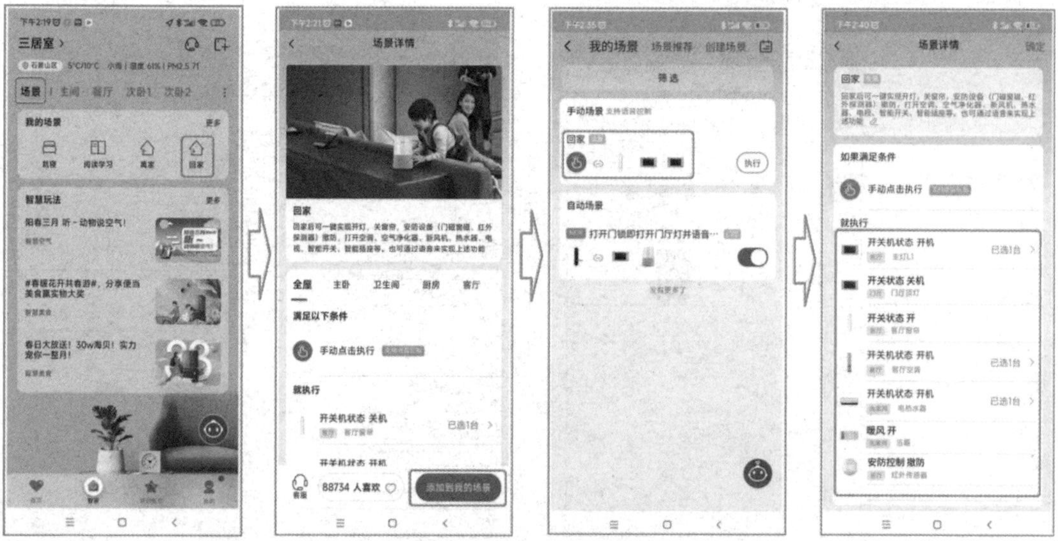

图 7－91　设置选择回家模式的功能

步骤 4：参照步骤 53 的步骤和方法，设置“离家”的联动场景，即按照即按照表 7－6 中“离家模式”列所述，关闭全屋窗户、窗户和灯光，红外探测器布防等。

步骤 5：在图 7 - 89 中最后一页中选择“设备状态变化时”，设置“热水器关闭则关闭浴霸”的联动场景，如图 7 - 92 所示，即关闭热水器时，立即关闭浴霸，打开换气功能，延时 5min 后，换气功能自动关闭。

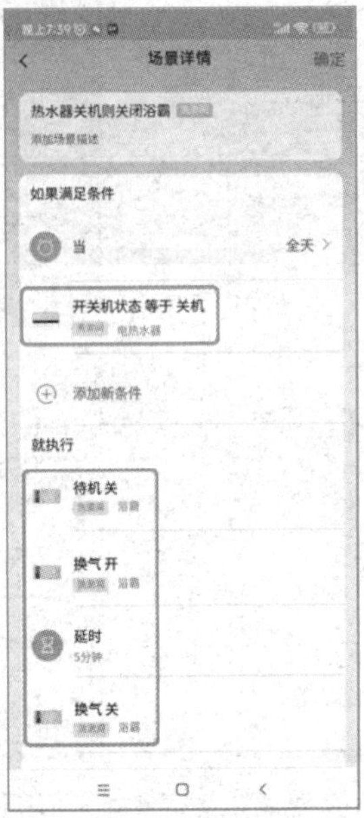

图 7 - 92　设置热水器关机的联动场景功能

步骤 6：在图 7 - 89 中最后一页中选择“设备状态变化时”，设置“洗衣完成下降晾衣架”的联动场景，如图 7 - 93 所示。

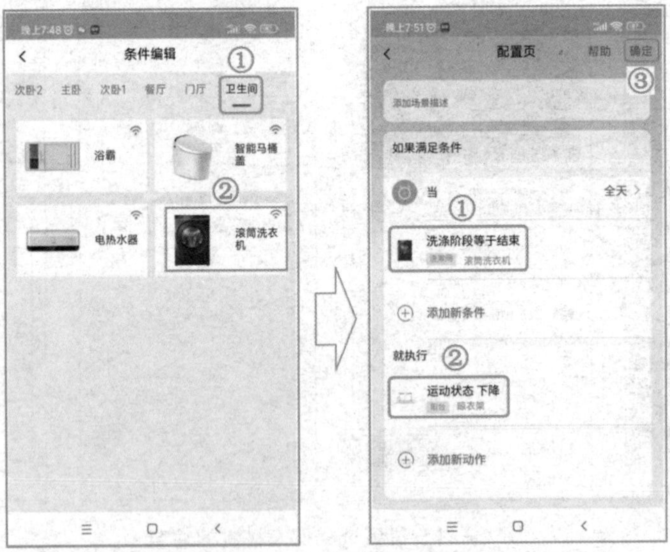

图 7 - 93　设置洗衣完成的联动场景功能

步骤 7：在图 7 - 89 中最后一页选择“设备状态变化时”，设置“灶台点火则开启吸油烟机和照明”的联动场景，如图 7－94 所示。

步骤 8：在图 7－89 中最后一页选择“设备状态变化时”，设置“灶台熄火则关闭照明延时关闭吸油烟机”的联动场景，如图 7－95 所示。

步骤 9：在图 7－89 中最后一页选择“设备状态变化时”，设置在离家模式下，红外探测器检测到有人立即执行“外人闯入”报警短信推送的联动场景，如图 7－96 所示。

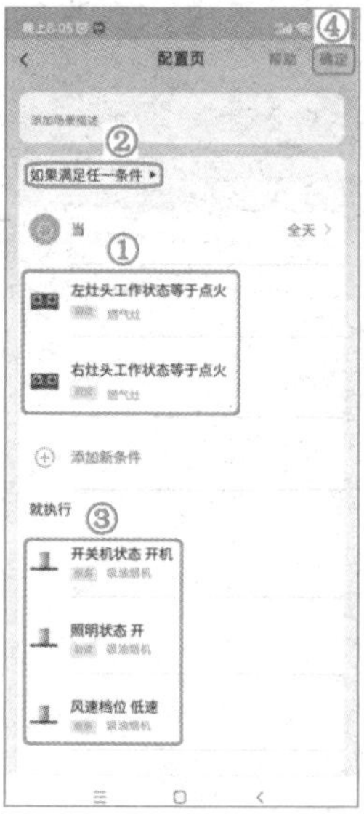

图 7－94　灶台点火的联动场景

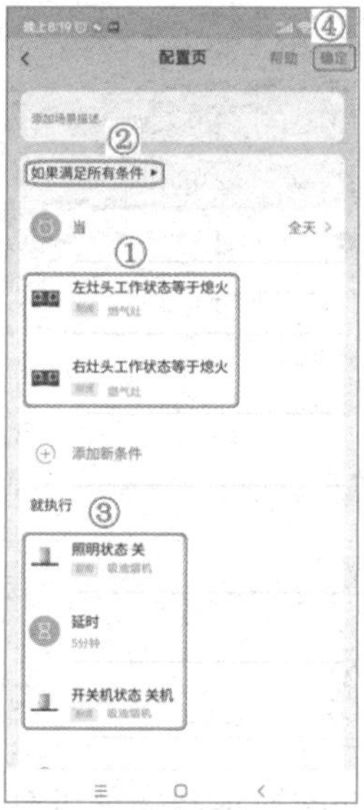

图 7－95　灶台熄火的联动场景

图 7－96　推送报警短信的联动场景

步骤 10：按照步骤 9 同样的方法，依次设置“厨房发生渗水”、“卫生间发生渗水”、“厨房发生燃气泄漏”和“紧急求助”的短信推送的联动场景。

步骤 11：在图 7－89 中最后一页选择“设备状态变化时”，设置“着座马桶则浴霸换气打开”的联动场景，如图 7－97 所示。

步骤 12：在图 7－89 中最后一页选择“设备状态变化时”，设置“入厕完毕延时 5 分钟关闭换气”的联动场景，如图 7－98 所示。

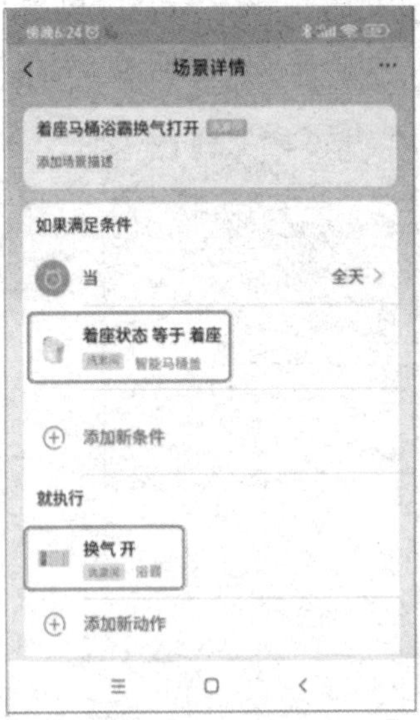

图 7－97　着座马桶打开换气功能的联动场景

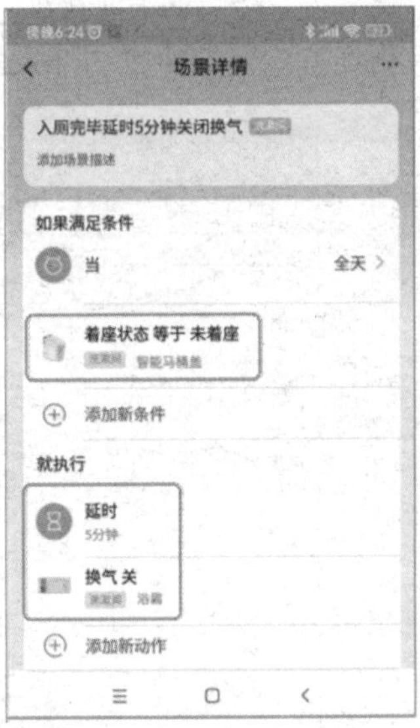

图 7－98　入厕完毕延时 5min 关闭换气的联动场景

（8）系统功能演示及完整讲解。

1）凭预置的密码打开智能门锁，门厅灯开启、智能音箱语音播报“欢迎回家”。

2）通过本房间的智能面板可以单控本房间所有的设备，还可以控制紧邻房间的灯光照明。

3）通过门厅或客厅的智能面板选择“回家模式”或“离家模式”，按照表 7－6 中“回家模式”和“离家模式”两列所述，系统能够对各房间的私有 ZigBee 协议设备进行相应的操作控制。

4）通过海尔智家 App 开启“回家模式”和“离家模式”时，会对表 7－6 中“回家模式”和“离家模式”两列所述的设备进行相应操作控制。

5）通过客厅的 HK－61Q6 面板可以在 6 种模式之间随意切换联动场景。

6）关闭卫生间热水器时，浴霸自动关闭，同时开启换气功能，5min 后，换气功能自动关闭。

7）洗衣机洗涤程序完成后，晾衣架自动下降。

8）点燃燃气灶任意一个灶台，吸油烟机立即打开，同时开启吸油烟机照明；熄灭燃气灶所有灶台，吸油烟机的照明灯马上关闭，5min 后，吸油烟机关机。

9）通过海尔智家 App 可以单控全屋所有设备。

10）借助智能音箱通过语音可以控制被控设备。

11）模拟发生红外探测到外人闯入、卫生间渗水、燃气泄漏或紧急求助等意外事件，手机收到对应的报警短信。

12）落座马桶盖上，浴霸的排气功能自动打开；起身后延时 5min，排气功能自动关闭。

（9）任务反思及总结。

1）所有私有 ZigBee 协议设备及其负载端的连接设备需要通过上位机软件 SmartConfig 进行集成设计，而标准 ZigBee 协议的节点设备和 WiFi 协议的节点设备则不需要。

2）私有 ZigBee 协议设备和标准 ZigBee 协议设备均需要集成到网关，然后借助手机 / 平板中的安住・家庭 App，通过网关集成到海尔私有云平台。

3）WiFi 协议设备只需通过手机 / 平板中的海尔智家 App 就能集成到海尔私有云平台。

4）上位机 SmartConfig 软件中设置的联动场景，可以通过现场智能面板中的场景按钮进行操控；集成到海尔私有云平台过程中，在安住・家庭 App 中自动产生的联动场景图标，也能达到同样的操控效果。上述步骤产生的联动场景与通过安住・家庭 App 和海尔智家 App 的重新设置的联动场景无关，它们共存于海尔物联网云平台控制系统中，手机 / 平板 App 中设置的联动景只能通过手机 / 平板 App 进行操作控制，不能通过现场的智能面板进行操控。

四、拓展学习

以太网系统的网络故障排除

岗位再现

本环节要求各小组编写剧本，小组成员分别扮演不同的角色，运用所学的知识和技能，再现实际智能家居工程实施中各工作场景中的主要角色，见表 7－9。

表 7－9　岗位情景任务表

场景	针对岗位	岗位场景再现要求
场景一	售前工程师	分别由一名同学饰演售前工程师小慧，一到两名同学饰演客户，模拟客户到店咨询智能家居装修情况。 1. 客户角色需阐述自己户型情况及需求。 2. 售前工程师角色需把握客户的需求，根据客户诉求，为客户介绍智能家居的相应功能
场景二	售中工程师	分别由一名同学饰演已签约客户，一到两名同学饰演系统设计工程师，介绍工程实施前期的准备工作以及工程施工步骤，就系统功能与客户进行确定。 1. 系统设计工程师介绍情况。 2. 客户听取介绍，提前做好相关准备，并就系统功能与系统设计工程师进行有效沟通

续表

场景	针对岗位	岗位场景再现要求
场景三	调试工程师	分别由一名同学饰演客户，一到两名同学饰演系统安装调试工程师，就工程实施过程中遇到的问题与客户进行协商解决，调试完毕向客户讲解系统功能。 1. 安装调试工程师介绍施工过程中遇到的问题。系统调试完毕交付客户前，向客户讲解系统功能和使用方法。 2. 客户与工程师进行有效沟通，协商解决问题的办法。系统交付时，向调试工程师询问系统的使用方法以及可能出现的故障现象等
场景四	售后工程师	分别由一名同学饰演售后工程师，一到两名同学饰演客户，模拟系统交付后，使用过程中出现故障，寻求售后工程师解决问题。 1. 客户有效叙述系统故障现象。 2. 售后工程师听取客户的叙述，对系统进行有效排除，并对客户进行有效讲解

综合评价

按照综合评价表 7－10，完成对学习过程的综合评价。

表 7－10　综合评价表

<table>
<tr><td colspan="2">班级</td><td></td><td>学号</td><td colspan="2"></td></tr>
<tr><td colspan="2">姓名</td><td></td><td>综合评价等级</td><td colspan="2"></td></tr>
<tr><td colspan="2">指导教师</td><td></td><td>日期</td><td colspan="2"></td></tr>
<tr><td rowspan="2">评价项目</td><td rowspan="2">评价内容</td><td rowspan="2" colspan="2">评价标准</td><td colspan="3">评价方式</td></tr>
<tr><td>自我评价</td><td>小组评价</td><td>教师评价</td></tr>
<tr><td rowspan="3">职业素养（30分）</td><td>安全意识、责任意识（10分）</td><td colspan="2">A 作风严谨、自觉遵章守纪、出色完成工作任务（10分）
B 能够遵守规章制度、较好地完成工作任务（8分）
C 遵守规章制度、没完成工作任务或完成工作任务但忽视规章制度（6分）
D 不遵守规章制度、没完成工作任务（0分）</td><td></td><td></td><td></td></tr>
<tr><td>学习态度（10分）</td><td colspan="2">A 积极参与教学活动、全勤（10分）
B 缺勤达本任务总学时的 10%（8分）
C 缺勤达本任务总学时的 20%（6分）
D 缺勤达本任务总学时的 30% 及以上（4分）</td><td></td><td></td><td></td></tr>
<tr><td>团队合作意识（10分）</td><td colspan="2">A 与同学协作融洽、团队合作意识强（10分）
B 与同学能沟通、协同工作能力较强（8分）
C 与同学能沟通、协同工作能力一般（6分）
D 与同学沟通困难、协同工作能力较差（4分）</td><td></td><td></td><td></td></tr>
</table>

续表

评价项目	评价内容	评价标准	评价方式		
			自我评价	小组评价	教师评价
专业能力（70分）	学习任务一（30分）	A 能根据客户诉求、产品功能和定位为客户介绍设备特点，正确引导客户进行设备选型，按时、完整地完成产品配置清单（30分） B 能根据客户诉求、产品功能和定位为客户介绍设备特点，正确引导客户进行设备选型，按时完成产品配置清单（27分） C 能根据客户诉求、产品功能和定位为客户介绍设备特点，正确引导客户进行设备选型，但不能按时完成产品配置清单（26分） D 不能根据客户诉求、产品功能和定位为客户介绍设备特点，不能正确引导客户进行设备选型（0分）			
	学习任务二（40分）	A 能够按设计方案进行设备调试，对设备正确配网，一次性调试成功（40分） B 能够按设计方案进行设备调试，对设备正确配网，遇到故障，能根据典型故障分析表排除故障（38分） C 能够按设计方案进行设备调试，对设备正确配网，遇到故障，不能根据典型故障分析表排除故障，需要教师指点，排除故障（36分） D 能够按设计方案进行设备调试，配网步骤不够熟练，调试遇到故障，不能根据典型故障分析表排除故障，需要教师指点，排除故障（30分）			
创新能力		学习过程中提出具有创新性、可行性的建议	加分奖励：		

考证要点

一、判断题

1. 海尔智能触控面板可以与普通开关组网使用。（　　）

2. 海尔智能触控面板除了控制灯光窗帘场景，还可以控制指定系列的中央空调、新风、地暖、背景音乐。（　　）

3. 海尔智能触控面板支持不同房间的面板之间的无线传输。（　　）

4. 海尔智能门锁接入全屋智能系统后可以实现家庭回家场景的联动，打开灯光、窗帘、家电等。（　　）

5. 海尔全屋安防系统不仅支持全屋报警，也支持对用户手机 App 的远程报警信息推送。（　　）

6. 海尔智慧家居系统可以全无线布置就实现所有功能。（　　）

7. 海尔智慧家居系统是一套标准化的系统，不能根据用户的户型和喜好进行个性化的设计。(　　)

8. 海尔智慧家居的背景音乐系统可以对接安防系统，实现报警信息语音播报。(　　)

9. 海尔智能家居系统中所有设备通过无线 WiFi 进行系统组网，实现设备间的系统控制。(　　)

10. 海尔智家家居系统是一个严格封闭的系统，只能接入海尔品牌的智能产品。(　　)

二、单项选择题

1. 海尔全屋智能产品方案发展历程是(　　)。

A. 单品、模块、场景生态

B. 单品、方案、场景、生态

C. 单品、方案、生态、场景

2. 海尔全屋智能五大系统是(　　)。

A. 照明、遮阳、网络、安防、楼宇

B. 照明、遮阳、安防、影音、对讲

C. 照明、遮阳、网络、安防、影音

三、多项选择题

1. 海尔智能家居提供全栈式的解决方案主要体现在哪些方面？(　　)。

A. 丰富的终端智能硬件产品　　B. 开放的云平台

C. 全场景 AI 赋能

2. 基于 70 系列智能面板搭建的海尔全屋智能系统稳定的三个核心点是(　　)。

A. FPGA 军工级芯片　　B. 对等 mesh 网络

C. 智慧家电控制　　D. 本地小循环控制

3. 海尔全屋智能系统无线协议是(　　)。

A.ZigBee　　B.WiFi　　C. 蓝牙　　D. 红外

省赛试题

赛题说明

一、竞赛内容分布

第一部分：智能家居点位图和设备清单配置

第二部分：智能家居软件配置、功能实现

第三部分：团队风貌及职业素养

二、竞赛时间

竞赛时间为3个小时

三、竞赛注意事项

1. 检查比赛中使用的硬件设备、连接线、工具、材料和软件等是否齐全，计算机设备是否能正常使用，并在设备确认单上签工位号（汉字大写）。
2. 禁止携带和使用移动存储设备、计算器、通信工具及参考资料。
3. 操作过程中，需要及时保存设备配置。比赛过程中，不要对任何设备添加密码。
4. 比赛中禁止改变软件原始存放位置。
5. 比赛中禁止触碰、拆卸带有警示标记的设备、线缆和插座。
6. 仔细阅读比赛试卷，分析需求，按照试卷要求，进行设备配置和调试。
7. 比赛完成后，不得切断任何设备的电源，需保持所有设备处于工作状态。
8. 比赛完成后，比赛设备和比赛试卷请保留在座位上，禁止带出考场外。

四、竞赛结果文件的提交

第一部分设备清单请根据试题所提供格式使用Word作答、平面CAD图纸在PC机桌面大赛文件夹下源文件上作答并输出PDF文件。

考生将竞赛结果、上位机软件配置信息保存到U盘中，考试结束交U盘即可。

第一部分　智能家居点位图和设备清单配置

序号	系统	功能要求	分值
1	安防系统	入户门智能门锁标注准确	10
2		紧急按钮点位标注准确	10
3		燃气探测器点位安装准确	10
4		机械手点位安装准确	10
5		门磁点位安装准确	10
6		声光报警器安装准确	10
7		水浸探测器安装准确	10
8	灯光窗帘系统	智能开关安装准确	50
9		智能开关负载数量合理分配	40
10		点灯窗帘点位安装准确	10
11	红外电视系统	电视点位安装准确	10
12		红外转发器安装准确	10
13	背景音乐系统	背景音乐喇叭标注准确	10
14	设备清单	/	50

用户需求：

三室两厅户型，一家五口，老人出门常忘带钥匙，女主人喜欢音乐，希望每个房间都有音乐，男主人希望全屋灯光的手机控制，以及所有卧室和客、餐厅的窗帘控制，全家都对安全很重视，格外注重厨房安全。

功能要求：

- 安防系统：入户门安装智能门锁、卧室安装紧急按钮、厨房安装燃气探测器及机械手、各房间门安装门磁、客厅安装声光报警器、卫生间安装水浸探测器。
- 灯光窗帘系统：各区域均需要安装照明控制系统，客厅和东户卧室均需要安装电动窗帘。
- 红外家电系统：客厅电视需要红外控制。
- 背景音乐系统：餐厅和卧室需要安装背景音乐系统。

请根据功能要求和平面图纸设计智能家居的点位图和使用的设备清单。

注：1. 平面 CAD 图纸放在 PC 机桌面大赛文件夹下。

2. 设备清单格式根据下表作答。

序号	系统	设备名称	数量

第二部分 智能家居软件配置、功能实现

智能家居是以住宅为平台，利用综合布线技术、网络通信技术、安全防范技术、自动控制技术、音视频技术将家居生活有关的设施集成，构建高效的住宅设施与家庭日程事务的管理系统，提升家居安全性、便利性、舒适性、艺术性，并实现环保节能的居住环境。

- 背景音乐系统可以陶冶人的情操，营造就餐氛围，增进食欲，其中产品包含扬声器 4 个，背景音乐主机 1 个，需将设备安装到位，面板和手机能够控制背景音乐，并实现场景联动。
- 智能门锁系统相比于传动的门锁安全性更高，美观度更高，可以支持多种开门方式开锁，联动家庭场景，使生活变得更加便捷，其中产品包含门锁组件和锁架，需将门锁固定到锁架，上提门外把手锁舌方可弹出，输入密码转动门外把手锁舌方可收回，并能够实现钥匙、密码、指纹、卡片等多种方式开锁，开锁后能联动回家场景。
- 红外电视控制系统包含电视和红外转发器，需将设备安装到位，手机端可以控制电视机的开关机和调整音量，面板可以通过场景联动控制开、关电视。安防系统是利用传感器技术和电子信息技术探测并指示非法进入或试图非法进入设防区域的行为，处理报警信息、发出报警信息的电子系统或网络。其中产品包含声光报警器、水浸探测器、紧急按钮、门窗磁、红外探测器、燃气探测器、中央控制模块、通信控制器、机械手等，需将产品安装到位。燃气探测器检测到燃气泄漏后联动机械手动作，紧急按钮、门窗磁、水浸探测器、红外探测器可以联动声光报警器报警。
- 灯光窗帘系统包含智能面板、37 系列开关、窗帘电机、灯具，需要将产品安装

到位。灯具可以单独控制，回家模式可以开启所有灯光，开启窗帘。根据所提供的拓扑图（拓扑图放在PC机桌面大赛文件夹下）完成产品的安装调试。

注：1. 无线网配置信息见路由器标识。

2. 网关单元号、门牌号、网络号见桌面所提供信息。

3. 智能门锁密码统一设置为123456。

序号	系统	功能要求	分值
1	背景音乐系统	接线合理规范，接线端子无裸露	10
2		设备安装使用底盒，设备与底盒之前使用螺丝固定牢靠	10
3		扬声器安装合理规范	10
4		主机供电正常	10
5		主机配网成功	10
6		主机可以手动播放音乐	10
7		背景音乐主机与App绑定成功	10
8		App可以控制主机开关、播放音乐	10
9		在回家场景中联动音乐开	10
10		在离家场景中联动音乐关	10
11		扬声器与主机之间接线正确	10
1	门锁系统	门锁固定到锁架上无偏离，符合标准	10
2		门锁实现钥匙开锁	10
3		门锁实现密码开锁	10
4		门锁实现指纹开锁	10
5		门锁实现卡片开锁	10
6		App门锁绑定成功	10
7		门锁实现临时密码开门	10
8		门锁开启联动回家模式，开启所有灯光	10
9		门锁开启联动回家模式，开启窗帘	10
10		门锁开启联动回家模式，开启电视	10
11		上提门外把手锁舌可弹出	10
12		反锁时反锁锁舌可弹出	10
13		门锁开启联动回家模式，开启背景音乐	10
1	红外电视系统	布线、接线合理规范，接线端子无裸露	10
2		设备安装使用底盒	10
3		红外转发器接线、安装正确	10
4		App可实现红外电视音量控制	10
5		App可通过回家模式开启电视	10
6		App可通过离家模式关闭电视	10
7		智能触控面板可通过回家模式开启电视	10
8		智能触控面板可通过离家模式关闭电视	10

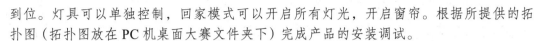

续表

序号	系统	功能要求	分值
1	安防系统	接线合理规范，接线端子无裸露	10
2		设备安装使用底盒	10
3		声光报警器安装供电正常	10
4		App 绑定声光报警器成功	10
5		水浸报警器悬挂或粘贴到安防系统板子上	10
6		App 绑定水浸探测器成功	10
7		水浸探测器联动声光报警器报警	10
8		紧急按钮粘贴到安防系统板子上	10
9		App 绑定紧急按钮成功	10
10		紧急按钮联动声光报警器报警	10
11		门窗磁粘贴到安防系统板子	10
12		App 绑定门窗磁成功	10
13		门窗磁联动声光报警器报警	10
14		中央控制模块安装合理规范	10
15		中央控制模块供电正常	10
16		App 绑定中央控制模块成功	10
17		燃气泄漏报警切断器安装合理规范	10
18		燃气泄漏报警切断器接线正确	10
19		机械手安装合理规范	10
20		燃气探测器安装合理规范	10
21		燃气探测器联动机械手动作	10
22		红外探测器安装合理规范	10
23		App 绑定红外探测器成功	10
24		红外探测器联动声光报警器报警	10
25		网关网络指示灯正常	10
1	灯光窗帘系统	设备安装点位与设计图一致	10
2		接线合理规范，接线端子无裸露	10
3		设备安装使用底盒	10
4		行线槽安装整齐规范	10
5		线头与线头之间使用胶带	10
6		窗帘电机安装牢靠	10
7		灯 1 可单独控制	10
8		灯 2 可单独控制	10
9		灯 3 可单独控制	10
10		灯 4 可单独控制	10
11		回家模式要开启所有灯光	10
12		离家模式要关闭所有灯光	10
13		起夜模式要开启一盏灯	10

第三部分 团队风貌及职业素养

序号	知识 / 技能点	分值
1	安装强电设备时符合强电规范（国标）	25
2	设备安装整齐有序、施工分工合理	10
3	正确使用施工工具、合理用料	10
4	竞赛完成，垃圾清理干净	5

施工管理：

1. 要求施工中使用安全护具，文明规范。
2. 要求设备安装整齐有序、施工分工合理、并行施工。
3. 要求正确使用施工工具、合理用料。
4. 要求施工完成后清洁现场，物料还原摆放。

评分标准

工位号：				
第一部分				
序号	系统	功能要求	分值	得分
1	安防系统	入户门智能门锁标注准确	10	
2		紧急按钮点位标注准确	10	
3		燃气探测器点位安装准确	10	
4		机械手点位安装准确	10	
5		门磁点位安装准确	10	
6		声光报警器安装准确	10	
7		水浸探测器安装准确	10	
8	灯光窗帘系统	智能开关安装准确	50	
9		智能开关负载数量合理分配	40	
10		灯、窗帘点位安装准确	10	
11	红外电视系统	电视点位安装准确	10	
12		红外转发器安装准确	10	
13	背景音乐系统	背景音乐喇叭标注准确	10	
14	设备清单	/	50	
第二部分				
1	背景音乐系统	接线合理规范，接线端子无裸露	10	
2		设备安装使用底盒，设备与底盒之前使用螺丝固定牢靠	10	
3		扬声器安装合理规范	10	
4		主机供电正常	10	
5		主机配网成功	10	
6		扬声器与主机之间接线正确	10	
7		主机可以手动播放音乐	10	
8		App 可以控制主机开关、播放音乐	10	

续表

第二部分				
序号	系统	功能要求	分值	得分
9	背景音乐系统	在回家场景中联动音乐开	10	
10		在离家场景中联动音乐关	10	
11		背景音乐主机与 App 绑定成功	10	
1	门锁系统	门锁固定到锁架上无偏离，符合标准	10	
2		上提门外把手锁舌可弹出	10	
3		反锁时反锁舌可弹出	10	
4		门锁实现钥匙开锁	10	
5		门锁实现密码开锁	10	
6		门锁实现指纹开锁	10	
7		门锁实现卡片开锁	10	
8		App 门锁绑定成功	10	
9		门锁实现临时密码开门	10	
10		门锁开启联动回家模式，开启所有灯光	10	
11		门锁开启联动回家模式，开启窗帘	10	
12		门锁开启联动回家模式，开启电视	10	
13		门锁开启联动回家模式，开启背景音乐	10	
1	红外电视系统	布线、接线合理规范，接线端子无裸露	10	
2		设备安装使用底盒	10	
3		红外转发器接线、安装正确	10	
4		App 可实现红外电视音量控制	10	
5		App 可通过回家模式开启电视	10	
6		App 可通过离家模式关闭电视	10	
7		智能触控面板可通过回家模式开启电视	10	
8		智能触控面板可通过离家模式关闭电视	10	
1	安防系统	接线合理规范，接线端子无裸露	10	
2		设备安装使用底盒	10	
3		声光报警器安装供电正常	10	
4		水浸报警器悬挂或粘贴到安防系统板子上	10	
5		紧急按钮粘贴到安防系统板子上	10	
6		门窗磁粘贴到安防系统板子	10	
7		中央控制模块安装合理规范	10	
8		红外探测器安装合理规范	10	
9		机械手安装合理规范	10	
10		燃气泄漏报警切断器安装合理规范	10	
11		网关网络指示灯正常	10	
12		App 绑定声光报警器成功	10	
13		App 绑定水浸探测器成功	10	
14		水浸探测器联动声光报警器报警	10	

续表

第二部分				
序号	系统	功能要求	分值	得分
15	安防系统	App 绑定紧急按钮成功	10	
16		紧急按钮联动声光报警器报警	10	
17		App 绑定门窗磁成功	10	
18		门窗磁联动声光报警器报警	10	
19		中央控制模块供电正常	10	
20		App 绑定中央控制模块成功	10	
21		燃气泄漏报警切断器接线正确	10	
22		燃气探测器安装合理规范	10	
23		燃气探测器联动机械手动作	10	
24		App 绑定红外探测器成功	10	
25		红外探测器联动声光报警器报警	10	
1	灯光窗帘系统	设备安装点位与设计图一致	10	
2		窗帘电机安装牢靠	10	
3		接线合理规范，接线端子无裸露	10	
4		设备安装使用底盒	10	
5		行线槽安装整齐规范	10	
6		线头与线头之间使用胶带	10	
7		灯 1 可单独控制	10	
8		灯 2 可单独控制	10	
9		灯 3 可单独控制	10	
10		灯 4 可单独控制	10	
11		回家模式要开启所有灯光	10	
12		离家模式要关闭所有灯光	10	
13		起夜模式要开启一盏灯	10	
第三部分				
1		安装强电设备时符合强电规范（国标）	25	
2		设备安装整齐有序、施工分工合理	10	
3		正确使用施工工具、合理用料	10	
4		竞赛完成，垃圾清理干净	5	
各部分打分无误 队长确认签字：				

参考文献

[1] 青岛海尔智能家电科技有限公司. 高阶培训操作指导. V1.0.2020.

[2] 青岛海尔智能家电科技有限公司. 调试操作手册（高级）. 2022.

[3] 青岛海尔智能家电科技有限公司. SmartConfig 用户手册（V2.0）. 2022.

[4] 青岛海尔智能家电科技有限公司. HK－37T1－H 调光开关技术手册 .V1.0.2020.

[5] 于恩普. 智能家居设备安装与调试. 北京：机械工业出版社，2015.

[6] 青岛海尔智能家电科技有限公司. 调试操作手册（高级）. 2022.

[7] 青岛海尔智能家电科技有限公司. 智能摄像机 HCC－22B20－W 技术手册. V1. 0.2020.

[8] 梁光清. 基于被动式红外探测器的人体识别技术研究 [D]. 重庆：重庆大学，2009.

[9] 青岛海尔智能家电科技有限公司. 电动窗帘技术文档.

[10] 青岛海尔智能家电科技有限公司. 背景音乐中央机技术手册 V1.0.2020.

[11] 解运洲. 物联网系统架构. 北京：科学出版社，2019.

[12] 张飞舟，杨东凯. 物联网应用与解决方案. 2 版. 北京：电子工业出版社，2019.

[13] 王良民. 云计算通俗讲义. 3 版. 北京：电子工业出版社，2019.

[14] 裴丹，江飞涛. 数字经济时代下的产业融合与创新效率——基于电信、电视和互联网“三网融合”的理论模型 [J]. 经济纵横，2021（07）：85-93. DOI：10.16528/j.cnki.22－1054/f.202107085.